新編

機械系公式集

［改訂版］

材料力学　流体力学
機械力学　機械加工法
機械設計　自動車工学
熱 力 学　構造力学

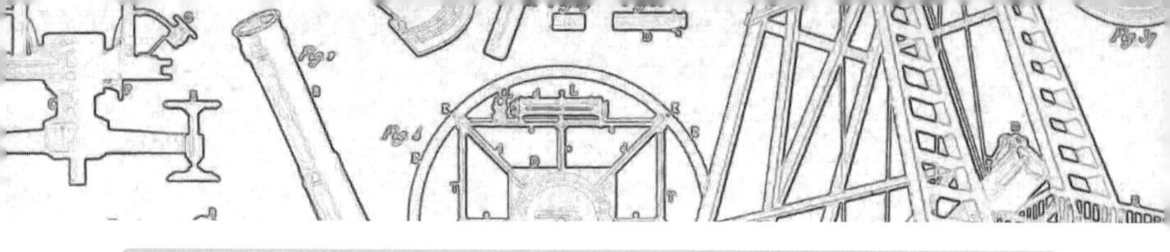

まえがき

バブル崩壊後の我が国の産業界も自動車工業やハイテク機器の一部の製造業に活況を呈(てい)していますが、全体の産業をけん引する状況には、未だ至っていません。

従前まで、我が国が世界の経済のリード役であった原因は、各産業界で蓄積されていた「物造りの技術」です。しかし、これらの技術も、中国をはじめとして、企業の海外進出が隆盛になり、いわゆる"産業の空洞化"が鮮明になり、海外の安価な製品が我が国の産業界を脅かしているものです。

我が国の「物造りの技術」も、さらなる技術の研鑽がなされなければ、中国や東南アジア諸国の技術者たちの技術に追い越されないとも限りません。

産業の空洞化は、企業の海外進出の隆盛な状況を眺めていると、あらかじめ予測されていましたが、日本の「物造りの技術」を海外に移転されたものが、日本の「物造りの技術」の停滞が続けば、日本が海外の「物造りの技術」を受け入れなければならない事態も考えられるのです。

すなわち、「物造りの技術」という「ブーメラン」を日本が投げたものが、日本に舞い戻ってくることになります。

これを未然に防止するためにも、日本の若い技術者や技術者を志す人達の自己研鑽を期待したいものと思っています。

本書は、機械系の技術を学習する工業高校、高等専門学校および大学生の不断の学習の利便性を図るものとして編纂されています。

技術の中心的立場にある機械系の学習の範囲は相当に広く、膨大な教材を得て学習するのはかなり大変です。

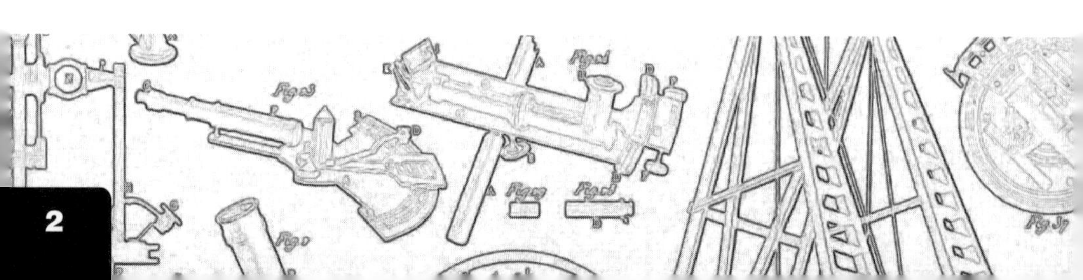

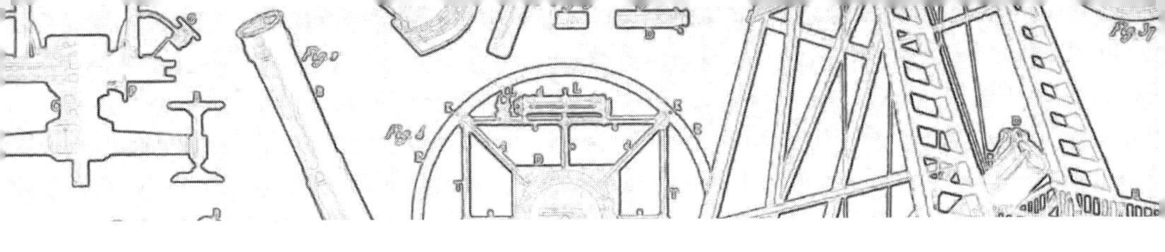

さらに、最近の就職試験や公務員試験でも専門的知識を問われることも多く、これに対応する教材が少ないのが実情です。

本書は、各科目の重要な公式を集め、機械系の技術の基礎的な知識は網羅されているので、例題と解答を参照して活用すれば、技術の取得や整理に役立つでしょう。

2004年6月　中嶋　登

改訂版　まえがき

国の第５期科学技術基本計画において日本が目指すべき未来社会の姿として、「超スマート社会」(Society5.0)が提唱されました。サイバー空間(仮想空間)とフィジカル空間(現実空間)を高度に融合させたシステムにより、経済発展と社会的課題の解決を両立する、人間中心の社会です。

しかしながら、「Society5.0」は、「工業社会」(Society3.0)、「情報社会」(Society4.0)を礎にしており、引き続き、工業や情報に関する知識や技能・技術は重要で す。

こうした中で、本書は、機械系の学習をする際の「利便性を図ること」を目的に、広範 囲にわたる機械系の各分野を「公式と例題」の形式で整理し、１冊に集約しています。

Society5.0では、これまで以上に、「創造的な発想力とそれを体現する実装力」が求められます。読者の皆さまが将来、創造的な発想力・実装力を兼ね備えた科学技術系人材となり、日本の未来を切り開くことを願っています。また、本書がその一助となれば幸いです。

2023年　石原　英之

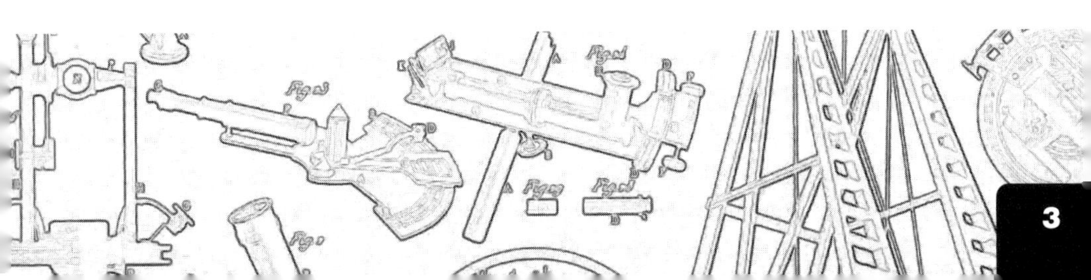

CONTENTS

3章　機械設計

4章　熱力学

5章　流体力学

1
材料力学

① SI単位(国際単位系)

機械系の分野では、地球の重力のように場所によって変化することのない質量(kg)、長さ(m)、時間(秒)を基本単位とする絶対単位系を長く使っていたが、これに対して、質量は重さではないので、重力を加味した単位である力(kgf)、長さ(m)、時間(秒)を基本単位とする重力単位系が従前まで使われていた。

我が国は、1960年に世界中が共通した一つの単位を使うようにと提唱されたSI単位(国際単位系)の使用を見送っていたが、1992年JIS(日本工業規格)の改正に合わせて計量法も改正し、力の単位としてSI単位(国際単位系)を使うようになった。

一般に、高い所から物を落下させると、その速度は1秒ごとに9.8[m/s] ずつ増加していく、これは、物体に対して地球の引力が働くためで、力が物体の速度を一定の割合で変化(重力の加速度という)させていることになる。

そこで、SI単位(国際単位系)では、「質量 1[kg] の物体の速度を1秒ごとに秒速 1[m] ずつ増加させることのできる力」を力の単位と定め、これを 1[N] (ニュートン)と呼んでいる。g の値は、本書では 9.8 [m/s^2] (国際標準値は、g = 9.80665 [m/s^2])とする。

物理量		単位記号	名　称
基本単位	長さ	m	メートル
	質量	kg	キログラム
	時間	s	秒
	熱力学温度	K	ケルビン
	物質量	mol	モル
	電流	A	アンペア
	光度	cd	カンデラ
	角度	rad	ラジアン
組立単位	速度	m/s	
	加速度	m/s^2	
	角速度	rad/s	
	角加速度	rad/s^2	
	力、重量	N	ニュートン($kg{\cdot}m/s^2$)
	力のモーメント(トルク)	N·m	
	圧力、応力	Pa	パスカル(N/m^2)
	仕事、エネルギー	J	ジュール(N·m)
	動力	W	ワット(J/s)
	振動数	Hz	ヘルツ(1/s)

SI単位（国際単位系）のNとkgfの換算

1 N＝1/9.8 kgf ≒ 0.1kgf

1 kgf ＝9.8 N ≒ 10N

1 kN (キロニュートン)＝1000 N＝1000/9.8 kgf ≒102 kgf

② 材料の強さ

引張試験による計算式

応力（引張強さ）	：$\sigma_\beta = P_{\max} / A_0$	[MPa]
降伏点（降伏強さ）	：$\sigma_y = P_y / A_0$	[MPa]
伸び（ひずみ）	：$\delta = \dfrac{L - L_0}{L_0} \times 100$	[%]
絞り	：$\phi = \dfrac{A_0 - A}{A_0} \times 100$	[%]

ただし、引張試験片の標点距離の長さL_0、断面積A_0とし、破断後の標点距離の長さL、破断後の断面積A、また途中の降伏荷重P_y 最大荷重を$P_{\max}$とすると、引張試験後の材料の機械的性質が計算により求められる。

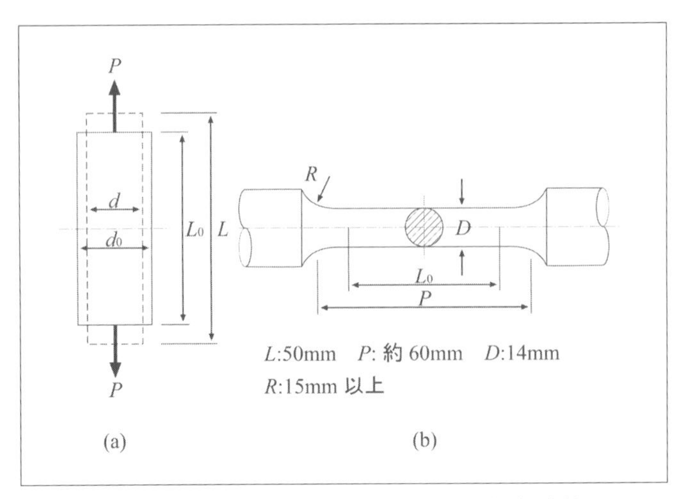

図1-1 引張試験の略図と標準試験片(JIS4号試験片)の規格

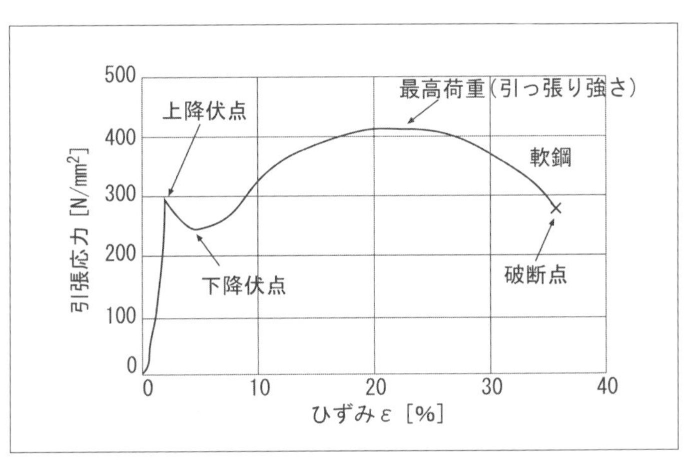

図1-2 引張試験による応力－ひずみ線図

【例題1-1】
直径50[mm]の丸棒の軸方向に、$W=50$[kN]の引張荷重が作用したときに生じる引張応力を求めよ。

(解答)

$W=50\,[\mathrm{kN}]=50\times10^3[\mathrm{N}]$
直径 $50\,[\mathrm{mm}]=d=0.05\,[\mathrm{m}]$

$$断面積\ A=\frac{\pi d^2}{4}=\frac{\pi}{4}\times0.05^2=0.0019625\,[\mathrm{m}^2]$$

$$\sigma=\frac{W}{A}=\frac{50\times10^3}{0.0019625}\,[\mathrm{N/m^2}]=25.5\times10^6\,[\mathrm{Pa}]=25.5\,[\mathrm{MPa}]$$

【例題1-2】

直径 $20\,[\mathrm{mm}]$ の丸棒の軸方向に、$W=30\,[\mathrm{kN}]$ の引張荷重が作用したときに生じる引張応力を求めよ。

(解答)

$W=30\,[\mathrm{kN}]=30\times10^3[\mathrm{N}]$
直径 $20\,[\mathrm{mm}]=d=0.02\,[\mathrm{m}]$

$$断面積\ A=\frac{\pi d^2}{4}=\frac{\pi}{4}\times0.02^2=0.000314\,[\mathrm{m}^2]$$

$$\sigma=\frac{W}{A}=\frac{30\times10^3}{0.000314}\,[\mathrm{N/m^2}]=95.5\times10^6\,[\mathrm{Pa}]=95.5\,[\mathrm{MPa}]$$

【例題1-3】

ある鋼材を引張試験したところ、直径 $14\,[\mathrm{mm}]$ の丸棒の軸方向に、$W=30\,[\mathrm{kN}]$ の降伏点荷重、最大引張荷重が $W=50\,[\mathrm{kN}]$ 作用したときに破断した。このときの標点距離が $50\,[\mathrm{mm}]$ のものが、$68\,[\mathrm{mm}]$ に伸び、破断後の直径 $10\,[\mathrm{mm}]$ であった。

この数値を基に、この鋼材の「引張強さ」「降伏点強さ」「伸び(ひずみ)」「絞り」を計算しなさい。

(解答)

① 引張強さ

$W=50\,[\mathrm{kN}]=50\times10^3[\mathrm{N}]$
直径 $14\,[\mathrm{mm}]=d=0.014\,[\mathrm{m}]$

$$断面積\ A_0=\frac{\pi d^2}{4}=\frac{\pi}{4}\times0.014^2=0.00015386\,[\mathrm{m}^2]$$

$$\sigma_\beta=\frac{W}{A_0}=\frac{50\times10^3}{0.00015386}\,[\mathrm{N/m^2}]=325.0\times10^6\,[\mathrm{Pa}]=325.0\,[\mathrm{MPa}]$$

② 降伏点強さ

$W = 30\,[\mathrm{kN}] = 30\times10^3[\mathrm{N}]$

直径 14 [mm] $= d = 0.014\,[\mathrm{m}]$

$$断面積\ A = \frac{\pi d^2}{4} = \frac{\pi}{4}\times0.014^2 = 0.00015386\,[\mathrm{m}^2]$$

$$\sigma_y = \frac{W}{A_0} = \frac{30\times10^3}{0.00015386}\,[\mathrm{N/m}^2] = 195.0\times10^6\,[\mathrm{Pa}] = 195.0\,[\mathrm{MPa}]$$

③ 伸び（ひずみ）

$$\delta = \frac{L-L_0}{L_0} = \frac{68-50}{50}\times100 = 36\,[\%]$$

④ 絞り：破断後の直径 10 [mm] の断面積

$$断面積\ A = \frac{\pi d^2}{4} = \frac{\pi}{4}\times0.01^2 = 0.0000785\,[\mathrm{m}^2]$$

$$\phi = \frac{A_0 - A}{A_0} = \frac{0.00015386-0.0000785}{0.00015386}\times100 = 49\,[\%]$$

③ 縦弾性係数とフックの法則

イギリスの科学者ロバート·フックがスプリングの実験から応力とひずみとは比例限度内で比例することを見い出した。これを「フックの法則」といい、現在でも、材料の設計計算上の重要な法則である。

$$E(\text{縦弾性係数})=\frac{\sigma(\text{応力})}{\varepsilon(\text{ひずみ})} \quad (1\text{-}1)$$

$$\sigma(\text{応力})=\frac{W(\text{荷重})}{A(\text{断面積})}、\quad \varepsilon=\frac{\lambda(\text{変形量})}{l(\text{元の長さ})} \quad (1\text{-}2)$$

式(1-1)に**式(1-2)**を代入すれば、垂直応力 σ 、縦ひずみ ε および縦弾性係数 E の関係は、次のようになる。

$$E=\frac{\sigma}{\varepsilon}=\frac{\dfrac{W}{A}}{\dfrac{\lambda}{l}}=\frac{Wl}{A\lambda}、\quad \lambda=\frac{Wl}{AE}=\frac{\sigma l}{E} \quad (1\text{-}3)$$

表1-2　主な金属材料の機械的性質

材料＼性質	降伏点 σ [MPa]	引張強さ σ [MPa]	縦弾性係数 E [GPa]
鋼(軟鋼)S10C	205以上	310以上	206
鋼(硬鋼)S50C	365以上	610以上	205
ステンレス鋼SUS304	205以上	520以上	197
ねずみ鋳鉄FC200	―	200以上	93～118
黄銅	―	275以上	110
アルミニウム合金	275以上	430以上	74
ニッケルクロム鋼	590以上	740以上	204

【例題1-4】
長さ 800[mm]、直径 50[mm] の軟鋼の丸棒に 200[kN] の引張荷重が加わったときに生じる伸びを求めよ。ただし、縦弾性係数 $E=206$[GPa] とする。

(解答)
直径 $d=50\,[\mathrm{mm}]=0.05\,[\mathrm{m}]$、$W=200\,[\mathrm{kN}]=200\times10^3\,[\mathrm{N}]$

$$A=\frac{\pi d^2}{4}=\frac{\pi}{4}\times0.05^2=0.0019625\,[\mathrm{m}^2]$$

式(1-3)に、$l=800\,[\mathrm{mm}]=0.8\,[\mathrm{m}]$、$E=206\,[\mathrm{GPa}]=206\times10^9$ を代入すると、

$$\lambda=\frac{Wl}{AE}=\frac{200\times10^3\times0.8\,[\mathrm{m}]}{0.0019625\times206\times10^9}=0.0004\,[\mathrm{m}]\fallingdotseq0.4\,[\mathrm{mm}]$$

【例題1-5】
断面積 250[mm²]、長さ 1.8[m] の軟鋼の丸棒に 40[kN] の引張荷重を加えたところ、1.4[mm] 伸びた。このときの縦弾性係数 E を求めよ。

(解答)
$W=40\,[\mathrm{kN}]$、$l=1.8\,[\mathrm{m}]$、$\lambda=1.4\times10^{-3}\,[\mathrm{m}]$、$A=250\,[\mathrm{mm}^2]=250\times10^{-6}\,[\mathrm{m}^2]$
であるので、**(1-3)式**から、

$$E=\frac{Wl}{A\lambda}=\frac{40\times10^3\times1.8}{250\times10^{-6}\times1.4\times10^{-3}}\,[\mathrm{N/m^2}]=205.7\times10^9\,[\mathrm{Pa}]\fallingdotseq206\,[\mathrm{GPa}]$$

【例題1-6】
太さ任意の軟鋼丸棒の上端を固定し、垂直につり下げるとき、自重によって生ずる最大応力を 100[MPa] 以内におさめるためには、棒の長さをいくらまで許すことができるか。
ただし、軟鋼の重さ $\gamma=0.00785\,[\mathrm{kg/cm^3}]$ とする。

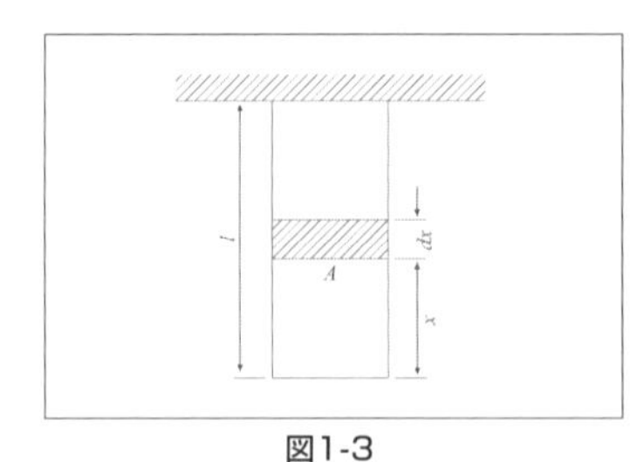

図1-3

(解答)

棒の任意の横断面は、その断面から下部にある部分の棒の自重が引張荷重として作用する。

断面積 A 、長さ l 、棒の下端から距離 x の断面に働く引張荷重 W は、

$$W_x = \gamma Ax$$

この断面に生ずる引張応力 σ_x は、

$$\sigma_x = \frac{W_x}{A} = \frac{\gamma Ax}{A} = \gamma x$$

任意断面 σ_x の応力は γx で与えられるので、棒の太さ(断面積)は関係ない。

したがって、棒の自重は、下端からの距離 x に比例して増加する。

すなわち、応力の最大値は x のもっとも大きい断面 $x = l$ で発生する。

$$\sigma_{\max} = \gamma l$$

この最大値 $\sigma_{\max}$ を許容応力 σ_W に等しくすれば、

$$\sigma_W = \gamma l = 100\,[\mathrm{MPa}]$$

ここで、軟鋼の重さ $\gamma = 0.00785\,[\mathrm{kg/cm^3}]$ をSI単位に変換すれば、

$$\gamma = 7850\,[\mathrm{kg/m^3}] = 7850 \times 9.8\,[\mathrm{N/m^3}] = 76930\,[\mathrm{N/m^3}]$$

$$\therefore l = \frac{\sigma_W}{\gamma} = \frac{100 \times 10^6}{76930} \fallingdotseq 1300\,[\mathrm{m}]$$

④ せん断応力とせん断変形

① せん断応力

$$\tau = \frac{W(\text{せん断荷重})}{A(\text{断面積})} \tag{1-4}$$

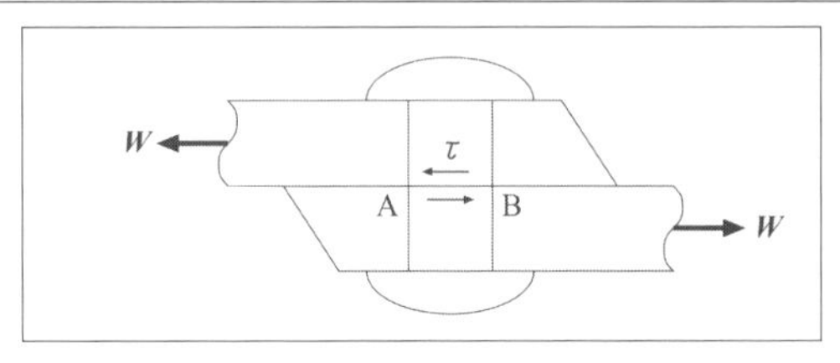

図1-4

② せん断ひずみ

$$\gamma = \frac{\lambda(\text{せん断変形})}{l(\text{平行2平面間の距離})} = \tan\phi \fallingdotseq \phi \tag{1-5}$$

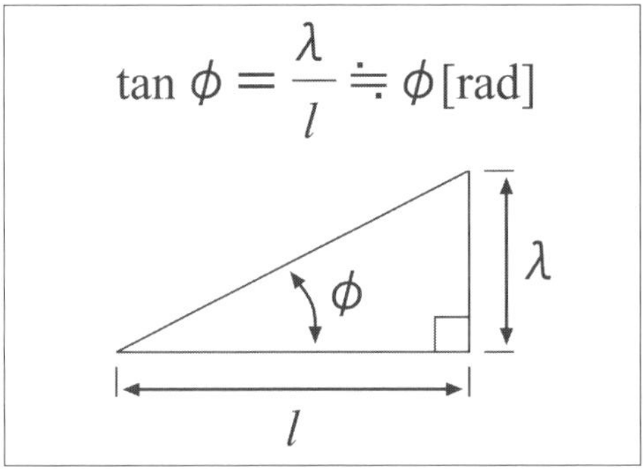

$$\tan\phi = \frac{\lambda}{l} \fallingdotseq \phi\,[\text{rad}]$$

図1-5

③ 横弾性係数

$$G = \frac{\tau}{\gamma}\text{、}\ \tau = G\gamma \tag{1-6}$$

式(1-6)に式(1-4)、式(1-5)を代入して、式(1-7)が得られる。

$$G = \frac{\tau}{\gamma} = \frac{Wl}{A\lambda} = \frac{W}{A\phi} \tag{1-7}$$

【例題1-7】

図に示すように、幅 $b=100$ [mm]、厚さ $t=10$ [mm] の鋼板に、$W=30$ [kN] のせん断荷重が加わっている。

このとき、鋼板のせん断面に生じるせん断応力を求めよ。

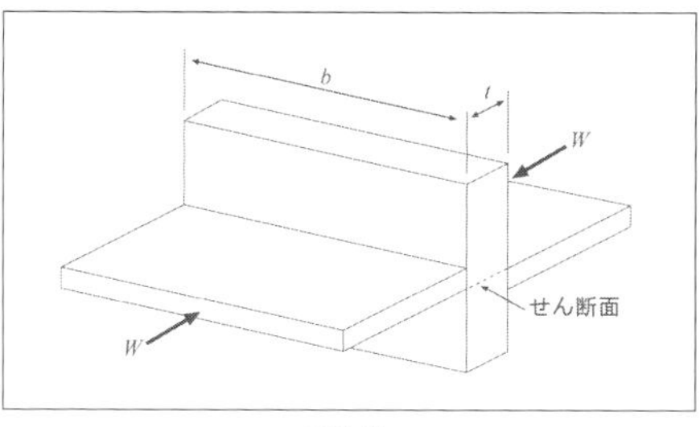

図1-6

(解答)

鋼板の面積は、

$$A=b\times t=100\times 10=1000\,[\mathrm{mm}^2]=1000\times 10^{-6}\,[\mathrm{m}^2]$$
$$W=30\,[\mathrm{kN}]=30\times 10^3\,[\mathrm{N}]$$

式(1-4)から、

$$\tau=\frac{W}{A}=\frac{30\times 10^3}{1000\times 10^{-6}}=30\times 10^6\,[\mathrm{N/m}^2]$$
$$=30\times 10^6\,[\mathrm{Pa}]=30\,[\mathrm{MPa}]$$

【例題1-8】

図のようにポンチで鋼板を打ち抜くとき必要な荷重 W および圧縮応力を求めよ。

ただし、$t=10$ [mm]、$d=20$ [mm]、鋼板のせん断強さ $\tau=200$ [MPa] とする。

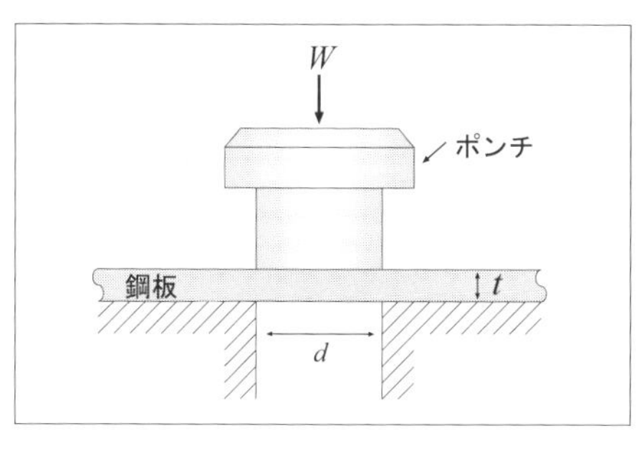

図1-7

(解答)

$t = 10\,[\mathrm{mm}] = 0.01\,[\mathrm{m}]$ 、 $d = 20\,[\mathrm{mm}] = 0.02\,[\mathrm{m}]$

ポンチで鋼板を打ち抜くとき、せん断すべき全面積 A は、

$$A = \pi dt$$

単位面積当たりのせん断強さ τ であるから、全面積に作用する力は、**式(1-4)**により、

$$W = \tau A = \tau \cdot \pi dt$$
$$= 3.14 \times 0.02\,[\mathrm{mm}] \times 0.01\,[\mathrm{m}] \times 200 \times 10^6 = 125600\,[\mathrm{N}]$$

さらに、圧縮応力 σ は、

$$\sigma = \frac{W}{\frac{\pi d^2}{4}} = \frac{4\tau \cdot \pi dt}{\pi d^2} = \frac{4t\tau}{d}$$
$$= \frac{4 \times 0.01 \times 200 \times 10^6}{0.02\,[\mathrm{m}]} = 400 \times 10^6\,[\mathrm{Pa}] = 400\,[\mathrm{MPa}]$$

【例題1-9】

断面積 $200\,[\mathrm{mm}^2]$ の材料に、その断面にそって $50\,[\mathrm{kN}]$ のせん断荷重を加えたところ、ずれの角度は $1/1200\,[\mathrm{rad}]$ となった。

この材料の横弾性係数を求めよ。

(解答)

$A = 200\,[\mathrm{mm}^2] = 200 \times 10^{-6}\,[\mathrm{m}^2]$ 、 $W = 50\,[\mathrm{kN}] = 50 \times 10^3\,[\mathrm{N}]$

であるから、**式(1-7)**により、

$$G = \frac{W}{A\phi} = \frac{50 \times 10^3}{200 \times 10^{-6} \times \frac{1}{1200}} = 300 \times 10^9\,[\mathrm{N/m}^2]$$
$$= 300 \times 10^9\,[\mathrm{Pa}] = 300\,[\mathrm{GPa}]$$

【例題1-10】

図のように、ピンを使った継ぎ手に $W=40\,[\mathrm{kN}]$ の引張荷重が加わっている。ピンの直径 $d=40\,[\mathrm{mm}]$ のとき、ピンに生じるせん断応力を求めよ。

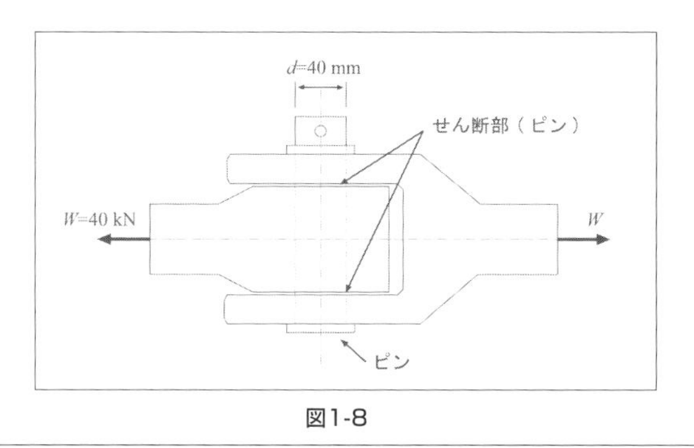

図1-8

(解答)

$W=40\,[\mathrm{kN}]=40\times10^3\,[\mathrm{N}]$ 、 $d=40\,[\mathrm{mm}]=0.04\,[\mathrm{m}]$

ピンの断面積は、図により、2カ所あることから

$$A=\frac{\pi d^2}{4}=\frac{3.14\times0.04^2}{4}=1.256\times10^{-3}\,[\mathrm{m}^2]$$

式(1-4)により、

$$\rho=\frac{W}{2\times A}=\frac{40\times10^3}{2\times1.256\times10^{-3}}$$

$$=15.9\times10^6[\mathrm{Pa}]=15.9\,[\mathrm{MPa}]$$

【例題1-11】

図のように、アルミニウム合金の角材に $W=30\,[\mathrm{kN}]$ のせん断荷重を加えたところ、次の条件のときに、せん断変形 λ を求めよ。

断面積 $A=300\,[\mathrm{mm}^2]$ 、 $l=60\,[\mathrm{mm}]$ 、横弾性係数 $G=29\,[\mathrm{GPa}]$ とする。

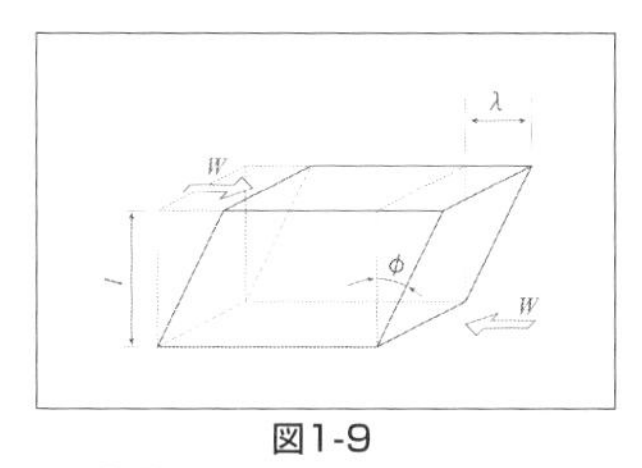

図1-9

(解答)

$W = 30\,[\mathrm{kN}] = 30 \times 10^3\,[\mathrm{N}]$ 、$l = 60\,[\mathrm{mm}] = 0.06\,[\mathrm{m}]$ 、
断面積 $A = 300\,[\mathrm{mm}^2] = 300 \times 10^{-6}[\mathrm{m}^2]$ から、**式(1-7)**により、

$$\lambda = \frac{Wl}{AG} = \frac{30 \times 10^3 \times 0.06}{300 \times 10^{-6} \times 29 \times 10^9} = 0.0002\,[\mathrm{m}] = 0.2\,[\mathrm{mm}]$$

⑤ 熱応力

熱応力とは、温度変化によって物体が自由膨張または収縮状態を何らかの要因によって阻害されると、物体内には妨げられた変形量に対する応力が発生することをいう。

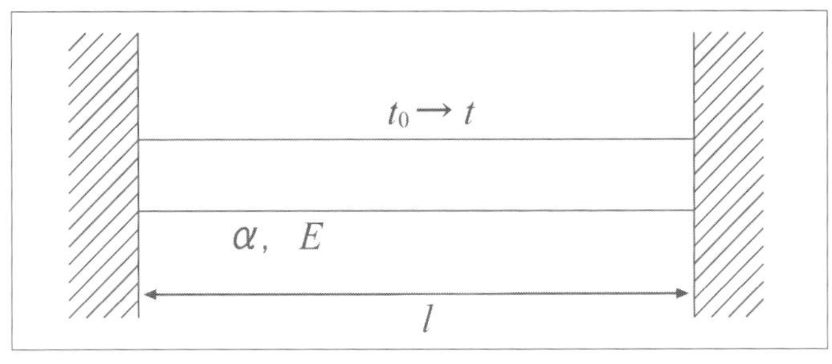

図1-10

圧縮または引張熱応力は、

$$\sigma = E\alpha\left(t - t_0\right) \quad (1\text{-}8)$$

ただし、α は材料の線膨張係数である。

【例題1-12】

鉄道レールは、気温 35 [°C] のときに相当長距離にわたって溶接したものであるが、急速に冷却して気温が −5 [°C] に降下したときに発生する熱応力を求めよ。

ただし、鋼の縦弾性係数を $E = 206$ [GPa] 、線膨張係数を $\alpha = 1.2\times10^{-5}$ [/°C] とする。

(解答)

式(1-8)から、

$$\sigma = E\alpha\left(t - t_0\right) = 206\times10^9\times1.2\times10^{-5}\times\left\{35-\left(-5\right)\right\}$$

$$= 98.88\times10^6\,[\text{Pa}] = 98.88\,[\text{MPa}]$$

【例題1-13】

図のように、長さ l_1 、断面積 A_1 なる部分と、長さ l_2 、断面積 A_2 なる部分からなる段付き棒の両端を剛性壁に固定した後、温度を40 [°C] 高めた。

この場合において、$2l_1 = l_2$ 、$2A_1 = A_2$ なるとき、この棒の各部分に生ずる熱応力を求め、棒の断面積が一様である場合に同一温度上昇によって生ずる熱応力の値と比較せよ。

ただし、鋼の縦弾性係数を $E = 206$ [GPa] 、線膨張係数を $\alpha = 1.2\times10^{-5}$ [/°C] とする。

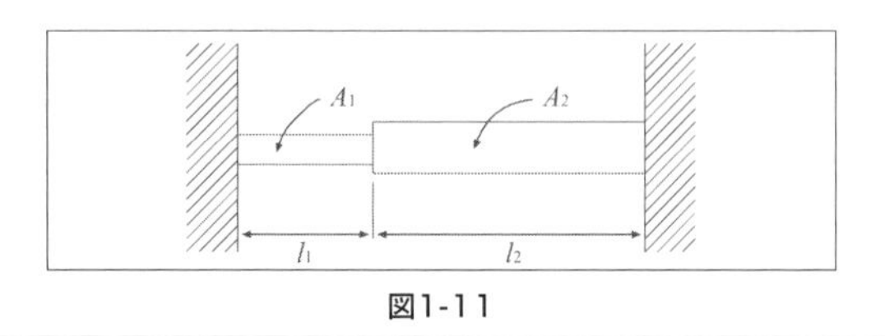

図1-11

(解答)

温度上昇によって生ずる軸圧縮力を X とすれば、棒の熱膨張による伸びが軸圧縮力 X による棒の縮みによって打ち消されるため、

$$\frac{X}{E}\left[\frac{l_1}{A_1}+\frac{l_2}{A_2}\right]=\alpha t\left(l_1+l_2\right)$$

したがって、

$$X=\frac{\alpha tE\left(l_1+l_2\right)}{l_1/A_1+l_2/A_2}=\frac{\alpha tEA_1\left(1+l_2/l_1\right)}{1+\left(l_2/l_1\right)\left(A_1/A_2\right)}$$

$$\sigma_1=-\frac{X}{A_1}=-\frac{\alpha tE\left(1+l_2/l_1\right)}{1+\left(l_2/l_1\right)\left(A_1/A_2\right)}$$

$$\sigma_2=-\frac{X}{A_2}=-\frac{\alpha tE\left(1+l_2/l_1\right)\left(A_1/A_2\right)}{1+\left(l_2/l_1\right)\left(A_1/A_2\right)}$$

ここで、$l_2/l_1=2$ 、$A_1/A_2=1/2$ を代入すると、

$$\sigma_1=-\frac{3}{2}\alpha tE=-\frac{3}{2}\times1.2\times10^{-5}\times40\times206\times10^{9}\fallingdotseq-148.3\left[\text{MPa}\right]$$

$$\sigma_2=-\frac{3}{4}\alpha tE=-\frac{3}{4}\times1.2\times10^{-5}\times40\times206\times10^{9}\fallingdotseq-74.2\left[\text{MPa}\right]$$

また、棒の断面積が一様である場合に同一温度上昇によって生ずる熱応力の値は$\sigma_0=-\alpha tE$ であるから、それと比較すると、σ_1はσ_0の $3/2=1.5$ 倍、σ_zは $3/4=0.75$ 倍となる。

⑥ 許容応力と安全率

「安全率」とは、許容応力が基準強さの何分の1になるかを示す数値をいう。

$$安全率 = \frac{基準強さ}{許容応力} \tag{1-9}$$

表1-3　安全率

	静荷重	繰返し荷重		変動荷重
		片振れ	両振れ	
鋼	3	5	8	12
鋳　鉄	4	6	10	15
木　材	7	10	15	20
れんが	20	30	――	――

【例題1-14】

長さ100[cm]の軟鋼の丸棒が引張荷重を受けて1[mm]伸びた。軟鋼の丸棒の基準強さを610[MPa]として、このときの安全率はいくらか。

ただし、縦弾性係数 $E=206$[GPa]とする。

(解答)

$l=100\,[\mathrm{cm}]=1\,[\mathrm{m}]$、$\lambda=1\,[\mathrm{mm}]=0.001\,[\mathrm{m}]$ となり、フックの法則から、

$$\sigma=\varepsilon E=\frac{\lambda}{l}E=\frac{0.001}{1}\times 206\times 10^{9}=206\times 10^{6}=206\,[\mathrm{MPa}]$$

したがって、安全率 S は、

$$S=\frac{610}{206}\fallingdotseq 2.96\fallingdotseq 3$$

【例題1-15】

図のようなボルトで6[kN]の荷重をもたせようとする。ボルトの直径 d とボルト頭部の高さ h を求めよ。

ただし、軟鋼の許容引張応力200[MPa]、許容せん断応力80[MPa]とする。

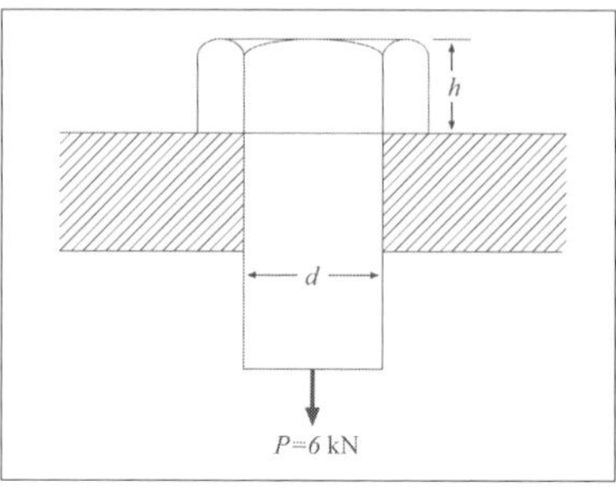

図1-12

(解答)

ボルトに生ずる応力を求める式から、

$$\sigma = \frac{P}{A} = \frac{P}{\pi d^2/4} = \frac{4P}{\pi d^2}$$

$$\therefore \quad d = \sqrt{\frac{4P}{\pi\sigma}} = \sqrt{\frac{4\times6000}{3.14\times200\times10^6}} \fallingdotseq 6.2\ \text{mm}$$

せん断力の作用する面積を A' とすると、

$$A' = \pi dh$$

したがって、せん断応力 τ は、

$$\tau = \frac{P}{A'} = \frac{P}{\pi dh}$$

$$\therefore \quad h = \frac{p}{\pi d\tau} = \frac{6000}{3.14\times0.00618\times80\times10^6} = 0.00386\,[\text{m}] \fallingdotseq 4\,[\text{mm}]$$

【例題1-16】

図のような厚さ $t=20\,[\mathrm{mm}]$ の中空鋳鉄製円筒に $P=50\,[\mathrm{kN}]$ の圧縮荷重が加わっている。

この鋳鋼の基準強さ $\sigma_b=200\,[\mathrm{MPa}]$ とし、安全率を $S=10$ としたとき、荷重に耐え得る外径 d_2 を求めよ。

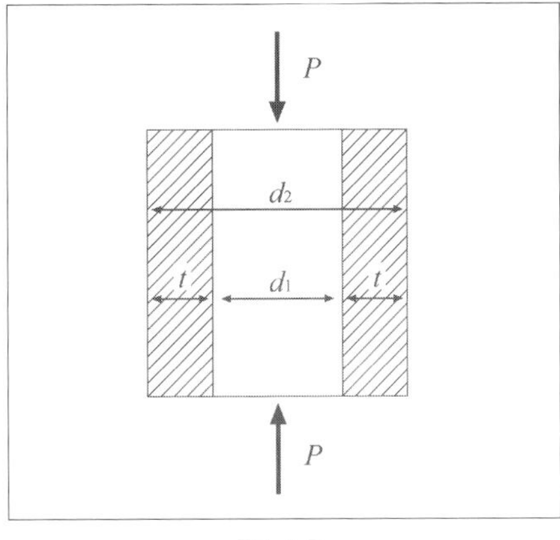

図1-13

(解答)

$t=20\,[\mathrm{mm}]=0.02\,[\mathrm{m}]$ 、 $P=50\,[\mathrm{kN}]=50\times10^3[\mathrm{N}]$ となる。

断面積 A を求めると、

$$A=\frac{\pi}{4}\left(d_2^2-d_1^2\right)$$

したがって、安全率 S であるから、P なる荷重で円筒に生ずる応力を鋳鋼の基準強さ σ_b の $1/S$ にすれば、次のように式の変換ができる。

$$\sigma=\frac{P}{\frac{\pi}{4}\left(d_2^2-d_1^2\right)}$$

さらに、$\sigma=\dfrac{\sigma_b}{S}$ の関係式から、

$$\therefore\frac{\sigma_b}{S}=\frac{P}{\frac{\pi}{4}\left(d_2^2-d_1^2\right)}$$

これを書き換えて、

$$d_2^2 - d_1^2 = \frac{4PS}{\pi\sigma_b} \qquad ①$$

さらに、中空円筒であるから、

$$d_2 - d_1 = 2t \qquad ②$$

②を①に代入すると、

$$\therefore d_2 = \frac{PS}{\pi t\sigma_b} + t = \frac{50\times10^3\times10}{3.14\times0.02\times200\times10^6} + 0.02$$

$$= 0.0398 + 0.02 = 0.0598\,[\mathrm{m}]$$

$$\fallingdotseq 60\,[\mathrm{mm}]$$

【例題1-17】

図のように一様断面積 A なる長さ $l = 300\,[\mathrm{mm}]$ である軟鋼の棒ABの両端を剛性壁ではさみ、その中間C断面に P なる力を加えるとき、剛性壁の反力を求めよ。

ただし、$P = 30\,[\mathrm{kN}]$ 、$a = 100\,[\mathrm{mm}]$ 、$b = 200\,[\mathrm{mm}]$ とする。

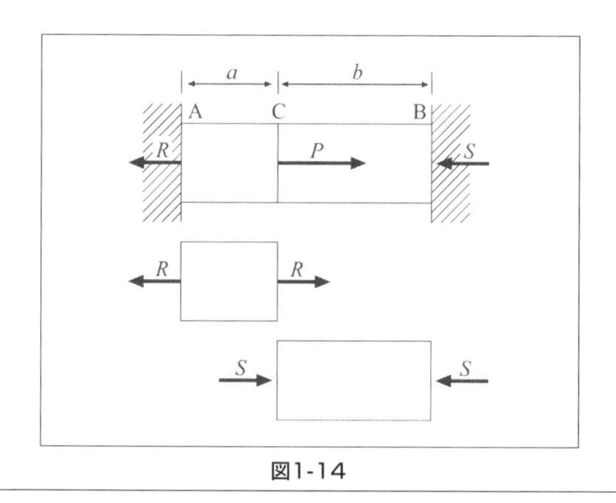

図1-14

(解答)

剛性壁の反力を R 、S とし、この棒をC断面で切り離したとする。

C断面から左方では R なる引張力が、右方では S なる圧縮力がかかっていることになる。

左方の部分は、R なる引張力により伸びる量は、

$$\lambda_1 = \frac{Ra}{AE}$$

右方の部分は、S なる圧縮力により縮む量は、

$$\lambda_2 = \frac{Sb}{AE}$$

棒ABの両端は剛性壁で伸縮しないから、$\lambda_1 = \lambda_2$ でなければならない。
したがって、

$$\frac{Ra}{AE} = \frac{Sb}{AE} \quad ①$$

釣合条件から、

$$P = R + S \quad ②$$

①と②から、

$$R = \frac{Pb}{l} 、\quad S = \frac{Pa}{l}$$

したがって、

$$R = \frac{Pb}{l} = \frac{30 \times 10^3 \times 0.2}{0.3} = 20000\,[\mathrm{N}] = 20\,[\mathrm{kN}]$$

$$S = \frac{Pa}{l} = \frac{30 \times 10^5 \times 0.1}{0.3} = 10000\,[\mathrm{N}] = 10\,[\mathrm{kN}]$$

【例題1-18】

長さ $l_1 = 4\,[\mathrm{m}]$ 、$A_1 = 10\,[\mathrm{cm}^2]$ の鋼棒 AC と、長さ $l_2 = 3\,[\mathrm{m}]$ 、断面積 $A_2 = 12\,[\mathrm{cm}^2]$ の鋼棒 BC を C 端でピン結合とし、他端 A,B を $\overline{\mathrm{AB}} = 5\,[\mathrm{m}]$ に保って鉛直剛性壁にピンで継ぐ。接点 C に鉛直荷重 $P = 50\,[\mathrm{kN}]$ を作用させるとき、C 点に生ずる鉛直方向および水平方向の変位を求めよ。

ただし、鋼の縦弾性係数 $E = 206\,[\mathrm{GPa}]$ とする。

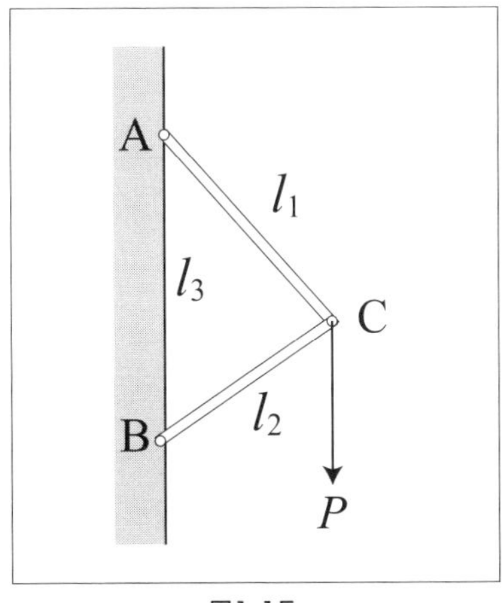

図1-15

(解答)

$l_1 : l_2 : l_3 = 4:3:5$ となることから、$\angle ACB = \pi/2$ となる。したがって、AC 棒の引張力を T_1 、BC の圧縮力を T_2 とすれば、

$$T_1 = 50\times 10^3 \times \frac{4}{5} = 40\,[\mathrm{kN}] \qquad (\text{引張})$$

$$T_2 = 50\times 10^3 \times \frac{3}{5} = 30\,[\mathrm{kN}] \qquad (\text{圧縮})$$

AC 棒の伸びを λ_1 、BC 棒の縮みを λ_2 とすると、

$$\lambda_1 = \frac{T_1 l_1}{A_1 E} = \frac{40\times 10^3 \times 4}{0.001\times 206\times 10^9} = 0.00078\,[\mathrm{m}] \qquad (\text{伸び})$$

$$\lambda_2 = \frac{T_2 l_2}{A_2 E} = \frac{30\times 10^3 \times 3}{0.0012\times 206\times 10^9} = 0.000364\,[\mathrm{m}] \qquad (\text{縮み})$$

そのときの鉛直方向の変位 δ_v 、水平方向の変位を δ_h とすると、

$$\delta_v = \lambda_1 \cos\theta_1 + \lambda_2 \cos\theta_2 = 0.00078\times\frac{4}{5} + 0.000364\times\frac{3}{5} \qquad (\text{下向き})$$
$$= 0.00084\,[\mathrm{m}] = 0.84\,[\mathrm{mm}]$$

$$\delta_h = \lambda_1 \sin\theta_1 - \lambda_2 \sin\theta_2 = 0.00078\times\frac{3}{5} - 0.000364\times\frac{4}{5} \qquad (\text{右向き})$$
$$= 0.00018\,[\mathrm{m}] = 0.18\,[\mathrm{mm}]$$

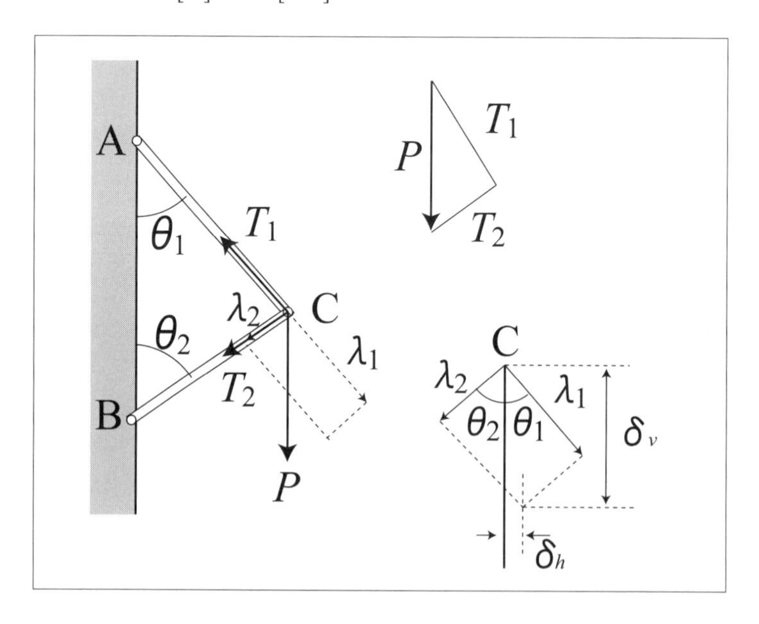

⑦ 衝撃応力

衝撃荷重によって、物体内部に発生する瞬間最大応力を衝撃応力という。

λ_S にくらべて、充分に高いところ(h)から落下させた場合には、公式中の $2h/\lambda_S$ は1よりもはるかに大きな値となるために、1を省略できる。

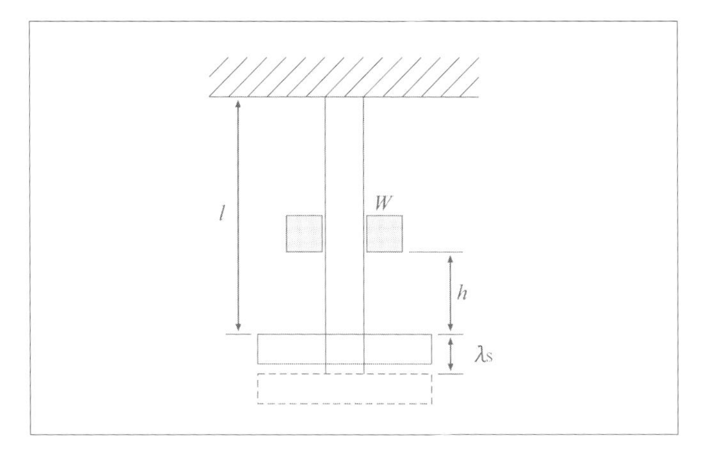

図1-16

ここで、荷重を静かに加えたときの静応力を σ_S 、静的ひずみを λ_S とする。

① 衝撃応力

$$\sigma = \sigma_S \left[1 + \sqrt{1 + \frac{2h}{\lambda_S}} \right] = \sigma_S \sqrt{\frac{2h}{\lambda_S}} = \sqrt{\frac{2EWh}{Al}}$$

② 衝撃ひずみ

$$\lambda = \lambda_S \left[1 + \sqrt{1 + \frac{2h}{\lambda_S}} \right] = \lambda_S \sqrt{\frac{2h}{\lambda_S}} = \sqrt{2h\lambda_S}$$

【例題1-19】

長さ $l = 8$ [m]、横断面積 2 [cm^2] の鋼の棒の上端を剛性天井に固定する。

棒の下端に取り付けられた受け板の上に 2 [kN] の重量を高さ 20 [cm] のところから落下されるとき、棒に生ずる応力を求めよ。

ただし、縦弾性係数 $E = 206$ [GPa] とする。

(解答)

衝撃応力 σ は、伸びを省略したときは、

$$\sigma = \sqrt{\frac{2hEW}{Al}}$$

この式に、$l = 8$ [m]、$A = 2$ [cm^2] $= 0.0002$ [m^2]、$W = 2 \times 10^3$ [N]、$h = 0.2$ [m] を代入すると、

$$\sigma = \sqrt{\frac{2 \times 0.2 \times 206 \times 10^9 \times 2 \times 10^3}{0.0002 \times 8}} = 321 \times 10^6 = 321\,[\mathrm{MPa}]$$

伸び λ を考えた場合には、衝撃応力 σ は、

$$\sigma = \sigma_S \left[1 + \sqrt{1 + \frac{2h}{\lambda_S}} \right]$$

この式で、

$$\sigma_S = \frac{W}{A} = \frac{2 \times 10^3}{0.0002} = 10 \times 10^6 = 10\,[\mathrm{MPa}]$$

$$\lambda_S = \frac{Wl}{AE} = \frac{2 \times 10^3 \times 8}{0.0002 \times 206 \times 10^9} = 0.000388 \fallingdotseq 0.0004$$

$$\frac{2h}{\lambda_S} = \frac{2 \times 0.2}{0.0004} = 1000$$

したがって、

$$\sigma = 10 \times 10^6 \times \left(1 + \sqrt{1 + 1000} \right) = 326.4\,[\mathrm{MPa}]$$

【例題1-20】

図のように滑車にかけられた綱でつるされた重り W が自由に落下しているとき、綱の長さが h のとき急に停止したとする。このとき綱に生ずる最大衝撃応力を求めよ。

ただし、$W=10\,[\mathrm{kN}]$、綱の直径 $4\,[\mathrm{mm}]$、縦弾性係数 $E=206\,[\mathrm{GPa}]$ とする。

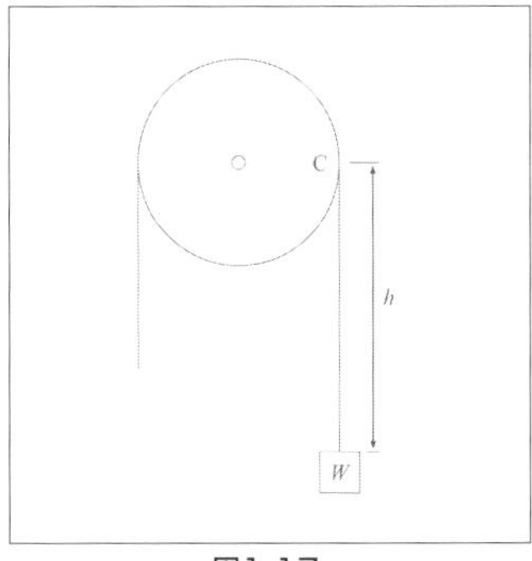

図1-17

(解答)

$W=10\,[\mathrm{kN}]=10\times10^3\,[\mathrm{N}]$、$d=4\,[\mathrm{mm}]=0.004\,[\mathrm{m}]$、滑車が停止の瞬間における重りの落下の高さは h であるから、そのときに重りのもっている運動のエネルギは Wh であり、これが全部弾性エネルギとして綱に蓄えられるとすれば、

$$Wh=\frac{\sigma^2}{2E}Ah\text{、}\sigma=\sqrt{\frac{2EW}{A}}\text{、}A=\frac{\pi d^2}{4}\text{ により、}$$

$$\sigma=\sqrt{\frac{4\times2\times206\times10^9\times10\times10^3}{\pi\times0.004^2}}=18111\times10^6\,[\mathrm{Pa}]$$

$$=18111[\mathrm{MPa}]$$

荷重 W が静かに綱に加わったときの応力 σ_S を求め、衝撃応力と比較する。

$$\sigma_S=\frac{W}{A}=\frac{10\times10^3\times4}{\pi\times0.004^2}=796\times10^6\,[\mathrm{Pa}]=796\,[\mathrm{MPa}]$$

両者の比較は、

$$\frac{\sigma}{\sigma_S}=\frac{18111}{796}=22.8\text{ 倍}$$

【例題1-21】

鋼線で吊るされた$W=5$[kN] の重りを落下させ、急に鋼線を停止させても安全であるための、鋼線の直径を求めよ。ただし、鋼の許容応力を400[MPa]、縦弾性係数$E=206$[GPa] とする。

(解答)

鋼に重りをつけて落下させて、急に停止したとき生ずる衝撃応力は、

$$\sigma=\sqrt{\frac{2EW}{A}}$$

で与えられるから、

$$A=\frac{2EW}{\sigma^2}=\frac{2\times206\times10^9\times5\times10^3}{\left(400\times10^6\right)^2}=0.013[\mathrm{m^2}]$$

したがって、求める鋼線の直径dは、

$$d=\sqrt{\frac{4A}{\pi}}=\sqrt{\frac{4\times0.013}{3.14}}=0.129[\mathrm{m}]=129[\mathrm{mm}]$$

⑧ 内圧を受ける薄肉円筒および薄肉球かくの応力

① 内圧 p を受ける内半径 r 、厚さ t なる薄肉円筒の円周応力 σ と軸応力 σ' は、

$$\sigma = \frac{pr}{t} \tag{1-10}$$

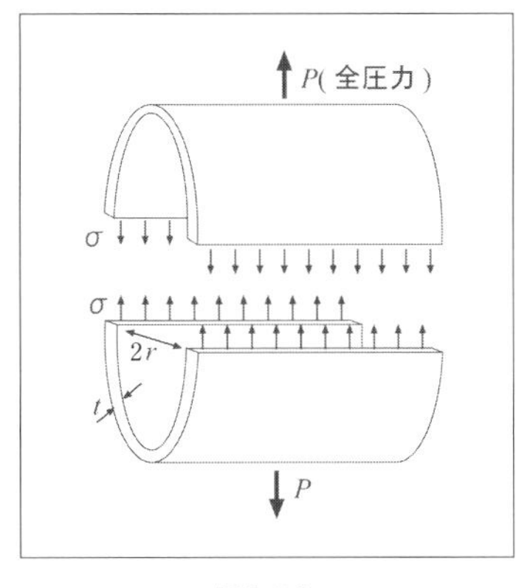

図1-18

$$\sigma' = \frac{pr}{2t} \tag{1-11}$$

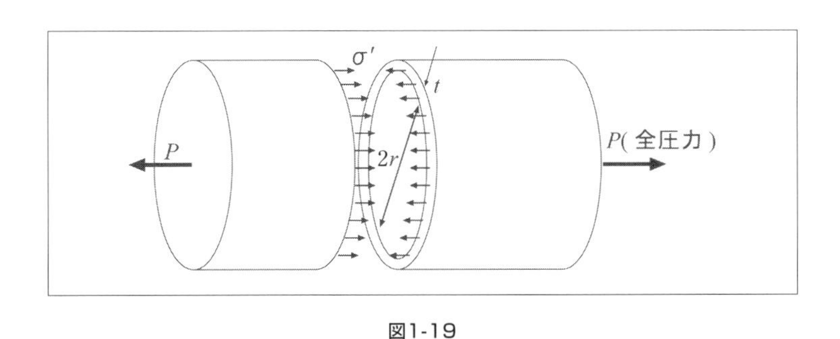

図1-19

② 内圧 p を受ける内径 d 、厚さ t なる薄肉球かくの円周応力 σ は、

$$\sigma = \frac{pd}{4t} \tag{1-12}$$

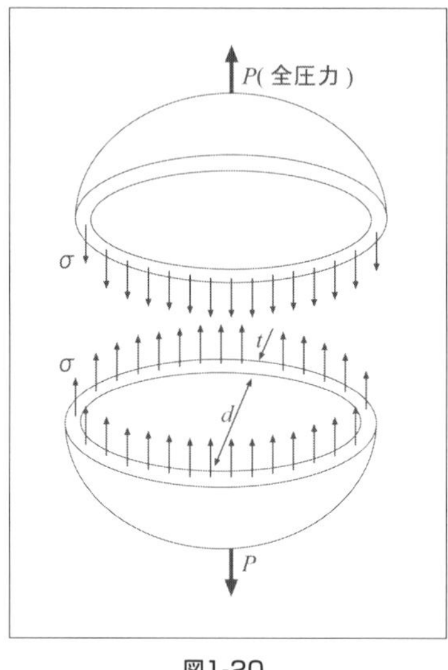

図1-20

【例題1-22】

厚さ 10[mm] 、内径 500[mm] の薄肉円筒に圧力 1.2[MPa] のガスが封入されている。

薄肉円筒の円筒板に生ずる円周方向の応力と軸方向の応力を求めよ。

(解答)

円周方向の応力 σ 、軸方向の応力 σ' は、**式(1-10)**、**式(1-11)**から、

$$\sigma = \frac{pr}{t} = \frac{1.2\times10^6\times0.25}{0.01} = 30\times10^6\,[\mathrm{Pa}] = 30\,[\mathrm{MPa}]$$

$$\sigma' = \frac{pr}{2t} = \frac{1.2\times10^6\times0.25}{2\times0.01} = 15\times10^6\,[\mathrm{Pa}] = 15\,[\mathrm{MPa}]$$

【例題1-23】
内径1000[mm]の薄肉円筒に圧力1.8[MPa]のガスが封入し、円筒板に生じる最大引張応力を80[MPa]とする場合に、必要とする円筒板の厚さtを求めよ。

(解答)
円筒板の厚さtとすると、**式(1-10)**から、

$$t=\frac{pr}{\sigma}=\frac{1.8\times10^6\times0.5}{80\times10^6}=0.01125\,[\mathrm{m}]=11.25\,[\mathrm{mm}]$$

【例題1-24】
厚さ16[mm]、内径1500[mm]の薄肉球かくに2.1[MPa]のガスが封入されているとき、薄肉球かくの板に生じる引張応力を求めよ。

(解答)
厚さ$t=16\,[\mathrm{mm}]=0.016\,[\mathrm{m}]$、内径$d=1500\,[\mathrm{mm}]=1.5\,[\mathrm{m}]$とし、**式(1-12)**から、

$$\sigma=\frac{pd}{4t}=\frac{2.1\times10^6\times1.5}{4\times0.016}=49.2\times10^6\,[\mathrm{N/m^2}]=49.2\,[\mathrm{MPa}]$$

【例題1-25】
厚さ20[mm]、内径2000[mm]の円筒形の蒸気ボイラがある。蒸気の圧力が2[MPa]のとき、ボイラの円筒板に生じる円周方向の応力を求めよ。

(解答)
厚さ$t=20\,[\mathrm{mm}]=0.02\,[\mathrm{m}]$、内径$d=2000\,[\mathrm{mm}]=2\,[\mathrm{m}]$とし、**式(1-10)**から、

$$\sigma=\frac{pr}{t}=\frac{pd}{2t}=\frac{2\times10^6\times2}{2\times0.02}=100\times10^6\,[\mathrm{N/m^2}]$$
$$=100\times10^6\,[\mathrm{Pa}]=100\,[\mathrm{MPa}]$$

【例題1-26】
内半径が$r=300\,[\mathrm{mm}]$、厚さが$t=20\,[\mathrm{mm}]$である薄肉円筒に内圧が10[MPa]が作用するとき、両端から充分離れた円筒中央部の内半径は何mm増加するかを求めよ。
ただし、材料の縦弾性係数$E=210\,[\mathrm{GPa}]$、ポアソン比$1/m=0.3$とする。

(解答)

$r=300\,[\mathrm{mm}]=0.3\,[\mathrm{m}]$ 、 $t=20\,[\mathrm{mm}]=0.02\,[\mathrm{m}]$ とし、円周応力 σ 、および軸応力 σ' を**式(1-10)**、**式(1-11)**から求める。

$$\sigma=\frac{pr}{t}=\frac{10\times10^6\times0.3}{0.02}=150\times10^6\,[\mathrm{N/m^2}]=150\,[\mathrm{MPa}]$$

$$\sigma'=\frac{pr}{2t}=\frac{10\times10^6\times0.3}{2\times0.02}=75\times10^6\,[\mathrm{N/m^2}]=75\,[\mathrm{MPa}]$$

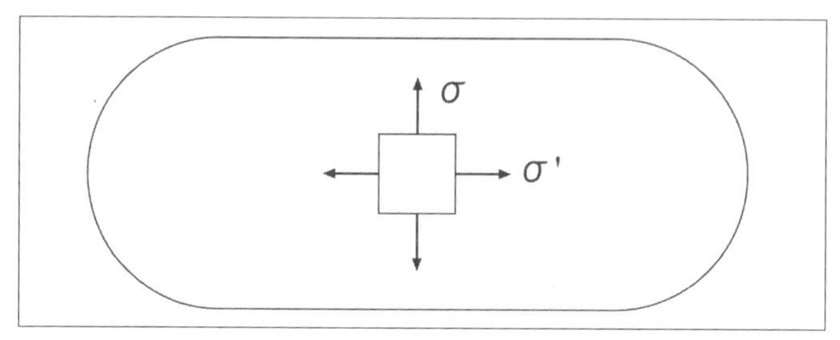

図1-21

次に、円周ひずみ ε とすると、平面応力におけるひずみと応力の関係から、

$$\varepsilon=\frac{1}{E}\left[\sigma-\frac{1}{m}\sigma'\right]=\frac{1}{210\times10^9}\left(150\times10^6-0.3\times75\times10^6\right)=0.0006$$

円周の内半径 r の増加 Δr と円周ひずみ ε との間には次の関係がある。

$$\varepsilon=\frac{2\pi\left(r+\Delta r\right)-2\pi r}{2\pi r}=\frac{\Delta r}{r}$$

したがって、内半径の増加は、

$$\therefore\quad \Delta r=r\varepsilon=0.3\times0.0006=0.00018\left[\mathrm{m}\right]=0.18\left[\mathrm{mm}\right]$$

⑨ 片持ばり

自由端から距離 x の位置におけるせん断力 F と曲げモーメント式は、次のとおりである。

① 自由端に集中荷重 W を受ける場合

(せん断力図の場合)： $F=-W$ 、曲げモーメント図： $M=-W_x$

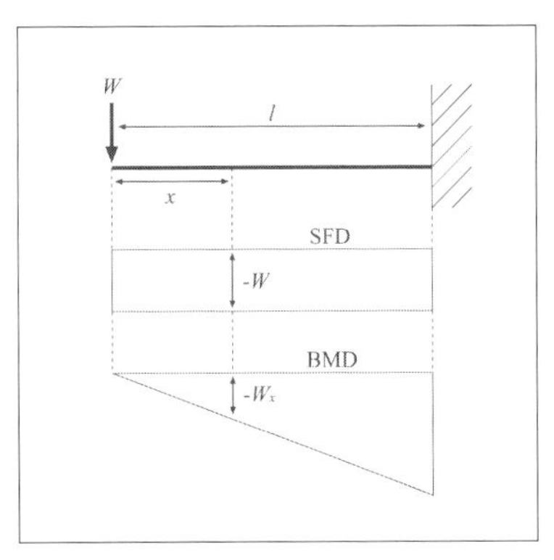

図1-22

② 全長に単位長さ当たり w なる等分布荷重を受ける場合

$F=-wx$ 、 $M=-\dfrac{wx^2}{2}$

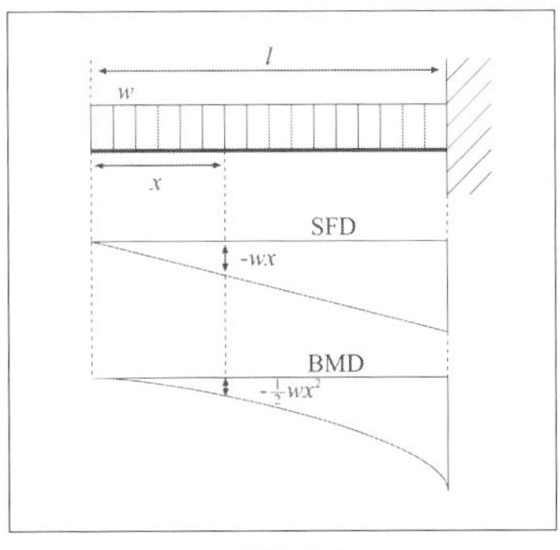

図1-23

【例題1-27】

図に示すように、断面が一様で長さ $l=1500$ [mm] の片持ばりの自由端に $W=1800$ [N] の集中荷重が加わるとき、せん断力図と曲げモーメント図から最大曲げモーメントが生じる断面の位置とその大きさを求めよ。

(解答)

はりに作用する力の釣合条件から、自由端Aに加わる集中荷重 W と大きさが等しく向きが逆の反力 R_B が固定端Bに生じることによって静止が保たれる。

自由端Aから距離 x の断面 X では、せん断力 F は $F=-W=1800$ [N] であり、はりの全長にわたって一定である。したがって、このはりのせん断力図は図の(a)のようになる。

一方で、自由端Aから距離 x の断面 X の曲げモーメント M は、$M=-W_x=-1800x$ で示される。したがって、このはりの曲げモーメント図は、$x=0$ で最小 $=0$ 、$x=1500$ [mm] のとき最大であり、その値は $M=-1800\times1500=-2.7\times10^6$ [N·mm] $=2.7$ [kN·m] である。

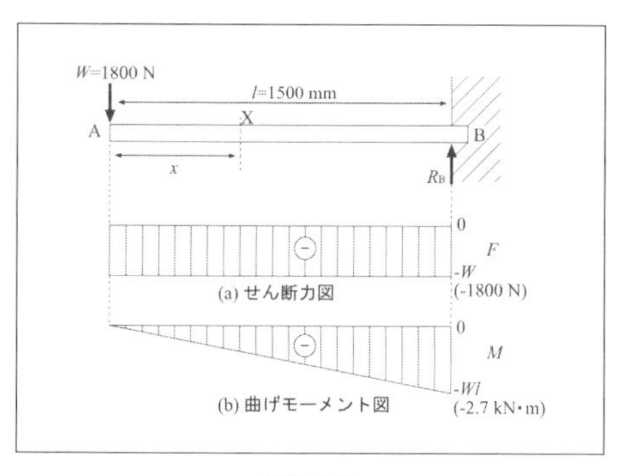

図1-24

【例題1-28】

長さが $l=500$ [mm] である片持ばりの自由端に、$W=800$ [N] の集中荷重が加わるときの最大曲げモーメントを求めよ。

(解答)

自由端から $l=500$ [mm] の固定端にかかる曲げモーメントが最大である。

$M=-500\,[\mathrm{mm}]\times800\,[\mathrm{N}]=-400000\,[\mathrm{N\cdot mm}]=-0.4\,[\mathrm{kN\cdot m}]$ である。

⑩ 単純ばり

両端支持ばりに集中荷重 W が加わったときのせん断力図と曲げモーメント図を求めてみる。

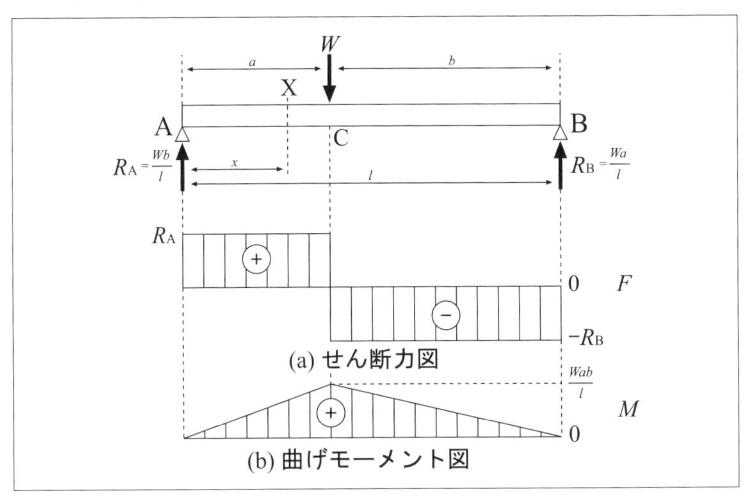

図1-25

支点Aから任意の位置Xまでの距離を x とおけば、反力 R_A は、

$$R_A = \frac{Wb}{l} \tag{1-13}$$

せん断力は、

AC間($0 \leq x \leq a$) $F = R_A = \frac{Wb}{l}$

CB間($a \leq x \leq 1$) $F = R_A - W = -R_B$

となる。したがって、せん断力図は図の(a)のようになる。

曲げモーメント M は、

AC間($0 \leq x \leq a$) $M = R_A x = \frac{Wb}{l} x$

CB間($a \leq x \leq 1$)

$$M = R_A x - W(x-a) = \frac{Wb}{l}x - W(x-a)$$

$$= Wa - \frac{W(l-b)}{l}x = Wa - \frac{Wa}{l}x$$

以上の結果から、曲げモーメント図は図の(b)のようになる。
曲げモーメントの最大値は $M_{max} = Wab/l$ である。

【例題1-29】
図に示すはりで、最大曲げモーメントが生じる断面の位置とその値を求めよ。

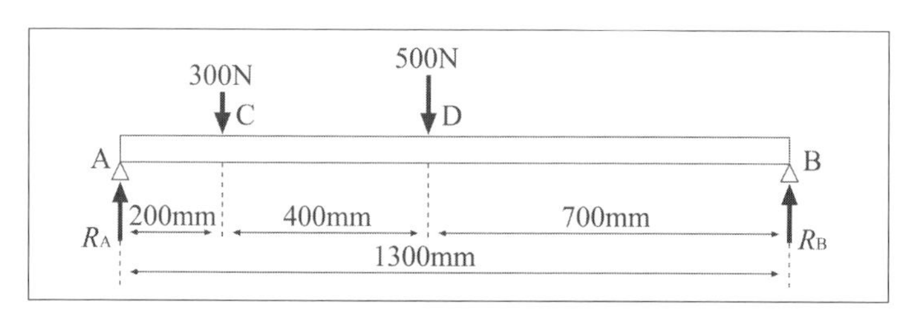

図1-26

(解答)
まず、反力を求めると、

$$R_A = \frac{1}{1300}(300\,[\mathrm{N}] \times 1100 + 500\,[\mathrm{N}] \times 700) = 523\,[\mathrm{N}]$$

$$R_B = 300\,[\mathrm{N}] + 500\,[\mathrm{N}] - 523\,[\mathrm{N}] = 277\,[\mathrm{N}]$$

曲げモーメントは、時計の針の方向を「＋」とし、時計の針の方向と逆を「－」とすると、

$$M_{max} = 523\,[\mathrm{N}] \times 600\,[\mathrm{mm}] - 300\,[\mathrm{N}] \times 400\,[\mathrm{mm}]$$

$$= 313800\,[\mathrm{N \cdot mm}] - 120000\,[\mathrm{N \cdot mm}] = 193800\,[\mathrm{N \cdot mm}]$$

$$= 193.8\,[\mathrm{N \cdot m}]\ (\text{D点の位置})$$

【例題1-30】
図のような分布荷重の作用するはりのせん断力図、曲げモーメント図を描きなさい。

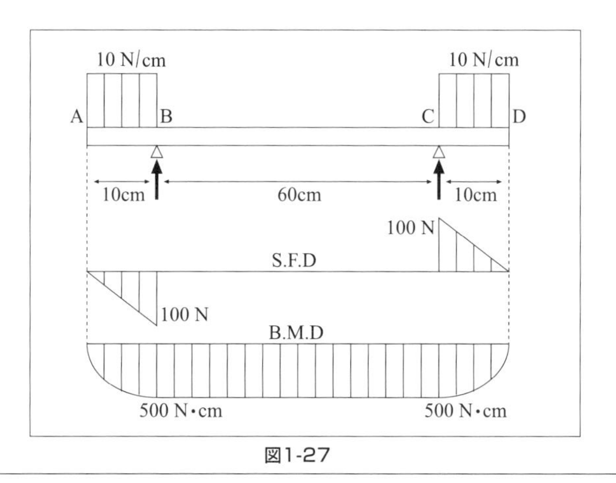

図1-27

(解答)

「AB間」　せん断力：　$F_{AB} = -10x$

曲げモーメント：　$M_{AB} = -10x \cdot \dfrac{x}{2} = -5x^2$

「BC間」　せん断力：　$F_{BC} = -100 + 100 = 0$

曲げモーメント：　$M_{BC} = -100(x-5) + 100(x-10) = -500\,[\mathrm{N \cdot cm}]$

「CD間」　せん断力：　$F_{CD} = 100 + 100 - 100 - 10(x-70) = 800 - 10x$

曲げモーメント：

$$M_{CD} = -100(x-5) + 100(x-10) + 100(x-70)$$
$$-10(x-70)(x-70)/2$$
$$= 100x - 7500 - 5(x-70)^2$$

⑪ 曲げ応力

縁応力を最大曲げ応力 σ とおき、そのときのはりの断面係数を Z で表わすと、次の一般的な式で示される。

$$M=\sigma Z \text{、} \sigma=\frac{M}{Z} \tag{1-14}$$

【例題1-31】

図に示すような形状の断面二次モーメント I と断面係数 Z を求めよ。

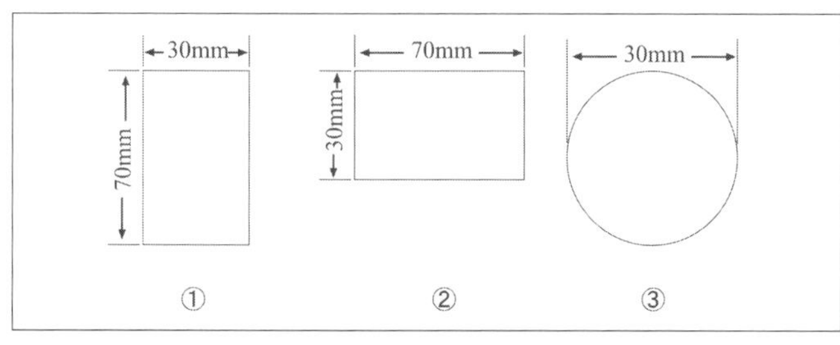

図1-28

(解答)

①の解答

$$I=\frac{bh^3}{12}=\frac{30\times70^3}{12}=8.58\times10^5\ [\mathrm{mm}^4]$$

$$Z=\frac{bh^2}{6}=\frac{30\times70^2}{6}=2.45\times10^4\ [\mathrm{mm}^3]$$

②の解答

$$I=\frac{bh^3}{12}=\frac{70\times30^3}{12}=1.58\times10^5\ [\mathrm{mm}^4]$$

$$Z=\frac{bh^2}{6}=\frac{70\times30^2}{6}=1.05\times10^4\ [\mathrm{mm}^3]$$

③の解答

$$I=\frac{\pi}{64}d^4=\frac{3.14\times30^4}{64}=3.97\times10^4\ [\mathrm{mm}^4]$$

$$Z=\frac{\pi}{32}d^3=\frac{3.14\times30^3}{32}=2.65\times10^3\ [\mathrm{mm}^3]$$

【例題1-32】

図に示すように、長さ $l=1200$ [mm]、幅 $b=40$ [mm]、高さ $h=50$ [mm] の長方形断面の片持ばりがある。このはりの先端に $W=2$ [kN] の集中荷重が加わるときに、はりに生じる最大曲げ応力を求めよ。

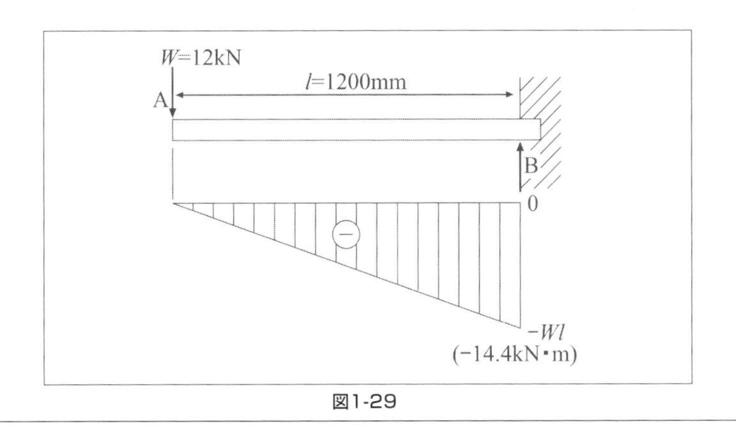

図1-29

(解答)

曲げモーメントは図のように固定端Bで最大になり、その値 M は、

$$M_{\max}=Wl=12\times10^3\times1200$$

$$=14.4\times10^6\,[\mathrm{N\cdot mm}]=14.4\,[\mathrm{kN\cdot m}]$$

断面係数 Z は、

$$Z=\frac{bh^2}{6}$$

で与えられる。したがって、最大曲げ応力 σ は、

$$\sigma_{\max}=\frac{M}{Z}=\frac{M}{\frac{bh^2}{6}}=\frac{M\times6}{bh^2}=\frac{14.4\times10^6\times6}{40\times50^2}=864\,[\mathrm{N/mm^2}]$$

$$=864\times10^6\,[N/m^2]=864\times10^6\,[\mathrm{Pa}]=864\,[\mathrm{MPa}]$$

【例題1-33】

図に示す両端支持ばりの断面形状を直径 48 [mm] の円形としたとき、加えることができる最大荷重 W の大きさを求めよ。ただし、このはりの材料に許容される最大応力を 60 [MPa] とする。

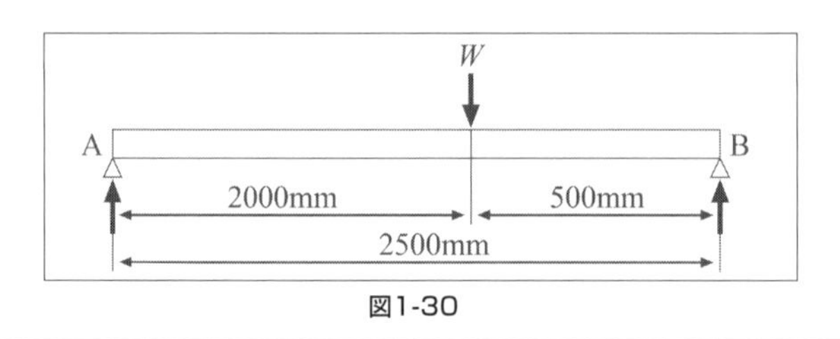

図1-30

(解答)

両端支持ばりの反力 R_A は、$R_A = W/5$ である。

このはりの最大曲げモーメントは、集中荷重部分にあり、**式(1-14)**から、

$$\text{断面係数 } Z = \frac{\pi d^3}{32} \quad 、\quad \sigma = \frac{M}{Z} = \frac{\frac{W}{5} \times 2}{\frac{\pi d^3}{32}}$$

により、

$$W = \frac{\sigma \times 5 \times \pi d^3}{32 \times 2} = \frac{60 \times 10^6 \times 5 \times 3.14 \times 0.048^3}{32 \times 2} \fallingdotseq 1.63\,[\text{kN}]$$

【例題1-34】

長さが 500 [mm] の片持ばりの自由端に 15 [kN] の集中荷重がはりの中心線に直角に作用している。

はりは幅 25 [mm] 、高さ 30 [mm] の矩形断面であるとき、最大曲げ応力を求めよ。

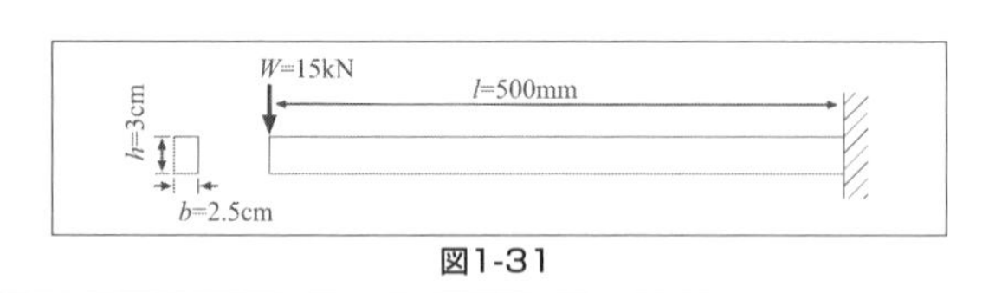

図1-31

(解答)

最大曲げ応力は**式(1-14)**から、

$$\sigma = \frac{M}{Z}$$

曲げモーメントははりの固定端が最大となり、$M=Wl$ 、また矩形断面の断面係数は、$Z=\dfrac{bh^2}{6}$ であるから、これらを上式に代入する。

ここで、

$$l=500\,[\mathrm{mm}]=0.5\,[\mathrm{m}]$$
$$W=15\,[\mathrm{kN}]=15\times10^3\,[\mathrm{N}]$$
$$b=25\,[\mathrm{mm}]=0.025\,[\mathrm{m}]$$
$$h=30\,[\mathrm{mm}]=0.03\,[\mathrm{m}]$$

とすると、$M_{\mathrm{max}}=Wl=15\times10^3\times0.5$ であるから、

$$\sigma=\frac{M}{Z}=\frac{6Wl}{bh^2}=\frac{6\times15\times10^3\times0.5}{0.025\times0.03^2}=2000\times10^6=2000\,[\mathrm{MPa}]$$

【例題1-35】

長さ $l=1.2\,[\mathrm{m}]$ 両端支持はりの中央に $60\,[\mathrm{kN}]$ の集中荷重が作用している。はりは直径 $d=0.04\,[\mathrm{m}]$ の円形断面であるとき、最大曲げ応力を求めよ。

(解答)

はりの最大曲げモーメントははりの中央断面に生じ、その値は、

$$M_{\mathrm{max}}=\frac{Wl}{4}\qquad[\frac{W}{2}\times\frac{l}{2}=\frac{Wl}{4}]$$

円形断面の断面係数 Z は、$Z=\dfrac{\pi d^3}{32}$ である。

よって、最大曲げ応力は、

$$\sigma_{\mathrm{max}}=\frac{M_{\mathrm{max}}}{Z}=\frac{Wl}{4}\cdot\frac{32}{\pi d^3}=\frac{60\times10^3\times1.2\times32}{4\times3.14\times0.04^3}$$
$$=2866\times10^6\,[\mathrm{Pa}]$$
$$=2866\,[\mathrm{MPa}]$$

⑫ はりのたわみ

図に示すように、片持ばりの自由端Aに集中荷重 W が作用すると、はりの中立面を表わす中心軸線 OBA は、OB′A′ のように曲がる。この曲線 OB′A′ をたわみ曲線という。

このように、はりに生じる最大たわみ δ_{max} [mm] は、次の一般式で示される。

$$\delta_{max} = \beta \frac{Wl^3}{1000EI} \quad \text{(1-15)}$$

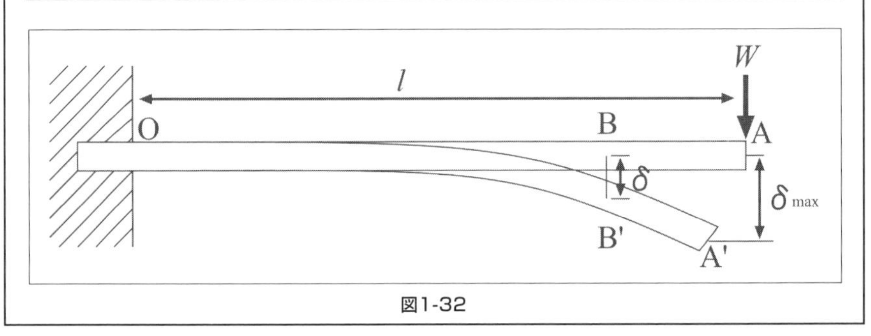

図1-32

表1-4　はりのたわみの β の値

番　号	はりの種類	β	δ_{max} の位置
1		$\frac{1}{3}$	自由端
2		$\frac{1}{8}$	自由端
3		$\frac{1}{48}$	中　央
4		$\frac{5}{384}$	中　央

【例題1-36】
　はりの断面は直径 $d=60\,[\mathrm{mm}]$ 、長さ $l=1500\,[\mathrm{mm}]$ の両端支持ばりの中央に、$5\,[\mathrm{kN}]$ の集中荷重が作用している。このとき、はりに生じる最大たわみを求めよ。
　ただし、縦弾性係数 $E=206\,[\mathrm{GPa}]$ とする。

(解答)

断面二次モーメント $I=\dfrac{\pi d^4}{64}=\dfrac{3.14\times 60^4}{64}=6.36\times 10^5\,[\mathrm{mm}^4]$

表1-4から、$\beta=\dfrac{1}{48}$

式(1-15)により、$\delta_{\max}=\dfrac{Wl^3}{48\times 1000EI}=\dfrac{5\times 10^3\times 1500^3}{48\times 1000\times 206\times 6.36\times 10^5}=2.68\,[\mathrm{mm}]$

【例題1-37】
　はりの断面が幅 $b=20\,[\mathrm{mm}]$ 、高さ $h=30\,[\mathrm{mm}]$ 、長さ $l=500\,[\mathrm{mm}]$ のアルミニウム合金の片持ばりの自由端に $W=2\,[\mathrm{kN}]$ の集中荷重が作用している。このとき、はりに生じる最大たわみを求めよ。
　ただし、縦弾性係数 $E=72.6\,[\mathrm{GPa}]$ とする。

(解答)

断面二次モーメント $I=\dfrac{bh^3}{12}=\dfrac{20\times 30^3}{12}=4.5\times 10^4\,[\mathrm{mm}^4]$

表1-4から、$\beta=\dfrac{1}{3}$

式(1-15)により、$\delta_{\max}=\dfrac{2\times 10^3\times 500^3}{3\times 1000\times 72.5\times 4.5\times 10^4}=25.5\,[\mathrm{mm}]$

⑬ ねじりおよび曲げとねじり

丸棒の外周に生ずる最大せん断応力は、

・中実軸　$\tau = \dfrac{16M}{\pi d^3}$　(1-16)

・中空軸　$\tau = \dfrac{16Md_2}{\pi\left(d_2^4 - d_1^4\right)}$　(1-17)

l の長さについてのねじり角は、

$$\theta = l \cdot \Delta\theta = \frac{Ml}{GI_p} \quad (1\text{-}18)$$

せん断応力を τ [MPa]、横弾性係数を G [GPa] とすれば、

$$\tau = 1000G\gamma = 1000G\frac{d\theta}{2l} \quad (1\text{-}19)$$

軸にトルク T [N·mm] が作用したときの軸端のねじれ角 θ [rad] は、

$$\theta = \frac{Td}{2I_p} \cdot \frac{2l}{1000Gd} = \frac{Tl}{1000GI_p} \quad (1\text{-}20)$$

式(1-20)に $1\,[\text{rad}] = \dfrac{180\,[°]}{\pi} \fallingdotseq 57.3\,[°]$ を代入すると、

$$\theta = 57.3 \times \frac{Tl}{1000GI_p} \;[°] \quad (1\text{-}21)$$

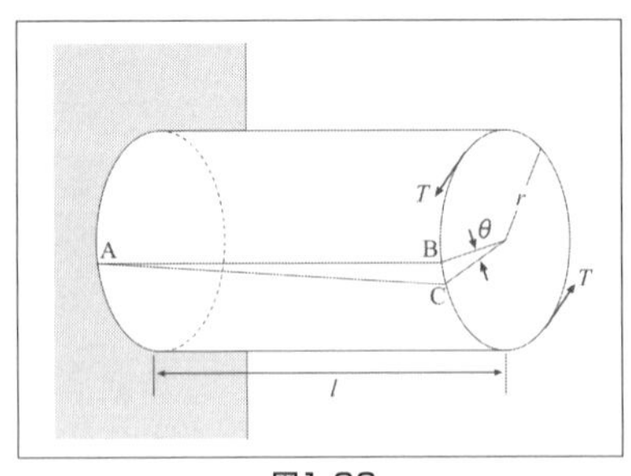

図1-33

【例題1-38】
外径100[mm]、内径50[mm]の中空軸をねじったとき、これと同じ最大せん断応力を生じる中実軸の直径を求め、断面積を比較せよ。

(解答)

外径 d_2 、内径 d_1 とし $\dfrac{d_1}{d_2}=n$ とすると、最大せん断応力 $\tau_{\max}$ は、**式(1-17)**から、

$$\tau_{\max}=\frac{16T}{\pi d_2^3\left(1-n^4\right)}$$

これと同じ最大せん断応力を生じる中実軸の直径を d とすると、

$$\tau_{\max}=\frac{16T}{\pi d^3}$$

$$\therefore\quad d^3=d_2^3\left(1-n^4\right)$$

ここで、外径 $d_2=100$ [mm]、$n=0.5$ であるから、上式に代入すると、

$$d^3=100^3\left(1-0.5^4\right)=937500$$

$$\therefore\quad d=\sqrt[3]{937500}=97.87\ [\mathrm{mm}]$$

さらに、中空軸の断面積 A' 、中実軸の断面積 A とすると、

$$\frac{A'}{A}=\frac{\dfrac{\pi}{4}\left(d_2^2-d_1^2\right)}{\dfrac{\pi}{4}d^2}=\frac{5887.5}{7519.2}=0.783\ \text{倍}$$

【例題1-39】
直径 $d=50$ [mm]、長さ $l=2000$ [mm] の軟鋼の軸に500[N·m] のトルクが作用したときの軸端のねじれ角を求めよ。
ただし、軟鋼の横弾性係数を $G=79$ [GPa] とする。

(解答)
断面二次極モーメント I_P は、

$$I_p=\frac{\pi d^4}{32}=\frac{\pi\times 50^4}{32}=6.14\times 10^5\ [\mathrm{mm}^4]$$

式(1-20)から、

$$\theta=\frac{Tl}{1000GI_p}=\frac{500\times 10^3\times 2\times 10^3}{1000\times 79\times 6.14\times 10^5}=0.02\ [\mathrm{rad}]\fallingdotseq 1.15\ [^\circ]$$

【例題1-40】

外径 70 [mm] 、内径 40 [mm] の鋼の中空軸に300 [N·m] のトルクが作用したとき、軸の長さ $l = 1000$ [mm] に対するねじれ角を求めよ。

ただし、軸の材料の横弾性係数を $G = 79$ [GPa] とする。

(解答)

断面二次極モーメント I_P は、

$$I_p = \frac{\pi\left(d_2^4 - d_1^4\right)}{32} = \frac{3.14\left(70^4 - 40^4\right)}{32} = 2.1\times10^6\ [\mathrm{mm}^4]$$

$$\theta = \frac{Tl}{1000GI_p} = \frac{300\times10^3\times1\times10^3}{1000\times79\times2.1\times10^6} = 0.0018\,[\mathrm{rad}] \fallingdotseq 0.103\,[^\circ]$$

【例題1-41】

直径 50 [mm] の丸棒に300 [N·m] のねじりモーメントが作用する。ねじれ角を1[°] 以内におさめるには、長さ l をいくらまでにすればよいか。

ただし、材料の横弾性係数を $G = 79$ [GPa] とする。

(解答)

断面二次極モーメント I_P は、

$$I_p = \frac{\pi d^4}{32} = \frac{3.14\times50^4}{32} = 6.14\times10^5\ [\mathrm{mm}^4]$$

式(1-18)から、

$$\theta = \frac{Ml}{GI_p} \qquad \therefore l = \frac{\theta GI_p}{M} = \frac{\frac{\pi}{180}\times79\times10^9\times6.14\times10^{-7}}{300} = 2.82\,[\mathrm{m}]$$

【例題1-42】

外径 $d_2 = 50$ [mm] 、内径 $d_1 = 30$ [mm] の鋼鉄製の中空軸に、600 [N·m] のトルクが作用しているとき、この軸に生じる最大のせん断応力を求めよ。

(解答)

断面係数 Z は、

$$Z_p = \frac{\pi}{16}\cdot\frac{\left(d_2^4 - d_1^4\right)}{d_2} = \frac{\pi}{16}\cdot\frac{\left(50^4 - 30^4\right)}{50} = 2.14\times10^4\left[\mathrm{mm}^3\right]$$

最大のせん断応力 τ は、

$$\tau = \frac{T}{Z_p} = \frac{600}{2.14\times10^{-5}} = 28.0\left[\mathrm{MPa}\right]$$

【例題1-43】
直径80[mm]、長さ1200[mm]の軟鋼の丸棒の一端を固定して他端を1[°]ねじったとき、丸棒の外周に生じる最大のせん断応力を求めよ。
ただし、材料の横弾性係数を $G = 79$ [GPa] とする。

(解答)
ねじれ角1[°]をラジアン[rad]で表わすと、

$$1[°] = \frac{1}{180} \times \pi = 0.017\,[\mathrm{rad}]$$

式(1-19)から、

$$\tau = 1000G\frac{d\theta}{2l} = 1000 \times \frac{79 \times 80 \times 0.017}{2 \times 1200} = 44.8\,[\mathrm{MPa}]$$

【例題1-44】
軟鋼の軸を一端を固定して他端をねじったとき、0.001のせん断ひずみが発生した。この場合に軸の外周に生じる最大のせん断応力を求めよ。
ただし、材料の横弾性係数を $G = 79$ [GPa] とする。

(解答)
題意から、$\gamma = 0.001$ であるから、**式(1-19)**により、

$$\tau = 1000G\gamma = 1000 \times 79 \times 0.001 = 79\,[\mathrm{MPa}]$$

⑭ 引張と圧縮の不静定問題

釣り合いの式だけで解くことのできる問題を「静定」というのに対して、釣り合いの式だけで解くことができない問題を「不静定」といい、変形を考慮することによって解くことができる。

【例題1-45】

長さ $l_b = 0.5\,[\mathrm{m}]$ 、断面積 $A_b = 0.003\,[\mathrm{m}^2]$ の黄銅棒と長さ $l_s = 0.7\,[\mathrm{m}]$ 、断面積 $A_s = 0.004\,[\mathrm{m}^2]$ の鋼棒が剛性壁にはさまれている。$P = 30\times10^3\,[\mathrm{N}]$ の軸荷重が作用したとき、各棒に生ずる応力を求めよ。ただし、縦弾性係数は黄銅棒 $E_b = 100\,[\mathrm{GPa}]$ 、鋼棒 $E_s = 206\,[\mathrm{GPa}]$ とする。

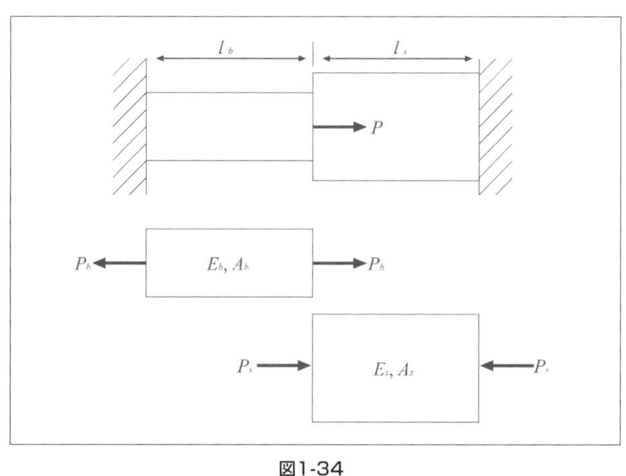

図1-34

(解答)

P の軸荷重が作用したとき、黄銅棒のほうが P_b の引張力、鋼棒のほうが P_s の圧縮力が作用するために、

$$P_b + P_s = P \qquad ①$$

となる。黄銅棒の断面積 A_b 、長さ l_b 、縦弾性係数を E_b とし、P_b が作用したときの伸びを λ_b とすると、

$$\lambda_b = \frac{P_b l_b}{A_b E_b} \qquad ②$$

となる。鋼棒の断面積 A_s 、長さ l_s 、縦弾性係数を E_s とし、P_s が作用したときの伸びを λ_s とすると、

$$\lambda_s = \frac{P_s l_s}{A_s E_s} \qquad ③$$

両端は剛性壁であるから、

$$\lambda_b = \lambda_s \qquad ④$$

$$\therefore \quad \frac{P_b l_b}{A_b E_b} = \frac{P_s l_s}{A_s E_s}$$

①④から P_b 、P_s を求めると、

$$P_b = \frac{P}{1 + \frac{A_s E_s}{A_b E_b} \cdot \frac{l_b}{l_s}} \text{、} \quad P_s = \frac{P}{1 + \frac{A_b E_b}{A_s E_s} \cdot \frac{l_s}{l_b}}$$

ゆえに、応力を σ_b 、σ_s とすると、

$$\sigma_b = \frac{P}{\left[1 + \frac{A_s E_s}{A_b E_b} \cdot \frac{l_b}{l_s}\right] A_b} = \frac{30 \times 10^3}{\left[1 + \frac{0.004 \times 206 \times 10^9 \times 0.5}{0.003 \times 100 \times 10^9 \times 0.7}\right] \times 0.003}$$

$$= \frac{30 \times 10^3}{2.96 \times 0.003} = 3.38 \times 10^6 \,[\text{Pa}] = 3.38 \,[\text{MPa}]$$

ここで、題意の数値を代入して、

$$\sigma_s = \frac{P}{\left[1 + \frac{A_b E_b}{A_s E_s} \cdot \frac{l_s}{l_b}\right] A_s} = \frac{30 \times 10^3}{\left[1 + \frac{0.003 \times 100 \times 10^9 \times 0.7}{0.004 \times 206 \times 10^9 \times 0.5}\right] \times 0.004}$$

$$= \frac{30 \times 10^3}{1.51 \times 0.003} = 4.97 \times 10^6 \,[\text{Pa}] = 4.97 \,[\text{MPa}]$$

【例題1-46】

図に示すような鋼管の断面積 $A_s = 0.005\,[\mathrm{m^2}]$ と黄銅棒の断面積 $A_b = 0.004\,[\mathrm{m^2}]$ に剛体の板を介して $P = 30\,[\mathrm{kN}]$ の荷重を加えたとき、黄銅棒と鋼管に生じる圧縮応力を求めよ。

ただし、縦弾性係数は黄銅棒 $E_b = 100\,[\mathrm{GPa}]$ 、鋼棒 $E_s = 206\,[\mathrm{GPa}]$ とする。

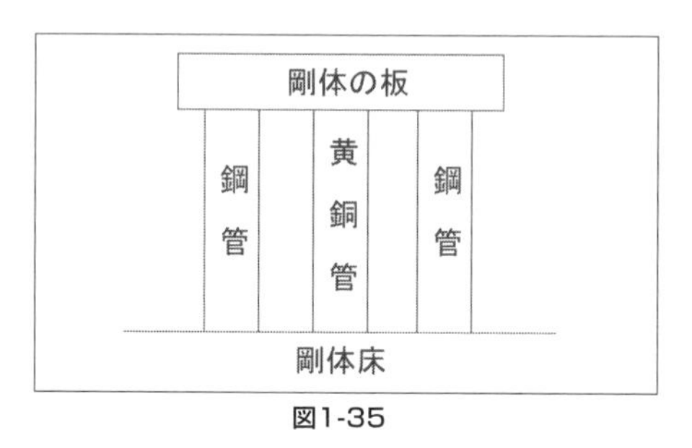

図1-35

(解答)

鋼管に生じる応力を σ_s 、断面積を A_s 、黄銅棒に生じる応力を σ_b 、断面積を A_b とすると、つりあいの式から、

$$2\sigma_S A_S + \sigma_b A_b = P \qquad ①$$

ここで、鋼管と黄銅棒は剛体の板と剛体床で固定されているので、一種の剛性壁と同様に、鋼管の縮み量と黄銅棒の縮み量とが等しくなるから、

$$\varepsilon = \frac{\sigma_s}{E_s} l = \frac{\sigma_b}{E_b} l \qquad ②$$

となる。したがって、式①と式②とを連立させて、σ_b と σ_s について解くと、

$$\sigma_b = \frac{PE_b}{2A_s E_s + A_b E_b} = \frac{30\times10^3\times100\times10^9}{(2\times0.005\times206+0.004\times100)\times10^9}$$
$$= 1.22\,[\mathrm{MPa}]$$

$$\sigma_s = \frac{PE_s}{2A_s E_s + A_b E_b} = \frac{30\times10^3\times206\times10^9}{(2\times0.005\times206+0.004\times100)\times10^9}$$
$$= 2.5\,[\mathrm{MPa}]$$

【例題1-47】

図のように3本の棒AO 、BO 、CO の一端A、B、Cが剛性天井にピン結合され、他端は同一点Oで結合されているとする。O点に垂直荷重Pを加えたとき、各棒にかかる張力T_1、T_2を求めよ。

ただし、黄銅棒の断面積A_1、鋼棒の断面積をA_2とし、距離をl、∠AOBと∠AOCの角度をα、黄銅棒AOの縦弾性係数はE_1、BOとCOの縦弾性係数はE_2とする。

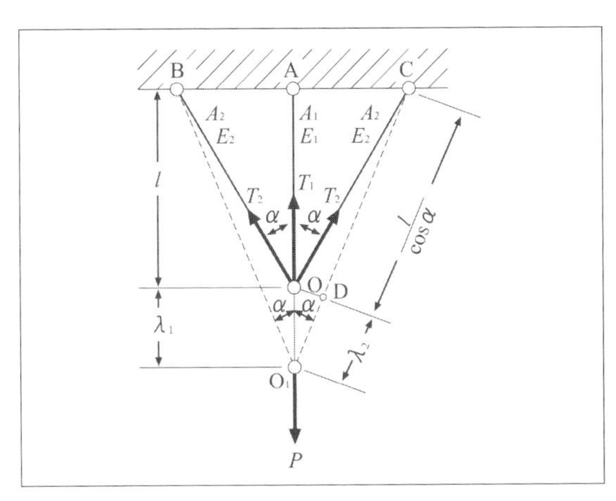

図1-36

(解答)

棒BO、COは、真ん中の棒AOに対して対称であるから、棒BOとCOに生じる張力は同じである。したがって、O点における力の釣り合い条件は、

$$T_1 + 2T_2\cos\alpha = P \qquad ①$$

各棒は伸びてO点はO_1点に移動する。中央の棒は張力Tによりλ_1だけ伸びるとすると、棒COも伸びてCO_1となる。

OからCO_1に垂線ODをひくと、$\overline{DO_1}$はCOの伸びλ_2である。

Oの変位量はわずかなものとして、各棒のなす角αは、変位後も変わらないとすると、三角形OO_1Dにおいて、

$$\lambda_1\cos\alpha = \lambda_2 \qquad ②$$

また、λ_1、λ_2は、

$$\lambda_1 = \frac{T_1 l}{A_1 E_1}、\quad \lambda_2 = \frac{T_2 l}{A_2 E_2\cos\alpha} \qquad ③$$

③式を②式に代入すると、

$$\frac{T_1 l}{A_1 E_1}\cos\alpha = \frac{T_2 l}{A_2 E_2 \cos\alpha} \qquad ④$$

①④式から、

$$T_1 = \frac{P}{1 + \dfrac{2A_2E_2}{A_1E_1}\cos^3\alpha} \qquad T_2 = \frac{P\cos^2\alpha}{\dfrac{A_1E_1}{A_2E_2} + 2\cos^3\alpha}$$

【例題1-48】

図のような片持ばりの固定端から $a=0.6\,[\mathrm{m}]$ のところにあるC点に荷重 $W=50\,[\mathrm{kN}]$ が作用し、固定端から長さ $l=1\,[\mathrm{m}]$ の自由端Aで支持した場合に反力 R_1 および M_0 を求めよ。

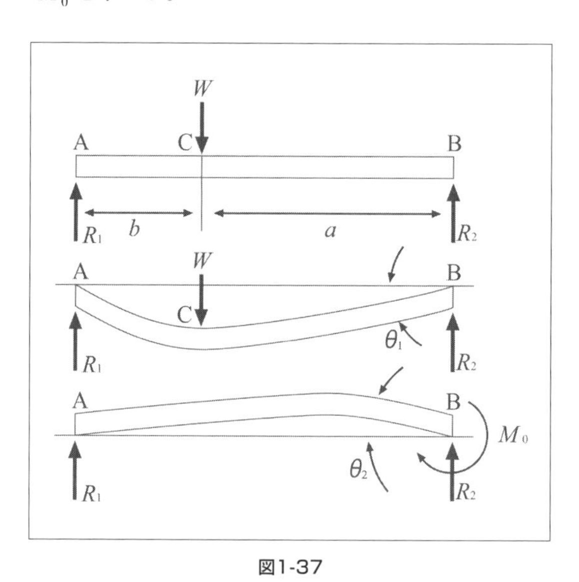

図1-37

(解答)

まず、自由端Aの支持がないものとしてA点のたわみを求めると、荷重 W のみがC点に作用したときの自由端 Aのたわみ y_1 は、

$$y_1 = \frac{Wa^3}{3EI} + \frac{Wa^2b}{2EI}$$

次に、W をないものとし、自由端に R_1 が作用しているとすると、そのときの自由端Aのたわみ y_1' は、

$$y_1' = \frac{R_1 l^3}{3EI}$$

実際には W と R_1 とが作用していて、A点とB点とは同一水平線上にある。すなわち、W によりAは y_1 だけ下方にたわみ、R_1 によって逆に上方にたわみ、結局、A点のたわみはないのであるから、

$$y_1 = y_1'$$

$$\therefore \quad \frac{Wa^3}{3EI} + \frac{Wa^a b}{2EI} = \frac{R_1 l^3}{3EI}$$

これを解いて、題意の数値を代入すると、

$$R_1 = \frac{W(2a+3b)a^2}{2l^3} = \frac{50\times10^3\times(2\times0.6+3\times0.4)\times0.6^2}{2\times1^3}$$

$$= 21600\,[\mathrm{N}] = 21.6\,[\mathrm{kN}]$$

固定端のモーメント M_0 は、

$$M_0 = R_1 x - W(x-a)$$

の式の $x=l$ のときの値であるから、

$$M_0 = \frac{W(2a+3b)a^2}{2l^3} l - W(l-a)$$

$a = l - b$ より

$$M_0 = -\frac{b(l^2-b^2)}{2l^2} W$$

$$= -\frac{0.4\times(1^2-0.4^2)}{2\times1^2} 50\times10^3$$

$$= -8400\,[\mathrm{N\cdot m}]$$

【例題1-49】

等分布荷重 $w = 50\,[\mathrm{kN/m}]$ を受け、スパン $l = 3\,[\mathrm{m}]$ の両端固定はりのせん断応力図および曲げモーメント図を描け。

(解答)

両端の反力および固定モーメントを、それぞれ R_A、R_B、M_A、M_B とすれば、両端固定はりであるから、

$$R_A = R_B = \frac{wl}{2}\text{、}\quad M_A = M_B \qquad ①$$

両端固定はり解くためには、図のように等分布荷重を受ける単純支持はり(b)と両端に曲げモーメントを受ける単純支持はり(c)に分けて考えれば、固定端のたわみ角は0であるから、

$$i_A' + i_A'' = 0 \qquad ②$$

である。

等分布荷重を受ける単純支持はりのたわみ角 i'_A は、

$$i'_A = \frac{wl^3}{24EI} \quad ③$$

両端に曲げモーメントを受ける単純支持はりのたわみ角 i''_A は、

$$i''_A = \frac{M_A l}{2EI} \quad ④$$

③式と**④式**を**②式**に代入すると、

$$M_A = -\frac{wl^2}{12} \quad ⑤$$

任意の位置の曲げモーメントは、

$$M = \frac{wl}{2}x - \frac{wl^2}{12} - \frac{wx^2}{2} \quad ⑥$$

Aを x=0 として**⑥式**に代入すると、

$$M_0 = -\frac{wl^2}{12} = -\frac{50\times10^3\times(3\,[\mathrm{m}])^2}{12} = -37.5\times10^3\,[\mathrm{N\cdot m}]$$

中央の曲げモーメントは、$x = \frac{l}{2}$ を**⑥式**に代入し、題意の数値を代入すると、

$$M_{\frac{1}{2}} = \frac{wl^2}{24} = \frac{50\times10\,[\mathrm{N/m}]\times(3\,[m])^2}{24}$$
$$=18.75\times10^3\,[\mathrm{N\cdot m}]$$

Bを $x=l$ を**⑥式**に代入すると、

$$M_l = \frac{wl^2}{2} - \frac{wl^2}{12} - \frac{wl^2}{2} = -\frac{wl^2}{12} = -37.5\times10\,[\mathrm{N\cdot m}]$$

中央の曲げモーメントの作図上の頂点は、

$$M = \frac{wl^2}{24} + \frac{wl^2}{12} = \frac{wl^2}{24} + \frac{2wl^2}{24} = \frac{wl^2}{8}$$
$$= \frac{50\times10^3\,[\mathrm{N/m}]\times(3\,[\mathrm{m}])^2}{8}$$
$$=56.25\times10^3\,[\mathrm{N\cdot m}]$$

せん断応力図における反力は、

$$R_A = R_B = \frac{wl}{2} = \frac{50\times10^3\,[\mathrm{N/m}]\times3\,[\mathrm{m}]}{2} = 75\times10^3\,[\mathrm{N}]$$

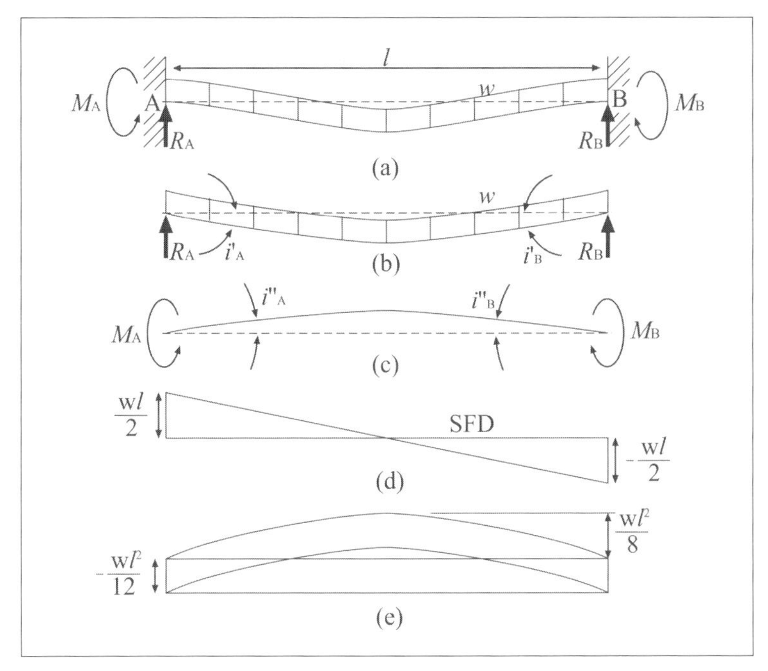

図1-38

【例題1-50】

長さ l の片持はりの自由端より、$l/2$ の間に、w なる等分布荷重の作用するときの、自由端のたわみを求めよ。

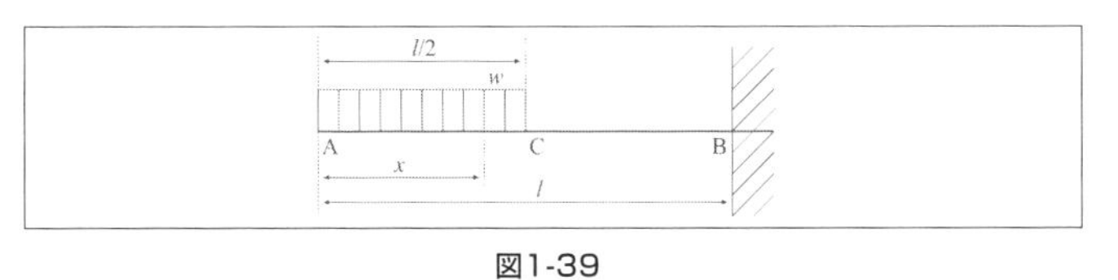

図1-39

(解答)

AC間についての曲げモーメント M は、

$$M = -wx \times \frac{x}{2} = -\frac{wx^2}{2}$$

$$\frac{d^2y}{dx^2} = \frac{1}{EI}\left[\frac{wx^2}{2}\right]$$

$$\frac{dy}{dx}=\frac{1}{EI}\left[\frac{wx^3}{6}+C_1\right] \quad ①$$

$$y=\frac{1}{EI}\left[\frac{w}{24}x^4+C_1x+C_2\right] \quad ②$$

CB間についての曲げモーメント M は、

$$M=-\frac{l}{2}wx+\frac{l^2}{8}w$$

$$\frac{d^2y}{dx^2}=\frac{1}{EI}\left[\frac{l}{2}wx-\frac{l^2}{8}w\right]$$

$$\frac{dy}{dx}=\frac{1}{EI}\left[\frac{l}{4}wx^2-\frac{l^2}{8}wx+C_3\right] \quad ③$$

$$y=\frac{1}{EI}\left[\frac{l}{12}wx^3-\frac{l^2}{16}wx^2+C_3x+C_4\right] \quad ④$$

ここで、$x=l$ において $\frac{dy}{dx}=0$ であるから、③**式**より、

$$C_3=-\frac{l^3}{8}w$$

$x=l$ において $y=0$ であるから、④**式**より、

$$C_4=-\frac{5l^4}{48}w$$

$x=\frac{l}{2}$ において①＝③より、

$$C_1=-\frac{7l^3}{48}w$$

$x=\frac{l}{2}$ において②＝④より、

$$C_2=-\frac{41l^4}{384}w$$

自由端Aのたわみは、②**式**より $x=0$ として、

$$\therefore\ y_A=-\frac{41l^4}{384EI}w$$

⑮ ひずみエネルギー

① 引張・圧縮ひずみエネルギ

長さ l の一様断面の棒に軸荷重をかけたときの軸方向の伸縮量を λ とすれば、棒に貯えられる全エネルギー $\overline{U}$ は、

$$\overline{U} = \int_0^{\pi} W d\lambda \qquad (1\text{-}22)$$

で、図の面積OABCで表わされる。

棒の横断面積を A とすれば、単位体積当たりのひずみエネルギーは、$U = \overline{U}/Al$ 、棒に生ずる応力が弾性限度以下の場合には、ひずみエネルギーは弾性エネルギーだけになる。この場合には、λ は W に比例する。

$$U = \frac{1}{2} W\lambda = \frac{W^2 l}{2AE} = \left[\frac{1}{2}\sigma^2/E\right] Al \qquad (1\text{-}23)$$

$$U = \frac{1}{2}\sigma^2/E \qquad (1\text{-}24)$$

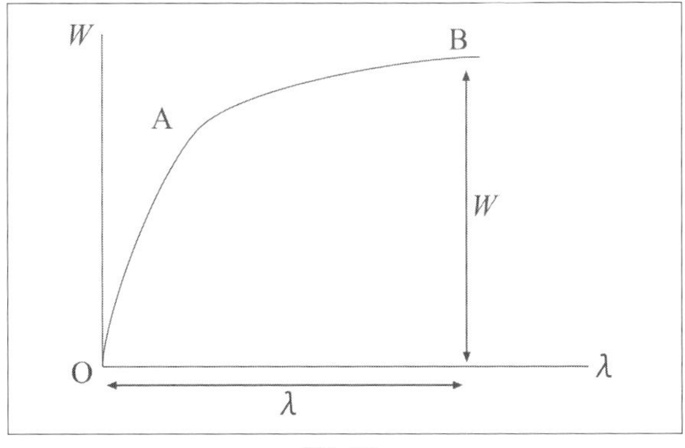

図1-40

② せん断エネルギー

立方体に図のようにせん断荷重 W が作用し、上面が下面に対して λ だけ移動したものとすれば、

$$\overline{U}=\frac{1}{2}W\lambda=\frac{W^2 l}{2AG}=\frac{1}{2}\left[\tau^2/G\right]Al \qquad (1\text{-}25)$$

$$U=\frac{1}{2}\tau^2/G=\frac{1}{2}\gamma^2 G \qquad (1\text{-}26)$$

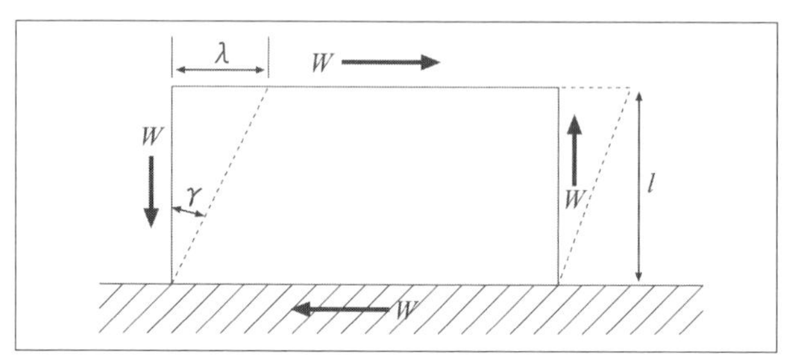

図1-41

【例題1-51】

綱で吊るされた $W=5\,[\mathrm{kN}]$ がCから自由に落下するとき、Cが急に綱を停止すれば綱に生ずる最大衝撃応力を求めよ。

ただし、綱の横断面積 $A=100\,[\mathrm{mm}^2]$、縦弾性係数 $E=206\,[\mathrm{GPa}]$ とする。

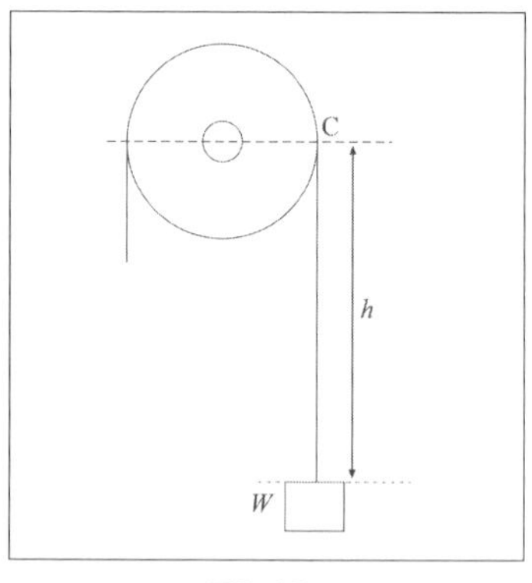

図1-42

(解答)

停止の瞬間における重りの落下の高さを h とすれば、そのときの重りの有する運動エネルギーは、Wh である。これが全部弾性エネルギーとして綱に貯えられるものと

すれば、

式(1-23)から、$Wh=\dfrac{\sigma^2}{2E}Al$ 、すなわち、$\sigma=\sqrt{2EW/A}$

ここで、$A=100\,[\mathrm{mm^2}]=100\times10^{-6}[\mathrm{m^2}]$ 、$E=206\,[\mathrm{GPa}]$ を代入すると、

$$\sigma=\sqrt{2\times206\times10^9\times5\times10^3/100\times10^{-6}}$$
$$=4539\times10^6\,[\mathrm{N/m^2}]=4539\times10^6[\mathrm{Pa}]=4539\,[\mathrm{MPa}]$$

【例題1-52】

直径 50 [mm] 、長さ 1 [m] の硬鋼棒(S50C)が軸荷重を受けて 1 [mm] だけ伸びた場合に、軸に貯えられた弾性エネルギーを求めよ。

ただし、材料の縦弾性係数 $E=206\,[\mathrm{GPa}]$ とする。

(解答)

弾性エネルギーを計算するには、軸に生ずる応力を求めなければならない。したがって、題意から軸の長さと伸びが分かっていることから、ひずみを ε とすると、

$$\varepsilon=\frac{\lambda}{l}=\frac{0.001}{1}$$

したがって、フックの法則から応力 σ は、

$$\sigma=E\varepsilon=206\times10^9\times0.001$$
$$=206\times10^6[\mathrm{N/m^2}]=206\times10^6[\mathrm{Pa}]=206\,[\mathrm{MPa}]$$

弾性エネルギーの**式(1-23)**は、弾性限度内で適用される式であるから、本問の硬鋼棒(S50C)の降伏点応力が 365 MPa 以上であり、計算上の応力がこれ以下であるので、弾性エネルギーの**式(1-23)**を使うことができる。

この軸の断面積は、

$$A=\frac{\pi d^2}{4}=\frac{3.14\times0.05^2}{4}\fallingdotseq0.002\,[\mathrm{m^2}]$$

であるから、軸に貯えられる弾性エネルギーの**式(1-23)**から、

$$U=\frac{\sigma^2Al}{2E}=\frac{\left(206\times10^6\right)^2\times0.002\times1}{2\times206\times10^9}=206\,[\mathrm{N{\cdot}m}]$$

【例題53】

図のような軸荷重を受けた段付き丸軸に貯えられる弾性エネルギーを求めよ。

ただし、$d_1 = 30\,[\mathrm{mm}]$、$d_2 = 20\,[\mathrm{mm}]$、$l = 1\,[\mathrm{m}]$、$l_1 = 500\,[\mathrm{mm}]$、$W = 50\,[\mathrm{kN}]$、材料の縦弾性係数 $E = 206\,[\mathrm{GPa}]$ とする。

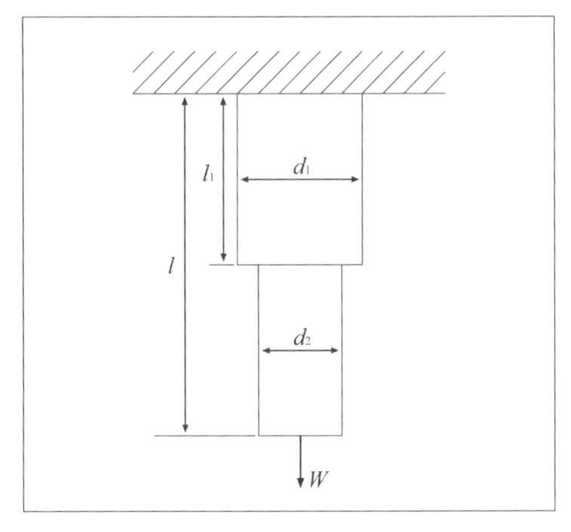

図1-43

(解答)

段付軸の問題は軸径が一様な部分に分割して考えていくと解答が得られる。

直径 d_1 の丸軸が軸荷重を受けて生ずる応力 σ_1 は、

$$\sigma_1 = \frac{4W}{\pi d_1^2}$$

直径 d_2 の丸軸が軸荷重を受けて生ずる応力 σ_2 は、

$$\sigma_2 = \frac{4W}{\pi d_2^2}$$

したがって、この軸に貯えられる弾性エネルギー $\overline{U_1}$ 、$\overline{U_2}$ は式(1-23)から、

$$\overline{U_1} = \frac{\left(4W/\pi d_1^2\right)^2 \times \pi d_1^2/4 \times l_1}{2E} = \frac{2W^2 l_1}{\pi E d_1^2}$$

同様にして、直径 d_2 、長さ $l - l_1$ の丸軸に貯えられる弾性エネルギー $\overline{U_2}$ は、

$$\overline{U_2} = \frac{\left(4W/\pi d_2^2\right)^2 \times \pi d_2^2/4 \times (l - l_1)}{2E} = \frac{2W^2 (l - l_1)}{\pi E d_2^2}$$

したがって、この段付き軸の全体に貯えられる弾性エネルギー $\overline{U}$ は、

$$\overline{U}=\overline{U_1}+\overline{U_2}=\frac{2W^2}{\pi E}\left[\frac{l_1}{d_1^2}+\frac{(l-l_1)}{d_2^2}\right]$$

$$=\frac{2\times\left(50\times10^3\right)^2}{3.14\times206\times10^9}\left[\frac{0.5}{0.02^2}+\frac{1-0.5}{0.03^2}\right]$$

$$=14.0\,[\mathrm{N\cdot m}]$$

⑯ 長柱に関する計算

① オイラーの式 (細長比 $l/k=100$ 以上で使える)

オイラーの座屈荷重 P の一般式

$$P=\frac{\pi^2 EI}{\left(\dfrac{l}{\sqrt{n}}\right)^2}=n\pi^2\left(EI/l^2\right) \tag{1-27}$$

ただし、$l/\sqrt{n}$は、同じ座屈荷重を与える基本形の長柱の長さを言う。

② ランキンの式

$$\sigma=\frac{\sigma_D}{1+a\left(\dfrac{l}{k}\right)^2} \tag{1-28}$$

ただし、σ_D ：実験的に決めた圧縮強さ、a ：定数

ランキンの式の定数

材　料	σ_D [MPa]	$1/a$	l/k
鋳　鉄	548.8	1600	< 80
錬　鉄	245	9000	< 110
軟　鋼	333.2	7500	< 90
硬　鋼	480.2	5000	< 80
木　材	49	7500	< 60

③ テトマイヤーの式

$$\sigma=\sigma_D\left[1-a\left(\frac{l}{k}\right)+b\left(\frac{l}{k}\right)^2\right] \tag{1-29}$$

テトマイヤーの式の定数

材　料	σ_D [MPa]	a	b	l/k
鋳　鉄	1160.48	0.01546	0.00007	< 88
錬　鉄	296.94	0.00426	0	< 112
軟　鋼	303.8	0.00368	0	< 105
硬　鋼	328.3	0.00185	0	< 90
木　材	28.7	0.00662	0	< 100

【例題1-54】

軟鋼製円柱でその長さが 3 [m] ある場合に、両端回転端で軸圧縮荷重 50 [kN] が加えられたとき、安全に支えられるための直径を求めよ。

ただし、安全率を5とし、材料の縦弾性係数 $E = 206$ [GPa] とする。

(解答)

オイラーの座屈荷重 P の一般式、**式(1-27)**により、

$$P = \frac{\pi^2 EI}{\left(\frac{l}{\sqrt{n}}\right)^2} = n\pi^2\left(\frac{EI}{l^2}\right)$$

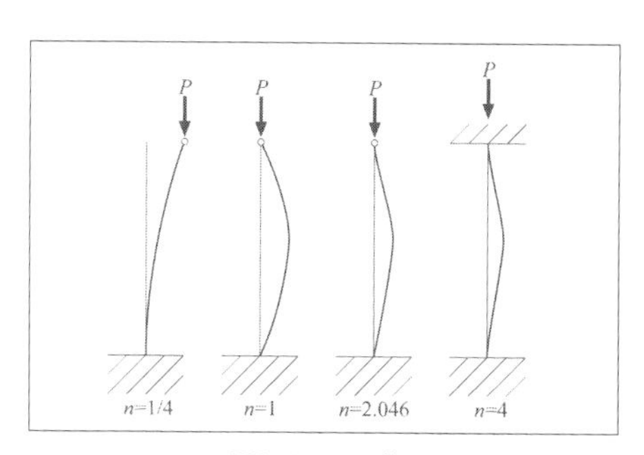

図1-44　nの値

安全率が5であるから、$P = 50[\text{kN}] \times 5 = 250[\text{kN}] = 250 \times 10^3[\text{N}]$ 、図により $n = 1$ 、

$$I = \frac{\pi}{64}d^4$$

$$E = 206[\text{GPa}] = 206 \times 10^9[\text{Pa}]$$

を代入すると、

$$P = n\pi^2\left(\frac{EI}{l^2}\right)$$

$$= n\pi^2\left(\frac{E\times\frac{\pi d^4}{64}}{l^2}\right)$$

$$d = \sqrt[4]{\frac{64\times l^2\times P}{n\pi^3 E}}$$

$$= \sqrt[4]{\frac{64\times 3^2\times 250\times 10^3}{1\times 3.14\times 206\times 10^9}} = 0.1221\,[\mathrm{m}] = 122\,[\mathrm{mm}]$$

$k=\frac{d}{4}$ である細長比 $\frac{l}{k}$ から、

$$\frac{l}{k} = \frac{4l}{d} = \frac{4\times 3}{0.069} = 174 > 100$$

であるから、オイラーが適用される。

また、ランキンによる場合、ランキンの**式(1-28)**により、

$$\sigma = \frac{\sigma_D}{1 + a\left(\frac{l}{k}\right)^2}$$

表より、軟鋼 $\sigma_D = 333.2\,[\mathrm{MPa}]$

$a = 1/7500$

とすると、

$l/k < 90$ であるから、$l/k = 80$ として各数値を代入して、

$$\sigma = \frac{333.2\times 10^6}{1 + \frac{1}{7500\cdot(80)^2}} = 180\,[\mathrm{MPa}]$$

したがって、$\sigma = \frac{W}{A}$

$$d = \sqrt{\frac{4W}{\pi\sigma}} = \sqrt{\frac{4\times 250\times 10^3}{3.14\times 180\times 10^6}} = 0.042\,[\mathrm{m}] = 42\,[\mathrm{mm}]$$

【例題1-55】

幅 800[mm]、高さ 800[mm] の正方形断面をもつ長さ 12.0[m] の軟鋼製長柱の座屈荷重はいくらになるかを求めよ。

ただし、下端が固定され他端は自由とし、材料の縦弾性係数 $E=206$[GPa] とする。

(解答)

細長比 l/k を求めると、$k^2=I/A$ において、

$$I=\frac{bh^3}{12}=\frac{0.8\times0.8^3}{12}=0.03413\,[\mathrm{m}^4]$$

断面積Aは、$A=0.8\times0.8=0.64\,[\mathrm{m}^2]$ であるから、

$$k=\sqrt{\frac{I}{A}}=\sqrt{\frac{0.03413}{0.64}}=0.2309$$

したがって、相当細長比は、$n=1/4$ であるから、

$$\frac{l/\sqrt{n}}{k}=\frac{2l}{k}=\frac{2\times12}{0.2309}=103.9>100$$

であるから、オイラーの**式(1-27)**から座屈荷重 P は、

$$P=\frac{\pi^2EI}{4l^2}=\frac{3.14^2\times206\times10^9\times0.03413}{4\times12^2}$$
$$=1203.5\times10^5\,[\mathrm{N}]=120.4\times10^6\,[\mathrm{N}]$$

【例題1-56】

500[kN] 荷重のかかる内径 50[mm]、外径 100[mm] の中空軟鋼製長柱がある。両端が回転端の場合、オイラーの座屈の長さを求める。

(解答)

求める長さを l とすると、両端が回転端であるから $n=1$ により、

$$P=\frac{\pi^2EI}{l^2}$$

したがって、長さ l は、

$$l=\sqrt{\frac{\pi^2EI}{P}}$$

中空軟鋼製長柱の断面二次モーメント I は、

$$I = \frac{\pi}{64}\left(0.1^4 - 0.05^4\right) = 0.0000046$$

$$l = \sqrt{\frac{\pi^2 EI}{P}} = \sqrt{\frac{3.14^2 \times 206 \times 10^9 \times 0.0000046}{500 \times 10^3}} = 4.32\,[\mathrm{m}]$$

【例題1-57】

幅 300 [mm] 、高さ 500 [mm] 、長さ 2 [m] の軟鋼製長柱の座屈応力を求めよ。ただし、一端固定、他端自由、材料の縦弾性係数 $E = 206\,[\mathrm{GPa}]$ とする。

(解答)

細長比 l/k を求めると、$k^2 = I/A$ において、

$$I = \frac{bh^3}{12} = \frac{0.3 \times 0.5^3}{12} = 0.00313\,[\mathrm{m}^4]$$

断面積Aは、$A = 0.3 \times 0.5 = 0.15\,[\mathrm{m}^2]$ であるから、

$$k = \sqrt{\frac{I}{A}} = \sqrt{\frac{0.00313}{0.15}} = 0.144$$

したがって、相当細長比は、$n = 1/4$ であるから、

$$\frac{l/\sqrt{n}}{k} = \frac{2l}{k} = \frac{2 \times 2}{0.144} = 27.8 < 100$$

であるから、オイラーの**式(1-27)**は適用されないので、テトマイヤーの**式(1-29)**により、座屈応力 σ は、

$$\sigma = \sigma_D \left\{1 - a\left(\frac{l}{k}\right) + b\left(\frac{l}{k}\right)^2\right\}$$

ここで、表［テトマイヤーの定数］により $\sigma_D = 303.8\,[\mathrm{MPa}]$ となり、$a = 0.00368$ 、$b = 0$ を代入して、

$$\sigma = 303.8 \times 10^6 \{1 - 0.00368 \times 27.8\} = 272.7 \times 10^6\,[\mathrm{N/m}^2]$$

$$= 272.7\,[\mathrm{MPa}]$$

【例題1-58】

図のように、一様で真っ直ぐな棒ABに、これと相等しい重さの錘をPにかけたもののA端を、粗なる鉛直壁面に接し、B端には糸をつけ、糸の他端はAの上方の点Cに結んで、棒を壁に垂直の位置に支えたとき、$AB=30$[cm]、$AC=15$[cm]、壁と棒との摩擦係数$=1/3$とすれば、BからPの位置を求めよ。

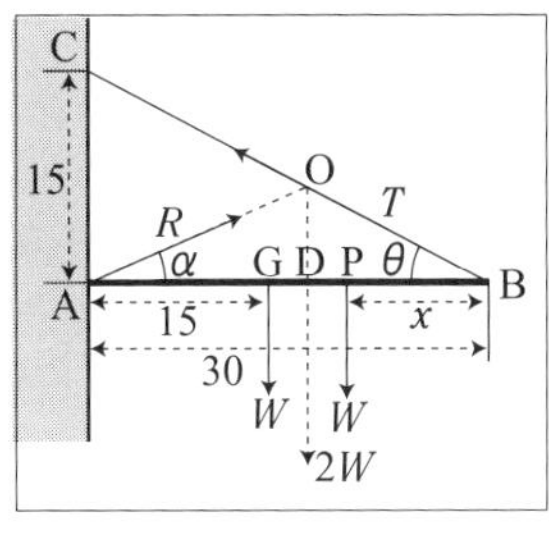

図1-45

(解答)

B端よりxの距離にあるPに、錘を吊るしたとき、極限釣り合いにあるとし、xを求める。棒ABの重心をG、重さをWとし、Pに重さWなる錘を吊るしたときの、棒と錘との全体の重心Dは、GPの中点にある。

Dに働く$2W$、Bに作用する糸の張力をT、Aにおける壁面からの抗力Rの作用線は、一点Oに会い交わる必要がある。

題意により、

$$\overline{GB}=15 \qquad \overline{GP}=15-x \qquad \overline{DP}=\frac{15-x}{2}$$

$$\overline{BD}=7.5-\frac{x}{2}+x=7.5+\frac{x}{2} \qquad ①$$

$\angle OAB=\alpha$とすれば、これはAにおける摩擦角であるから、題意により、

$$\mu=\tan\alpha=1/3$$

したがって、

$$\overline{DO}/\overline{AD}=1/3$$

また、$\angle OBA=\theta$とすれば、

$$\frac{\overline{OD}}{\overline{BD}}=\frac{\overline{AC}}{\overline{AB}}=\frac{15}{30}=\frac{1}{2} \qquad \therefore\frac{\overline{BD}}{\overline{AD}}=\frac{2}{3}$$

したがって、$\overline{AB}=30$を$3:2$按分すれば、

$$\overline{BD}=30\times 2/5=12 \qquad ②$$

①、②より、

$7.5 + x/2 = 12 \quad \therefore x = 9\,[\mathrm{cm}]$

釣り合いを保つには x の値は 9[cm] を超えてはならないから、

$x \leq 9\,[\mathrm{cm}]$

【例題1-59】

図において、A,C,D における反力 R_1, R_2, R_3 を求めよ。ただし、棒の重さは無視するものとする。

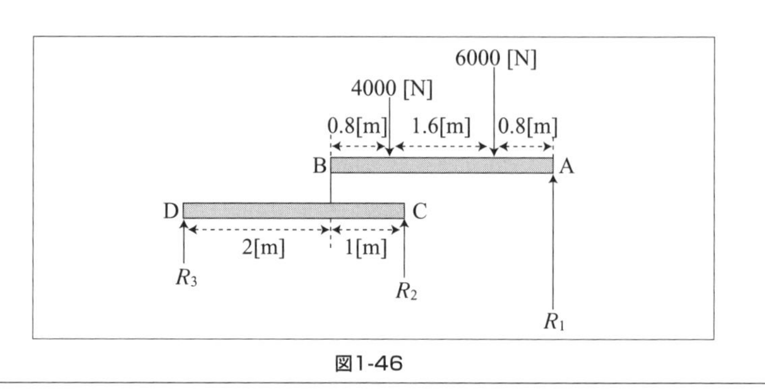

図1-46

(解答)

B点に関するモーメントを考えて、釣り合いの条件から、

$$4000 \times 0.8 + 6000 \times 2.4 = 3.2R_1$$

$$\therefore R_1 = 5500\,[\mathrm{N}]$$

B点において、下部に押圧する力 Y とすると、

$$Y = 6000 + 4000 - 5500 = 4500\,[\mathrm{N}]$$

となり、R_2, R_3 は、Y を各距離の反比例に配分する値であるから、

$$\therefore R_2 = 4500 \times \frac{2}{3} = 3000\,[\mathrm{N}]$$

$$R_3 = 4500 \times \frac{1}{3} = 1500\,[\mathrm{N}]$$

【例題1-60】

図のように、一辺の長さ $2a$ である正三角形の各辺に沿って、同じ向きに、順次、大きさが等しい W なる力が作用しているとき、これを合成しなさい。

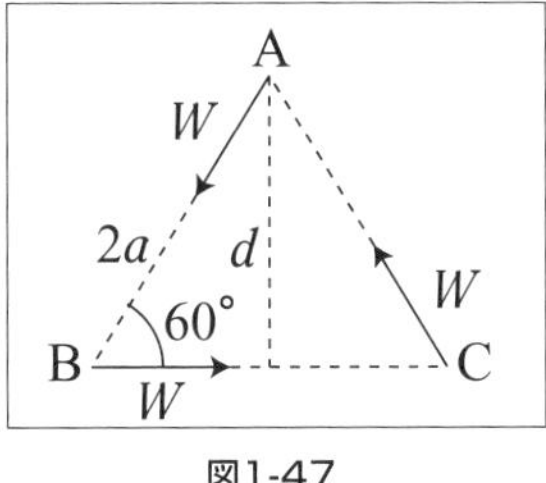

図1-47

(解答)

各力の着力点をたとえばAに移して、単純に力と偶力に分けて考える。偶力による回転運動だけを考えればよいから、A点に関するモーメントを考えると、A,Cの W は無視できて、Bの W のみを考えればよい。これを Y とすると、

$$Y = Wd = W \cdot 2a \sin 60°$$

$$= W \cdot 2a \times \frac{\sqrt{3}}{2} = \sqrt{3} \times Wa = 1.732Wa$$

B,Cを着力点にしても同様の結果となる。

⑰体積弾性係数とポアソン比

弾性体の斜面に垂直に作用する一様な応力 P とそれに伴なう体積ひずみ ε_v との比を体積弾性係数 K とすると、次式で表わされる。

$$K = P/\varepsilon_v \tag{1-30}$$

なお、弾性範囲内では縦ひずみ ε と横ひずみ ε_l とは比例する性質があり、それらの比、

$$\nu = 1/m = \left|\varepsilon_l/\varepsilon\right| \tag{1-31}$$

をポアソン比といい、その逆数 m をポアソン数という。

【例題1-61】

鋼製円筒内にゴムの円柱が入れてある場合(図参照)、$P=5\,[\mathrm{kN}]$ で圧縮するときの円筒に及ぼす側圧を求めよ。

ただし、円筒の内径を $5\,[\mathrm{cm}]$ 、ゴムのポアソン比を 0.3 とする。

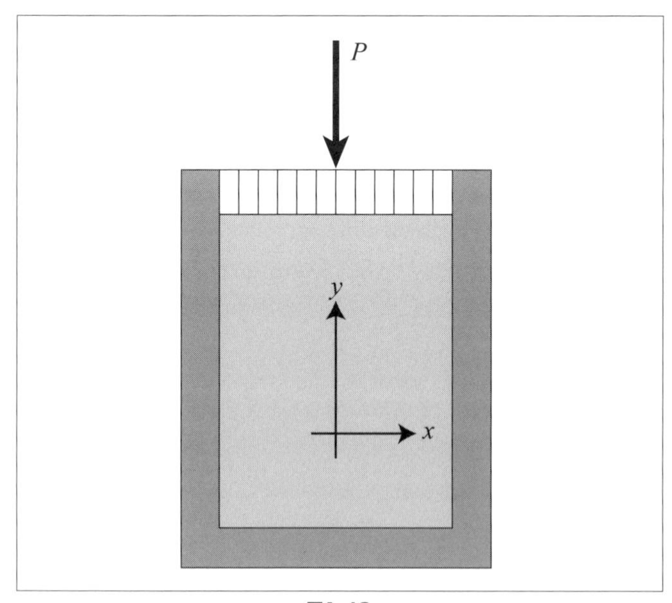

図1-48

(解答)

側圧をσ'とすると、x 方向のひずみεはx 方向のσ'によりσ'/E だけ縮み(E：縦弾性係数)、それと直角方向のσ'によってσ'/mE だけ伸び、y 方向のσによって、x 方向はσ/mE だけ伸びる(m：ポアソン数)。

したがって、次式が成立する。

$$\varepsilon = \frac{\sigma'}{E} - \frac{\sigma'}{mE} - \frac{\sigma}{mE} \quad ①$$

実際には、鋼の円筒内にゴムが入っているので、ゴムは変形できないから、$\varepsilon = 0$ となる。

$$\therefore \sigma' = \frac{\sigma}{m-1} \quad ②$$

$$\sigma = \frac{5000\,[\mathrm{N}]}{\frac{\pi}{4} \times 0.05^2} = 2.55\,[\mathrm{MPa}]$$

$m = 1/0.3$ であるから、

$$\sigma' = \frac{2.55 \times 0.3}{1-0.3} = 1.09\,[\mathrm{MPa}]$$

⑱衝撃荷重とひずみエネルギー

静的荷重による応力よりもはるかに大きな衝撃荷重によって、物体内部に発生する瞬間最大応力を、衝撃応力という。

衝撃応力を求めるには、衝突した物体の運動エネルギーは、衝突後、衝突された物体内に、ひずみエネルギーとして全部吸収されるものと見なして計算する。ただし、衝撃応力とひずみとの関係は、静応力と同様にフックの法則に従うことを前提にする。

ここで、長さl、一様な横断面積Aの棒にエネルギー$\bar{U}$である軸方向の引張衝撃荷重が加わったとき、棒に発生する衝撃応力をσとすると、エネルギー$\bar{U}$はひずみエネルギーに等しいから、縦弾性係数をEとして次の式が成り立つ。

$$\bar{U} = \frac{\sigma^2}{2E} Al \qquad \text{(1-32)}$$

したがって、衝撃応力σは上式から、

$$\sigma = \sqrt{\frac{2E\bar{U}}{Al}} \qquad \text{(1-33)}$$

となる。

【例題1-62】

図のように滑車にかけられた鋼線で吊るされた重量3[kN]のおもりを落下させ、急に停止させても安全であるためには、鋼線の直径をいくらにすればよいか。

ただし、鋼の許容応力500[MPa]、縦弾性係数を$E = 206$[GPa]とする。

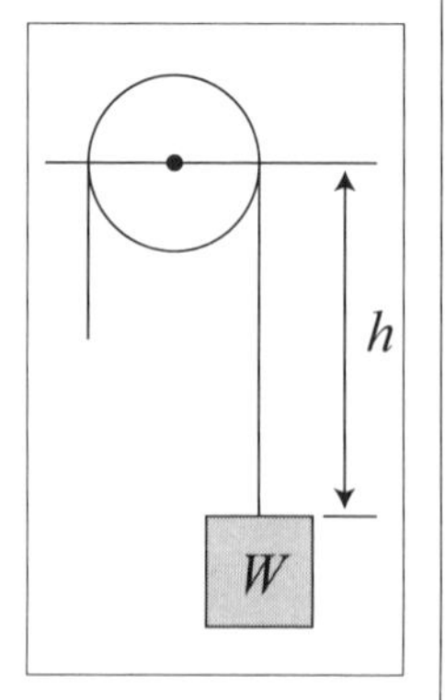

図1-49

(解答)

鋼線におもりをつけて落下させて、急に停止させたとき生ずる衝撃応力 σ は、(1-32) 式の導入の経過、

$$\bar{U}=\frac{1}{2}W\lambda=\frac{W^2 l}{2AE}=\frac{\sigma^2}{2E}Al$$

で与えられるから、

$$\sigma=\sqrt{2EW/A}$$

となり、両辺を2乗すると、

$$A=\frac{2EW}{\sigma^2}=\frac{2\times 206\times 10^9\times 3\times 10^3}{\left(500\times 10^6\right)^2}=0.0049\,[\mathrm{m}^2]$$

ゆえに、求める直径 d は、

$$d=\sqrt{\frac{4A}{\pi}}=\sqrt{\frac{4\times 0.0049}{\pi}}=0.079\,[\mathrm{m}]=79\,[\mathrm{mm}]$$

【例題1-63】

図のように上端が剛性壁に固定され、横断面積が A_1, A_2 、長さが l_1, l_2 である段付き鋼棒の下端に重量 W の衝撃荷重を加えるとき、棒 A,B に生ずる最大衝撃応力を求めよ。

ただし、$W=50\,[\mathrm{kN}]$ 、$l_1=2\,[\mathrm{m}]$ 、$l_2=1.5\,[\mathrm{m}]$、$A_1=10\,[\mathrm{cm}^2]$ 、$A_2=5\,[\mathrm{cm}^2]$ 、$h=30\,[\mathrm{cm}]$ 、$E=206\,[\mathrm{GPa}]$ とする。

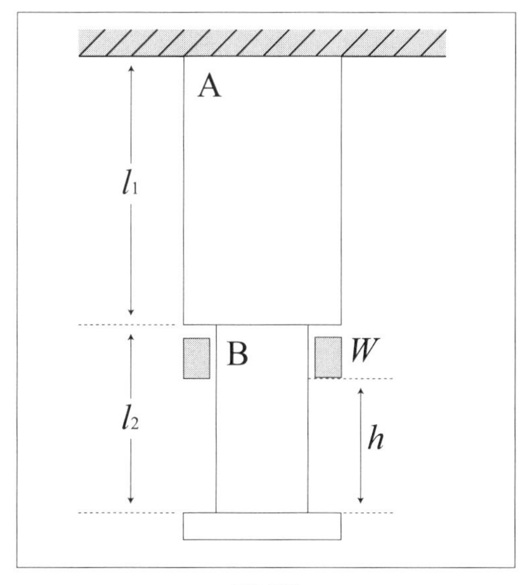

図1-50

(解答)

A,B に発生する衝撃応力をσ_1,σ_2とし、そのときのA,Bの伸びをλ_1,λ_2とする。Wが$(h+\lambda_1+\lambda_2)$だけ落下したのであるから、$W(h+\lambda_1+\lambda_2)$のエネルギーが、全部弾性エネルギーになったとすると、

$$W(h+\lambda_1+\lambda_2)=\frac{\sigma_1^2}{2E}A_1l_1+\frac{\sigma_2^2}{2E}A_2l_2$$

ここで、$\lambda_1=\dfrac{\sigma_1 l_1}{E},\lambda_2=\dfrac{\sigma_2 l_2}{E}$であるから、上式に代入すると、

$$W\left(h+\frac{\sigma_1 l_1}{E}+\frac{\sigma_2 l_2}{E}\right)=\frac{\sigma_1^2}{2E}A_1l_1+\frac{\sigma_2^2}{2E}A_2l_2 \quad ①$$

力の釣り合いから、

$$\sigma_1A_1=\sigma_2A_2 \quad ②$$

①②からσ_2を消去すると、

$$\left(A_1l_1+\frac{A_1^2}{A_2}l_2\right)\sigma_1^2-2W\left(l_1+\frac{A_1}{A_2}l_2\right)\sigma_1-2EWh=0$$

$$\therefore\sigma_1=\frac{W}{A_1}\left(1+\sqrt{1+\frac{2EA_1h}{W\left(l_1+\dfrac{A_1}{A_2}l_2\right)}}\right) \quad ③$$

③式に数値を入れると、

$$l_1+\frac{A_1}{A_2}l_2=2+\frac{10}{5}\times1.5=5$$

$$\frac{2EA_1h}{W\left(l_1+\dfrac{A_1}{A_2}l_2\right)}=\frac{2\times206\times10^9\times0.001\times0.3}{50\times10^3\times5}=4944$$

$$\therefore\sigma_1=\frac{50\times10^3}{0.001}\left(1+\sqrt{4945}\right)=50\times10^6(1+70.3)=3565\,[\mathrm{MPa}]$$

$$\sigma_2=\frac{A_1}{A_2}\sigma_1=2\times3565\,[\mathrm{MPa}]=7130\,[\mathrm{MPa}]$$

2
機械力学

① ベクトル

(1) ベクトル

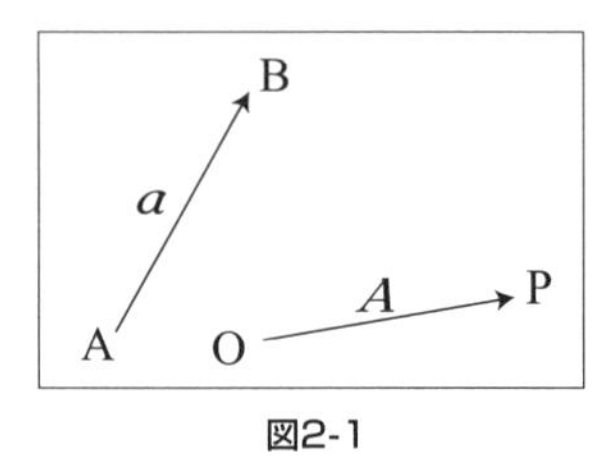

図2-1

大きさと方向との2要素を本質的に有するもので、幾何学的取り扱いを要する量である。これは図のように矢印のついた線分で表わし、$\overrightarrow{\mathrm{AB}}$ または $\boldsymbol{a}$ 、$\overrightarrow{\mathrm{OP}}$ または $\boldsymbol{A}$ と記す。肉太文字はすべて方向、大きさの2要素を含んだものであり、その大きさのみをベクトルの絶対値という。

$$|\boldsymbol{a}| = a \tag{2-1}$$

(2) 位置ベクトルおよび変位

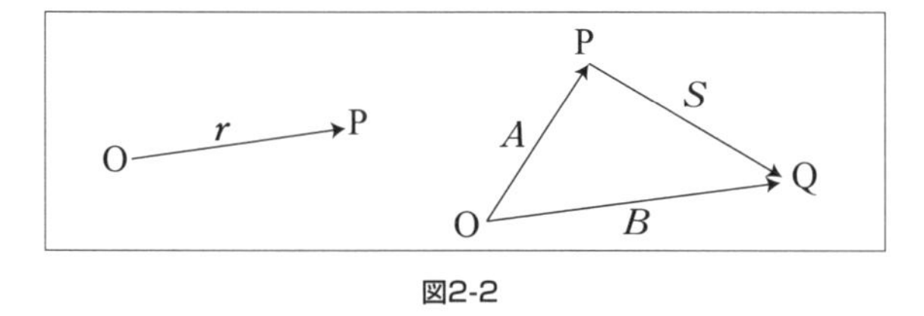

図2-2

任意の点Pの位置は、図のように原点OからPにいたるベクトル $\overrightarrow{\mathrm{OP}}$ または $\boldsymbol{r}$ で表わす。

これを点PのOに対する位置ベクトルという。

図において、ある時間の初めの位置 $\overrightarrow{\mathrm{OP}}(\boldsymbol{A})$ が終わりの位置 $\overrightarrow{\mathrm{OQ}}(\boldsymbol{B})$ に変わったとき、ベクトル $\overrightarrow{\mathrm{PQ}}(\boldsymbol{S})$ をその時間内の変位と定義する。

(3)　二つのベクトルの合成の図式解法

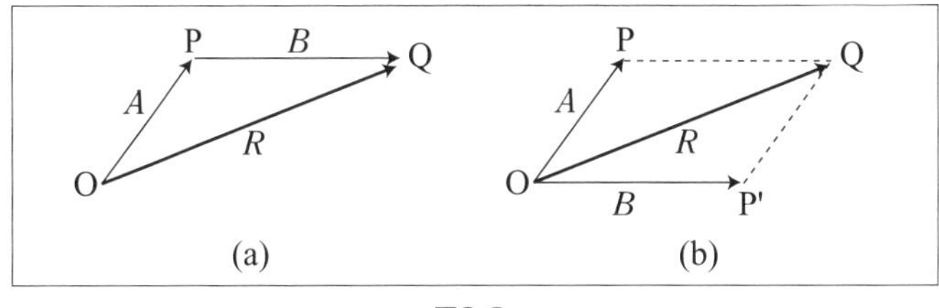

図2-3

a) 閉三角形の解法

図(a)において、$\overrightarrow{\mathrm{OP}}(A)$の先端からベクトル$\overrightarrow{\mathrm{PQ}}(B)$を書き、次に$\overrightarrow{\mathrm{OQ}}(R)$を結んで三角形を閉じるとき、$R$は、$A,B$を合成したものとなる。$A+B=R$と書く。

b) 平行四辺形の解法

図(b)において、ベクトル$\overrightarrow{\mathrm{OP}}$と大きさ、方向の等しいベクトルをOに移して$\overrightarrow{\mathrm{OP'}}$を書き、を$\overrightarrow{\mathrm{OP}}$と$\overrightarrow{\mathrm{OP'}}$を2辺とする平行四辺形を描きその対角線$\overrightarrow{\mathrm{OQ}}$を引けば、これが両者の合力となる。

(4)　多数のベクトルの合成の図式解法

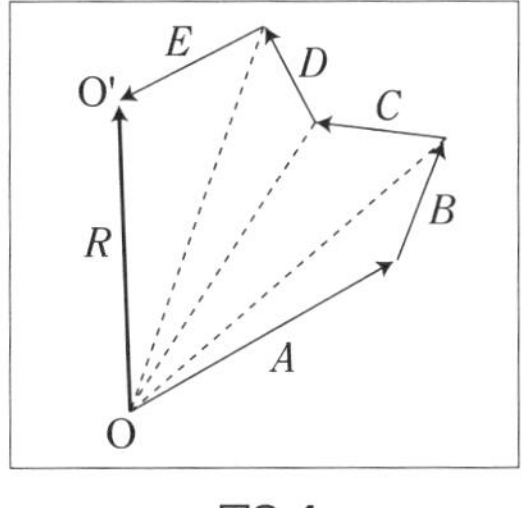

図2-4

合成すべきベクトルA,B,C,D,Eを図のように次々に連ね、最後にAのはじめの点OからEの終わりの点O′に向かうベクトルRがそれらの合力であり、$A+B+C+D+E=R$と書く。

【例題2-1】

A,B,C の位置ベクトルがそれぞれ、$\boldsymbol{a},\boldsymbol{b},5\boldsymbol{a}-4\boldsymbol{b}$ であるとき、A,B,C は同一直線上にあることを証明しなさい。

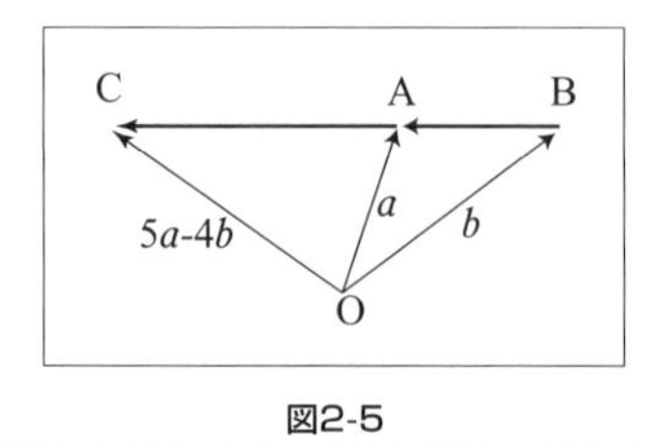

図2-5

(解答)

閉三角形の解法から、

$$\overrightarrow{OB}=\overrightarrow{OA}+\overrightarrow{AB}$$

$$\therefore \overrightarrow{AB}=\overrightarrow{OB}-\overrightarrow{OA}=a-b \qquad ①$$

同様にして、

$$\overrightarrow{AC}=\overrightarrow{OC}-\overrightarrow{OA}=5\boldsymbol{a}-4\boldsymbol{b}-\boldsymbol{a}=4(\boldsymbol{a}-\boldsymbol{b}) \qquad ②$$

したがって、①と②から、$\overrightarrow{BA}$ と $\overrightarrow{AC}$ とは、同一方向のベクトルであり、かつ A 点を共有している。よって、A,B,C は同一直線上にある。

【例題2-2】

図のように4点 A,B,C,D があるとき、$\overrightarrow{AB}+\overrightarrow{BC}=\overrightarrow{AD}-\overrightarrow{CD}$ の関係にあることを証明しなさい。

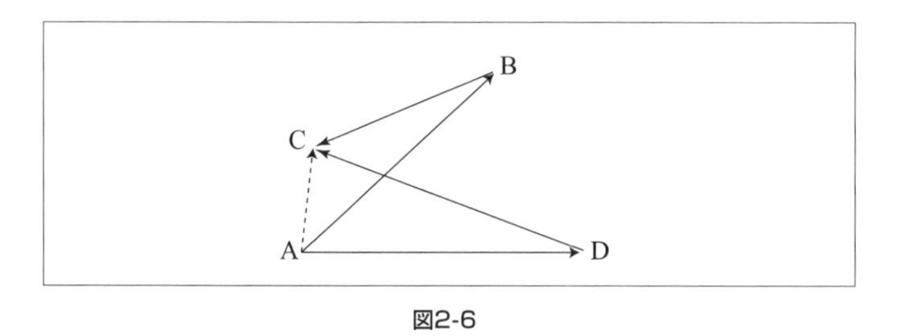

図2-6

(解答)

閉三角形の解法から、

$$\overrightarrow{AB}+\overrightarrow{BC}=\overrightarrow{AC} \qquad ①$$

$$\overrightarrow{AD}-\overrightarrow{CD}=\overrightarrow{AD}+\overrightarrow{DC}=\overrightarrow{AC} \qquad ②$$

したがって、①と②から、

$$\overrightarrow{AB}+\overrightarrow{BC}=\overrightarrow{AD}-\overrightarrow{CD}$$

の関係が成立する。

② 計算によるベクトルの合成

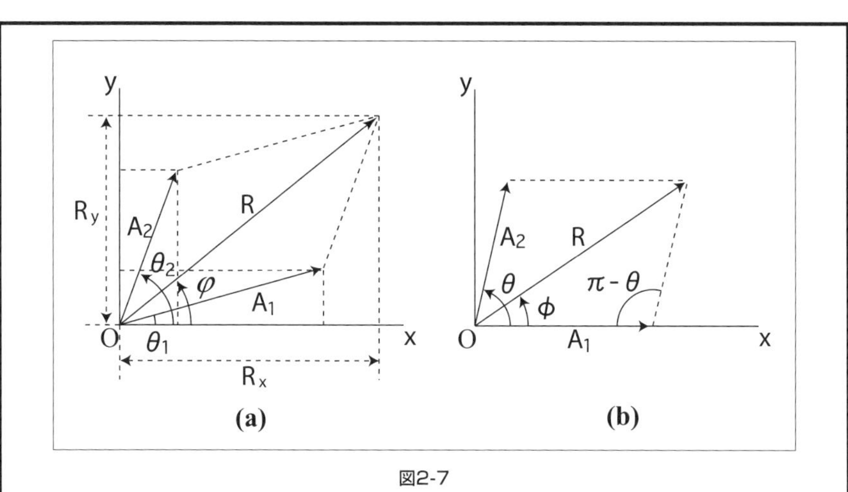

図2-7

図2-7(a)のように、A_1, A_2 の合力を R とすると、x 軸、y 軸上のそれぞれの正射影は、

$$R_x = R\cos\varphi = \sum A\cos\theta$$
$$R_y = R\sin\varphi = \sum A\sin\theta$$

合力 R の大きさは、

$$R^2 = R_x^2 + R_y^2 = \left(\sum A\cos\theta\right)^2 + \left(\sum A\sin\theta\right)^2$$
$$= A_1^2 + A_2^2 + 2A_1A_2\cos\left(\theta_2 - \theta_1\right)$$

合力 R の方向は　(2-2)

$$\tan\varphi = \frac{R_y}{R_x} = \frac{\sum A\sin\theta}{\sum A\cos\theta}$$

もし、**図2-7(b)**のように、A_1 を x 軸と一致させると、

$$R^2 = A_1{}^2 + A_2{}^2 + 2A_1A_2\cos\theta \qquad (2\text{-}3)$$

$$\tan\phi = \frac{A_2\sin\theta}{A_1 + A_2\cos\theta}$$

となる。

【例題2-3】

図のように、C を、それと α,β なる角をなす二つのベクトルに分解するときの、各分力の大きさを求めよ。

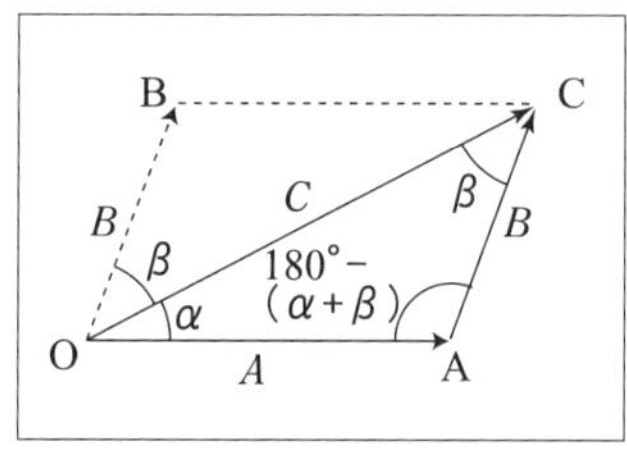

図2-8

(解答)

図のように、C を A,B に分解し、その △OAC について考えると、

$$\frac{A}{\sin\beta} = \frac{B}{\sin\alpha} = \frac{C}{\sin\left[180° - (\alpha+\beta)\right]}$$

ここで、$\sin\left[180° - (\alpha+\beta)\right] = \sin(\alpha+\beta)$ なので、

$$A = \frac{C\sin\beta}{\sin(\alpha+\beta)} \qquad B = \frac{C\sin\alpha}{\sin(\alpha+\beta)}$$

【例題2-4】

図のように、互いに60° をなす二つのベクトルの方向が、その角を3:1の比に分割し、かつ大きい方のベクトルの大きさは30 であるとき、小さいほうのベクトルの大きさを求めよ。

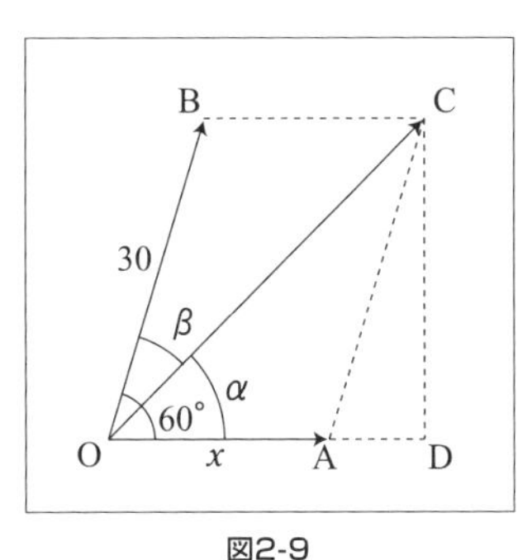

図2-9

(解答)

$$\overrightarrow{OA}+\overrightarrow{OB}=\overrightarrow{OC}$$

$$OB=30$$

$\overrightarrow{OA}$ と $\overrightarrow{OB}$ とのなす角 $=60°$

$\overrightarrow{OA}$ と $\overrightarrow{OC}$ とのなす角を α

$\overrightarrow{OB}$ と $\overrightarrow{OC}$ とのなす角を β

とすれば、

$$\alpha+\beta=60°$$

題意により、

$$\alpha:\beta=3:1$$

$$\therefore \alpha=45°$$

C より $\overrightarrow{OA}$ の方向に下ろした垂線を $\overrightarrow{CD}$ とし、$\overrightarrow{OA}=x$ とすれば、

$$\tan\alpha=\tan 45°=1=\frac{CD}{OA+AD}=\frac{30\sin 60°}{x+30\cos 60°}$$

$$=\frac{30\cdot\frac{\sqrt{3}}{2}}{x+30\cdot\frac{1}{2}}=\frac{15\sqrt{3}}{x+15}$$

$$\therefore x=15\left(\sqrt{3}-1\right)$$

$$=10.98$$

【例題2-5】

二つのベクトル P,Q の大きさの合計は48である。

その合力は、小さいほうのベクトルと垂直であり、その大きさは36であるとき、二つのベクトルの大きさならびに両者のなす角を求めよ。

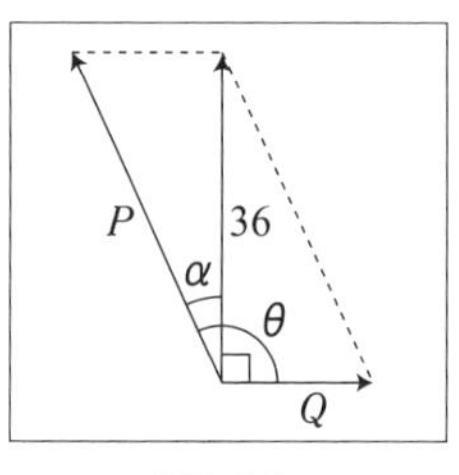

図2-10

(解答)

二つのベクトルの大きさを P,Q とし、$P>Q$ とすると、

$$P+Q=48$$
$$\therefore Q=48-P$$

図において、

$$P^2=Q^2+36^2=(48-P)^2+36^2$$
$$\therefore P=37.5 \qquad Q=10.5$$

2つのベクトルの合力 $(\boldsymbol{P}+\boldsymbol{Q})$ は小さいほうのベクトルと垂直だから、

$$(\boldsymbol{P}+\boldsymbol{Q})\cdot\boldsymbol{Q}=|\boldsymbol{P}+\boldsymbol{Q}||\boldsymbol{Q}|\cos 90°=0$$
$$\boldsymbol{P}\cdot\boldsymbol{Q}+\boldsymbol{Q}\cdot\boldsymbol{Q}=0$$

$\boldsymbol{P},\boldsymbol{Q}$ 間の角を θ とすれば、$\boldsymbol{P}\cdot\boldsymbol{Q}=|\boldsymbol{P}||\boldsymbol{Q}|\cos\theta$ 、また $\boldsymbol{Q}\cdot\boldsymbol{Q}=|\boldsymbol{Q}||\boldsymbol{Q}|\cos 0°=|\boldsymbol{Q}|^2$ 、だから、

$$|\boldsymbol{P}||\boldsymbol{Q}|\cos\theta+|\boldsymbol{Q}|^2=0$$

$$\cos\theta=-\frac{|\boldsymbol{Q}|^2}{|\boldsymbol{P}||\boldsymbol{Q}|}=-\frac{|\boldsymbol{Q}|}{|\boldsymbol{P}|}=-\frac{10.5}{37.5}=-0.28$$

$$\therefore \theta=106.26$$

【例題2-6】

図のような、多数のベクトルの合成を図式で求めよ。

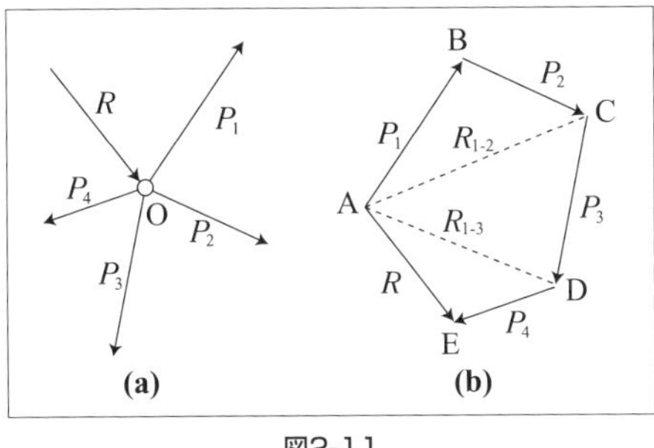

図2-11

(解答)

① 4つの力のうちどれか二つ、たとえば、P_1 と P_2 をとり、まずこれらの合力を力の三角形によって求める。すなわち、**図2-11(b)**のように $\overline{AB}$ を P_1 に等しくかつ平行に置き、$\overline{BC}$ を P_2 平行にしかも大きさを等しく描けば、$\overline{AC}$ は P_1 と P_2 の合力 R_{1-2} を示す。

② いま求めた $\overline{AC}$ と P_3 との合力を同様にして求めると、P_1, P_2, P_3 の合力 R_{1-3} が $\overline{AD}$ によって与えられる。

同じ図を繰り返せば最後にE点が得られ、はじめの点Aから点Eにいたる $\overline{AE}$ なる力 R は $P_1 \sim P_4$ の合力になる。

【例題2-7】

図のような、**力の多角形(b)**と**連力図(a)**を作り、4つの力の合力 R の大きさ、モーメント、力の方向および作用点を求めよ。

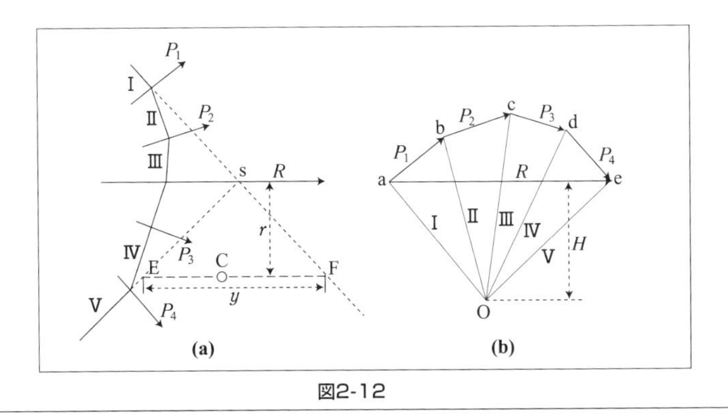

図2-12

(解答)

① **図2-12(a)**においてモーメントの中心Cから合力Rに垂線を下ろし、その長さをrとすれば、合力Rの点Cに対するモーメント、4つのモーメントの和M_cは、次のようになる。

$$M_c = R \times r$$

② 次に、**図2-12(a)**において、点Cを通り合力Rに平行線を引き、これが連力図の2つの端辺Ⅰ、Ⅴの間にはさまれる長さを$\overline{EF} = y$とする。

また、**図2-12(b)**の極Oから合力Rに下ろした垂線の長さをHとすれば、求めるモーメントは、次のようになる。

$$M_c = H \times y$$

【例題2-8】

図のように、点Cに10[kN]の物体を吊り下げたとき、$\overline{AC}$と$\overline{BC}$に作用する力はいくらか。

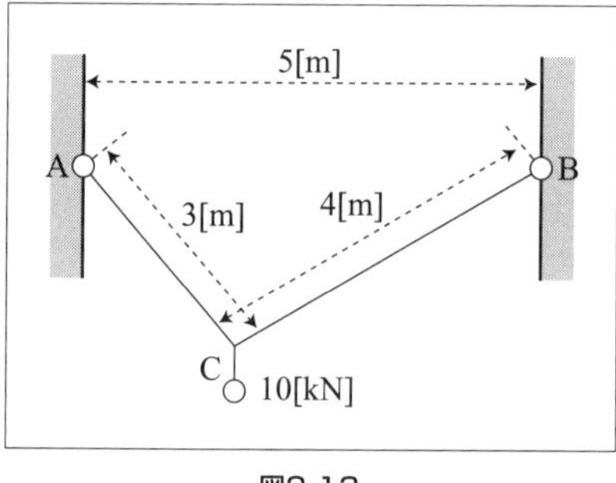

図2-13

(解答)

図の点Cに10[kN]の物体を吊り下げたときを合力として、綱$\overline{AC}$、綱$\overline{BC}$とすると、この合力を綱$\overline{AC}$と綱$\overline{BC}$の2つに分解すると、図式による長さから、それぞれに作用する力が求まる。

ここで、()内の数字は辺の長さとする。

よって、辺の長さの比から、

$\overrightarrow{AC}$:8[kN]　　$\overrightarrow{BC}$:6[kN]

となる。

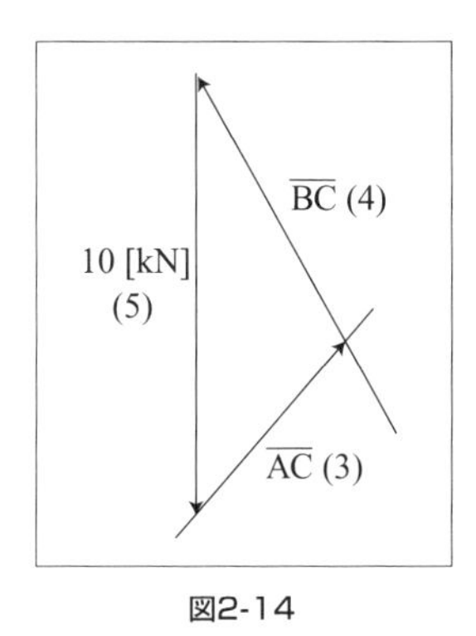

図2-14

③　落体の運動

重力により鉛直線上を運動する物体を一般に落下という。一定の場所では g は一定と考えてよいから、空気抵抗などを無視すれば、落下は等加速度直線運動をする。したがって、次の条件による種々の公式が成立する。

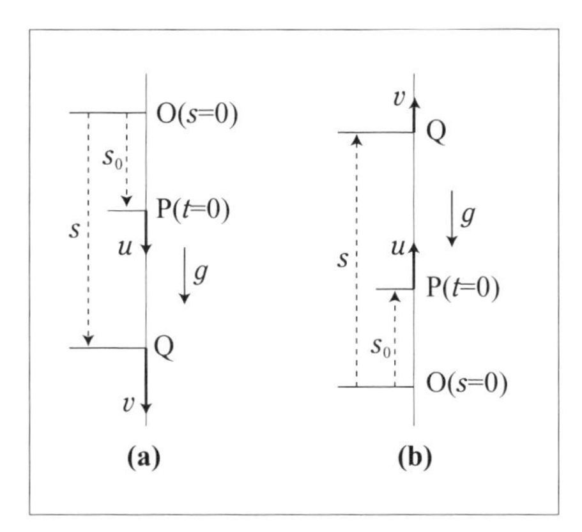

図2-15

(1)　落下する場合

図2-15(a)において下向きを正として取り扱うと、s_0, s, u, v, g はともに

同符号(正)であるから、等加速度直線運動により、次の公式が成立する。

$$
\begin{aligned}
&v = u + gt \\
&s = s_0 + ut + \frac{1}{2}gt^2 \\
&v^2 - u^2 = 2g(s - s_0)
\end{aligned}
\tag{2-4}
$$

(2) 上昇する場合

図2-15(b)において上向きを正とすれば、加速度のみが負となるから、

$$
\begin{aligned}
&v = u - gt \\
&s = s_0 + ut - \frac{1}{2}gt^2 \\
&u^2 - v^2 = 2g(s - s_0)
\end{aligned}
\tag{2-5}
$$

(3) 最高距離

Pにおいて初速 u で投げ上げた質点の上昇する距離 H は、上式の第3式において、$v = 0, s = H$ を代入すると、

$$
\begin{aligned}
&u^2 = 2g(H - s_0) \\
&\therefore H = s_0 + \frac{u^2}{2g}
\end{aligned}
\tag{2-6}
$$

(4) 飛行時間

質点がある点を出発して上昇し、再び出発点に戻るまでの時間を飛行時間といい、Pを出発点とすれば、上式の第2式において、$s = s_0, t = T$ を代入すると、

$$
\begin{aligned}
&uT - \frac{1}{2}gT^2 = 0 \\
&\therefore T = 0 \quad \text{および} \quad T = \frac{2u}{g}
\end{aligned}
\tag{2-7}
$$

(5)　上昇に要する時間

Pを初速度uで出発したときの上昇時間をtとすれば、第1式に、$v=0, t=t'$を入れて、

$$t'=\frac{u}{g} \tag{2-8}$$

これを、式(2-7)と比較すれば、$T=2t'$となり、よって、一定の高さを上昇するに要する時間と、下降するに要する時間とは相等しいことが分かる。

(6)　出発点に戻ったときの速度

Pを初速度uで上向きに出発し、再びPに戻ったときの速度は、式(2-5)の第3式において、$s=s_0$としたときのvを求めればよい。

$$\therefore v^2=u^2$$
$$\therefore v=\pm u \tag{2-9}$$

$+u$は出発のときの速度を示すから、Pに戻ったときの速度は$-u$となる。

【例題2-9】

25[m/s]の初速度で投げ上げられた質点が、その点より30[m]の高さの点を通過するのは何秒後か。

(解答)

投げたときを出発点とすると、式(2-5)の第1式で、

$$s_0=0$$

$$30=25t-\frac{1}{2}\times 9.8t^2$$

$$\therefore 9.8t^2-50t+60=0$$

二次方程式を根の公式で解くと、

$$t=\frac{-b\pm\sqrt{b^2-4ac}}{2a}=\frac{50\pm\sqrt{(-50)^2-4\times 9.8\times 60}}{2\times 9.8}$$

$\therefore t=1.93$ 秒(投げ上げたとき)　および　3.17 秒(下降のとき)

【例題2-10】

水平に発射された弾丸が、空気中の抵抗のために一様に速度を減じつつ水平運動するとき、発射後1秒および2秒にそれぞれ300 [m], 550 [m] の距離に達したという。この場合、3秒後に通過する水平距離を求めよ。

(解答)

発射速度を u 、加速度を a 、t 秒後に進行する水平距離を x とすると、

$$x = ut - \frac{1}{2}at^2$$

題意より、

1秒後には、$300 = u - \frac{1}{2}a$ ①

2秒後には、$550 = 2u - 2a$ ②

①×2－②により、

$$\therefore a = 50, u = 325$$

したがって、5秒後に通過する水平距離は、

$$x = 325 \times 3 - \frac{1}{2} \times 50 \times 3^2 = 975 - 225 = 750\,[\mathrm{m}]$$

【例題2-11】

図のように、水平に進行する飛行機から石を落としたところ、5秒後に鉛直に対して15°の角をなして地面に達したという。このときの飛行機の速度を求めよ。

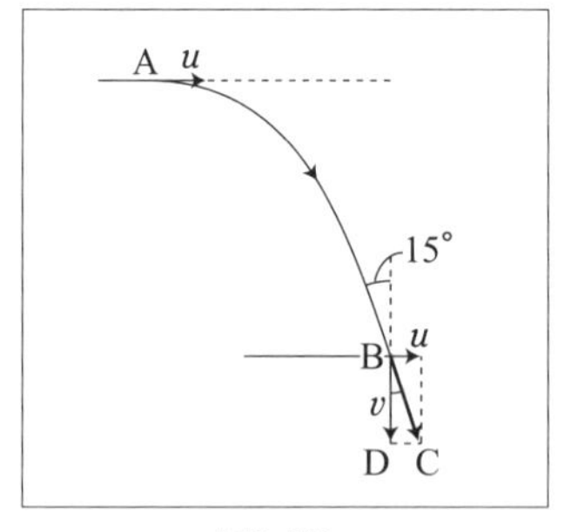

図2-16

(解答)

飛行機の水平速度を u とすると、石の地面に達したときの水平分速度は u 、鉛直分速度 v は5秒後に重力で得た速度である。

したがって、

$$v = gt = 9.8 \times 5 = 49.9\,[\mathrm{m/s}]$$

さらに、

$$\tan 15^\circ = \frac{\mathrm{CD}}{\mathrm{BD}} = \frac{u}{v}$$

$$\therefore u = v \tan 15^\circ = 49.9 \times 0.268 = 13.4\,[\mathrm{m/s}]$$

【例題2-12】

ある海岸の岸から、100 [m/s] の水平速度で弾丸を発射したとき、海の水面に45° の角で到達したとすれば、発射点の崖の高さと、着弾の際の弾丸の速度を求めよ。

(解答)

図のように、A から水平に速度 u で発射された弾丸は、海水面上 B 点に V なる速度で落下し、V の方向は海水面に対して 45° である。

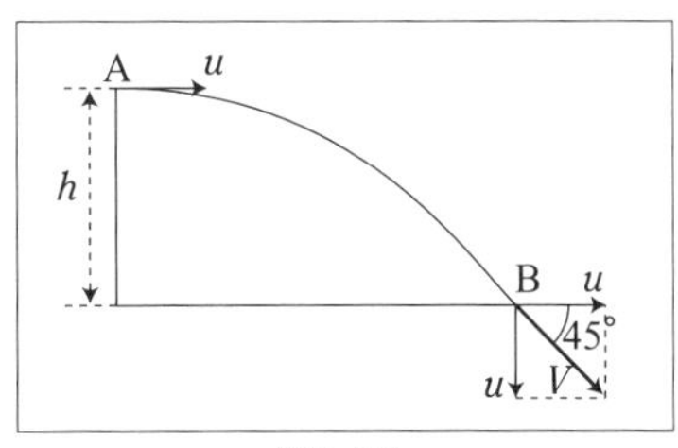

図2-17

したがって、その水平分速度 u は常に一定であり、鉛直分速度 v は飛行中に重力によって得た速度である。

$$v^2 = 2gh$$

$$v = \sqrt{2gh}$$

u と v とは等しいから、

$$u = v = 100\,[\mathrm{m/s}] = \sqrt{2gh}$$

この式に、$g = 9.8$ を代入して、両辺を2乗すると、

$$10000 = 2 \times 9.8 \times h$$

$$\therefore h = 510\,[\mathrm{m}]\ (崖の高さ)$$

$$\therefore V = \sqrt{u^2 + v^2} = \sqrt{2} \times u = 1.4142 \times 100 = 141.42\,[\mathrm{m/s}]$$

④ 自由振動

① 不減衰固有振動数[rad／s]：ω

k ：ばね定数、 m ：質量とすると、

$$\omega = \sqrt{\frac{k}{m}} \quad [\text{rad/s}] \tag{2-10}$$

② 不減衰固有振動数： f

$$f = \frac{\omega}{2\pi} \quad [\text{Hz}] \tag{2-11}$$

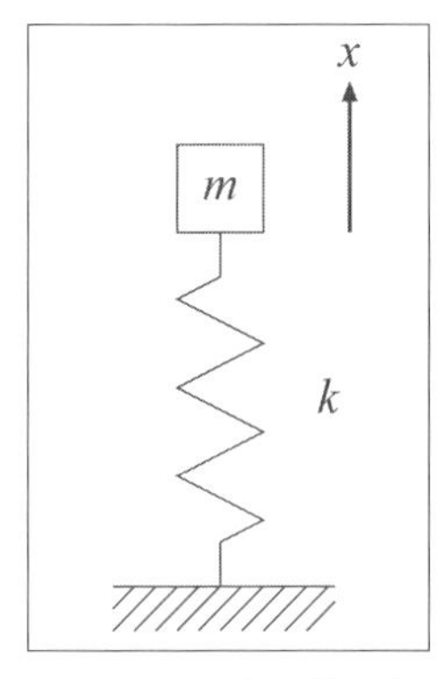

図2-18　ばね・質量系

③ 減衰比：ζ

c ：ばね・ダッシュポット・質量系の係数

$$\zeta = \frac{c}{2\sqrt{mk}} \tag{2-12}$$

④ 対数減衰率：δ

$$\delta = \frac{2\pi\zeta}{\sqrt{1-\zeta^2}} \tag{2-13}$$

⑤ 減衰固有振動数：p

$$p = \omega\sqrt{1-\zeta^2} \tag{2-14}$$

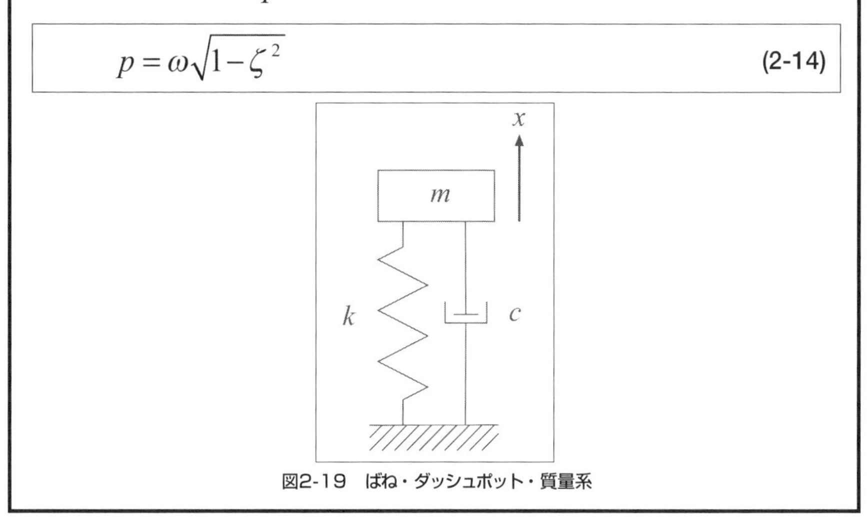

図2-19　ばね・ダッシュポット・質量系

【例題2-13】

$m = 100\,[\mathrm{kg}]$ 、 $k = 150\,[\mathrm{N/m}]$ のときに、自由度振動系の不減衰固有振動数[rad/s]および［Hz］とその周期を求めよ。

(解答)

式(2-10)から、

$$\omega = \sqrt{\frac{k}{m}} = \sqrt{\frac{150}{100}} \fallingdotseq 1.22\,[\mathrm{rad/s}]$$

式(2-11)から、

$$f = \frac{\omega}{2\pi} = \frac{1.22}{2\times 3.14} = 0.194 \fallingdotseq 0.19\,[\mathrm{Hz}]$$

$$周期：T = \frac{2\pi}{\omega} = \frac{2\times 3.14}{1.22} = 5.15\,[\mathrm{s}:秒]$$

【例題2-14】

長さ100[mm]のコイルばねに質量200[kg]の重りをつけたときに、そのばねが5[mm]伸びた。このときのばね定数 k と固定振動数 f を求めよ。

(解答)

$$ばね定数：k = {mg}/{\lambda} = \frac{200\times 9.8}{0.005} = 392\times 10^3\,[\mathrm{N/m}]$$

$$f = \frac{1}{2\pi}\sqrt{\frac{k}{m}} = \frac{1}{2\times 3.14}\sqrt{\frac{392\times 10^3}{200}} = 7.05\,[\mathrm{Hz}]$$

【例題2-15】

図のように2つのばね定数 $k_1 = 100\,[\mathrm{N/m}]$ と $k_2 = 200\,[\mathrm{N/m}]$ があるとき、その合成ばね定数とそのときの固定振動数 f を求めよ。

ただし、$m = 5\,[\mathrm{kg}]$とする。

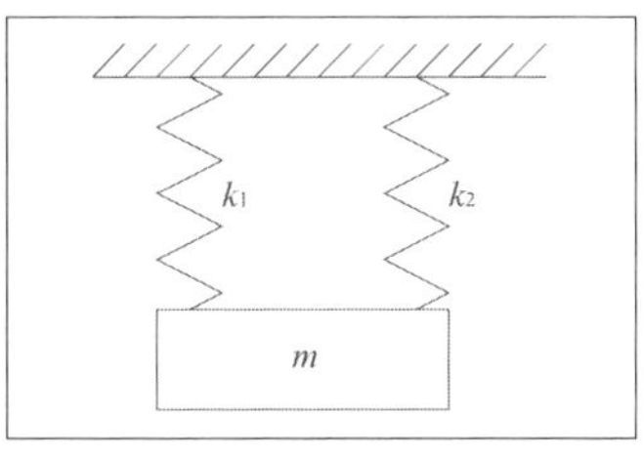

図2-20

(解答)

$$ばね定数：k = k_1 + k_2 = 100 + 200 = 300\,[\mathrm{N/m}]$$

$$f = \frac{1}{2\pi}\sqrt{\frac{k_1 + k_2}{m}} = \frac{1}{2\times 3.14}\sqrt{\frac{300}{5}} = 1.23\,[\mathrm{Hz}]$$

【例題2-16】

自由度振動系のばね・ダッシュポット・質量系で $m = 300\,[\mathrm{kg}]$ 、$c = 80\,[\mathrm{N{\cdot}s/m}]$、$k = 3.2\times 10^2\,[\mathrm{N/m}]$であるとき、不減衰固定振動数[rad/s]および[Hz]・減衰比・減衰固定振動数 p の各数値を求めよ。

(解答)

① 不減衰固定振動数

式(2-1)から、

$$\omega = \sqrt{\frac{k}{m}} = \sqrt{\frac{3.2\times 10^2}{300}} = 1.03\,[\mathrm{rad/s}]$$

式(2-2)から、

$$f = \frac{\omega}{2\pi} = \frac{1.03}{2\times 3.14} = 0.16\,[\mathrm{Hz}]$$

② 減衰比

式(2-12)から、

$$\zeta = \frac{c}{2\sqrt{mk}} = \frac{80}{2\times\sqrt{300\times3.2\times10^2}} \doteqdot 0.13$$

③ 減衰固定振動数

式(2-14)から、

$$p = \omega\sqrt{1-\zeta^2} = 1.03\sqrt{1-0.13^2} = 1.02\,[\mathrm{rad/s}]$$

【例題2-17】

ばね定数 $k_1 = 5000\,[\mathrm{N/m}]$ 、$k_2 = 3000\,[\mathrm{N/m}]$ および $m = 200\,[\mathrm{kg}]$ のばねを使ったとき、合成ばね定数と物体の振動数を求めよ。

(解答)

$$k = \frac{k_1 k_2}{k_1 + k_2} = \frac{5000\times3000}{5000+3000} = 1875\,[\mathrm{N/m}]$$

$$f = \frac{1}{2\pi}\sqrt{\frac{k}{m}} = \frac{2}{2\times3.14}\sqrt{\frac{1875}{200}} = 0.49\,[\mathrm{Hz}]$$

⑤ 単振動

単振動の速度：$v = r\omega\cos\omega t$ (2-15)

加速度：$a = -r\omega^2 \sin\omega t$ (2-16)

質量 m に力 F を受けて単振動をする質点の運動方程式
(振動の中心からの変位を y とする)

$$F = ma = -m\omega^2 y \quad (2\text{-}17)$$

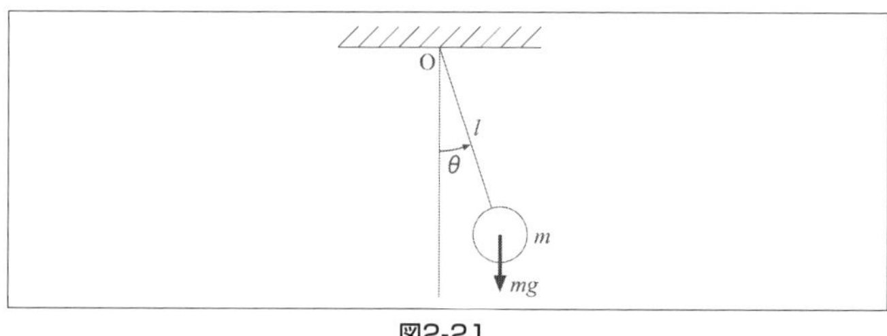

図2-21

【例題2-18】

5 [mm] の間を、30 [Hz] で単振動による往復する物体の最大速度および最大加速度を求めよ。

(解答)

最大速度であるから、**式(2-15)**の $v = r\omega\cos\omega t$ は、$\cos\omega t = 1$ となり、$v = r\omega$ である。

したがって、

$$v = r\omega = r\times 2\pi f = 5\times 2\times\pi\times 30 = 942\,[\mathrm{mm/s}] = 0.942\,[\mathrm{m/s}]$$

同様に、最大加速度は、**式(2-16)**の $a = -r\omega^2\sin\omega t$ も $\sin\omega t = 1$ により、

$$|a| = r\omega^2 = r\times(2\pi f)^2 = 5\times(2\times\pi\times 30)^2 = 177472.8\,[\mathrm{mm/s^2}] \fallingdotseq 177.5\,[\mathrm{m/s^2}]$$

【例題2-19】

最大加速度 15 [m/s^2]、振動数 10 [Hz] の単振動で往復する物体の振幅を求めよ。

(解答)

式(2-16)の $a = -r\omega^2\sin\omega t$ から、$\sin\omega t = 1$ により、

$$|r| = \frac{a}{\omega^2} = \frac{15}{(2\pi f)^2} = \frac{15}{(2\times 3.14\times 10)^2} = 0.0038\,[\mathrm{m}]$$

【例題2-20】
質量$100\,[\mathrm{kg}]$の質点が単振動をしている。振動の中心より$10\,[\mathrm{cm}]$の距離において、$1000\,[\mathrm{N}]$の力が作用するとすれば、そのときの周期を求めよ。

(解答)
中心より$10\,[\mathrm{cm}]$の点における加速度をαとすると、

$$f = m\alpha = 1000\,[\mathrm{N}] \qquad \alpha = 10\,[\mathrm{m/s^2}]$$

題意により、質点は単振動をしているから、

$$\alpha = -ux$$

ただし、$x = 0.1\,[\mathrm{m}]$で、$x > 0$のときは$\alpha < 0$であるから、

$$-10 = -u \times x \qquad \therefore u = 100$$

$$\therefore T = 2\pi\sqrt{\frac{1}{100}} = 2\pi \times 0.1 = 2 \times 3.14 \times 0.1 = 0.628\,[\mathrm{s}]$$

【例題2-21】
振幅$2\,[\mathrm{cm}]$、振幅数 56 となる単振動をする質量$12\,[\mathrm{kg}]$の質点の、振動の中心における運動のエネルギーを求めよ。

(解答)

$$周期：T = \frac{1}{n} = \frac{1}{56}\,[\mathrm{s}] \qquad \omega = \frac{2\pi}{T} = 2\pi \times 56 = 352\,[\mathrm{rad/s}]$$

中心における速度vは、線速度に等しいので、振幅は$a = 0.02\,[\mathrm{m}]$であるから、

$$v = \omega a = 353 \times 0.02 = 7.04\,[\mathrm{m/s}]$$

質量$m = 12\,[\mathrm{kg}]$であるから、運動エネルギーE_kとすると、

$$E_k = \frac{1}{2}mv^2 = \frac{1}{2} \times 12 \times 7.04^2 = 297.4\,[\mathrm{J}]$$

【例題2-22】
1日に30秒遅れる振り子時計を正確に修正するには、振り子の長さをいくら短縮すればよいか、その振り子の長さの短縮量を求めよ。

(解答)
正確な時計の周期および振り子の長さをT, lとし、遅れる時計の周期および振り子の長さをT', l'とすれば、

$$T = 2\pi\sqrt{\frac{l}{T}} \qquad T' = 2\pi\sqrt{\frac{l'}{T}}$$

$$\therefore \frac{T}{T'} = \sqrt{\frac{l}{l'}}$$

遅れる時計のほうが周期が大であり、題意により、1日を秒に変換すると、

$$\therefore \frac{T}{T'} = \sqrt{\frac{l}{l'}} = \frac{24\times60\times60}{24\times60\times60+30} = \frac{86400}{86430} = 0.895987$$

$$\frac{l}{l'} = 0.895987^2 = 0.802793$$

$$1-\frac{l}{l'} = \frac{l'-l}{l'} = 1-0.802793 = 0.197207$$

遅れる時計の振り子の長さの短縮量は、元の長さの倍数で表わすと、

$\therefore l'-l = 0.197207$ 倍

【例題2-23】

コイルバネに30 [kN] の物体を吊るして振動させると、6秒に30振動するという。このコイルバネを3 [cm] 伸ばすのに必要な力を求めよ。さらに、このコイルバネに吊るす物体の質量を2倍の60 [kN] にしたときの周期を求めよ。

(解答)

単振動の周期の一般式から、

$$\mu = \frac{K}{m} = \omega^2$$

であるから、これを周期の式に代入して、

$$T = \frac{2\pi}{\omega} = 2\pi\sqrt{\frac{1}{\mu}} = 2\pi\sqrt{\frac{m}{K}}$$

において、

$$T = \frac{6}{30} = 0.2\,[\mathrm{s}] \qquad m = 30\,[\mathrm{kN}] = 30\times10^3\,[\mathrm{N}]$$

$$K = \frac{4\pi^2 m}{T^2} = \frac{4\times9.8596\times30\times10^3}{0.04} = 29578800$$

$a = 3\,[\mathrm{cm}]$ のときの力を F とすれば、$F = Ka$ より、

$$\therefore F = 0.03\times29578800 = 887364\,[\mathrm{N}]$$
$$= 887.4\,[\mathrm{kN}]$$

さらに、質量を2倍にしたときの周期 T は、

$m = 60\,[\text{kN}] = 60 \times 10^3\,[\text{N}]$ により、

$$T = 2\pi\sqrt{\frac{m}{k}} = 2\pi\sqrt{\frac{60 \times 10^3}{29578800}} = 0.283\,[\text{s}]$$

【例題2-24】

地球の平均半径を 6.4×10^8 [cm] とし、物体の質量が、地球表面における同物体の質量の0.5%だけ減ずるような点の高さを求めよ。

(解答)

地球の質量を M 、半径を R 、物体の質量を m 、物体の質量が0.5%だけ減ずるような点Yが、地球の中心より R' の距離にあるとすれば、

地球における重さ：$mg = G\dfrac{Mm}{R^2}$ ①

点Yにおける重さ：$mg' = G\dfrac{Mm}{R'^2}$ ②

①と②から、物体の質量が0.5%だけ減ずる関係により、次の式が成立する。

$$\frac{mg - mg'}{mg} = 0.005 \quad ③$$

③に①と②を代入すると、

$$\therefore \left(G\frac{Mm}{R^2} - G\frac{Mm}{R'^2}\right) \bigg/ G\frac{Mm}{R^2}$$

$$= \left(\frac{1}{R^2} - \frac{1}{R'^2}\right) \bigg/ \frac{1}{R^2} = 1 - \frac{R^2}{R'^2} = 0.005$$

$$\frac{R^2}{R'^2} = 1 - 0.005 \qquad R'^2 = \frac{R^2}{0.995} \qquad R' = \frac{R}{0.9975}$$

$$R = 6.4 \times 10^8\,[\text{cm}] = 6400\,[\text{km}]$$

であるから、

$$R' = \frac{6400}{0.9975} = 6416.0\,[\text{km}]$$

$$\therefore R' - R = 16\,[\text{km}]$$

【例題2-25】

質点が静止より出発し、$s\,[\text{cm}] = 5t^2\,[\text{s}]$ なる関係で直線運動しているとき、出発後5秒間の平均の速さと、5秒後の速さを求めよ。

(解答)

(1) 平均の速さを $\bar{v}$ とすれば、

$$\bar{v} = \frac{s}{t} = 5t$$

$$\therefore \bar{v} = 5t = 5 \times 5 = 25\,[\mathrm{cm/s}] = 0.25\,[\mathrm{m/s}]$$

(2)　$5t$ 秒後の速さを v とすれば、

$$v = \frac{ds}{dt} = \frac{d\left(5t^2\right)}{dt} = 10t$$

$$v = 10t = 10 \times 5 = 50\,[\mathrm{cm/s}] = 0.5\,[\mathrm{m/s}]$$

【例題2-26】

直線運動している質点がある。その直線上の一定の点からの距離 s は、その点を通過したときからの時間 t の平方に比例するという。$t=2$ 秒後のとき、$s=16\,[\mathrm{m}]$ ならば、$t=10$ 秒後のときの速度はどうなるか。

(解答)

題意により、

$$s = kt^2$$

$t=2$ のとき $s=16\,[\mathrm{m}]$ であるから、

$$16 = kt^2 = k \times 2^2$$

$$\therefore k = 4,\ s = 4t^2$$

速度を v とすれば、

$$v = \frac{ds}{dt} = \frac{d\left(4t^2\right)}{dt} = 8t$$

$t=10$ 秒後のときの速度 v は、

$$v = 8 \times 10 = 80\,[\mathrm{m/sec}]$$

【例題2-27】

$x = 30t$, $y = 40t - 8t^2$ となる関係で平面運動している質点がある。$t=0, t=3$ のときの質点の位置と、速度 v_x, v_y を求めよ。ただし、x, y は cm で表わした直角座標、t は sec で示す。

(解答)

$$v_x = \frac{dx}{dt} = 30\,,\ v_y = \frac{dy}{dt} = 40 - 16t$$

(1)　$t=0$ であるとき、

$$\begin{cases} x = 30\times 0 = 0 \\ y = 40\times 0 - 8\times 0 = 0 \end{cases} \quad \begin{cases} v_x = 30\,[\mathrm{cm/sec}] \\ v_y = 40\,[\mathrm{cm/sec}] \end{cases}$$

(2)　$t=3$ であるとき、

$$\begin{cases} x = 30\times 3 = 90\,[\mathrm{cm}] \\ y = 40\times 3 - 8\times 3^2 = 48\,[\mathrm{cm}] \end{cases} \quad \begin{cases} v_x = 30\,[\mathrm{cm/sec}] \\ v_y = 40 - 16\times 3 = -8\,[\mathrm{cm/sec}] \end{cases}$$

【例題2-28】

ある質点が、$v=30t+3$ なる関係で直線運動をするとき、$t=8$ の間に通過する距離を求めよ。ただし、v はcm/sec 、t はsec とする。

(解答)

通過距離をsec とすれば、

$$s = \int_0^t v\,dt = \int_0^8 (30t+3)\,dt = 30\int_0^8 t\,dt + 3\int_0^8 dt$$

$$= 15\left[t^2\right]_0^8 + 3\left[t\right]_0^8 = 15\times 64 + 3\times 8 = 960 + 24 = 984\,[\mathrm{cm}]$$

【例題2-29】

長さ18[cm] の柱時計の長針が一様な速さで回転するとして、その先端の接線速度、角速度およびその面積速度を求めよ。

(解答)

(1)接線速度　$v = \dfrac{2\pi r}{t} = \dfrac{2\pi\times 18}{60\times 60} = \dfrac{\pi}{100}\,[\mathrm{cm/sec}]$

(2)角速度　$\omega = \dfrac{v}{r} = \dfrac{\pi/100}{18} = \dfrac{\pi}{1800}\,[\mathrm{rad/sec}]$

(2)面積速度　$A = \dfrac{vr}{2} = \dfrac{\pi/100\cdot 18}{2} = \dfrac{9\pi}{100}\,[\mathrm{cm^2/sec}]$

【例題2-30】

速度 V を、それに対し互いに反対の側に α,β となる角度をなし、かつ、平行四辺形となる2方向に分解する速さを求めよ。

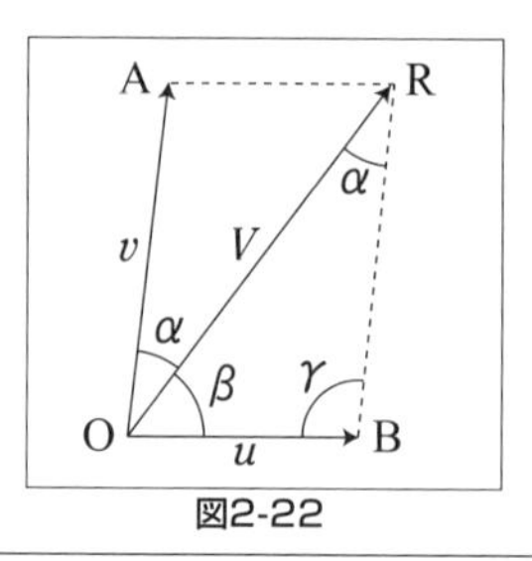

図2-22

(解答)

求める分速度を u,v とする。

△OBR において、

$$\frac{u}{\sin\alpha}=\frac{v}{\sin\beta}=\frac{V}{\sin\gamma}$$

$$\sin\gamma=\sin\left[\pi-(\alpha+\beta)\right]=\sin(\alpha+\beta)$$

$$\therefore u=V\frac{\sin\alpha}{\sin(\alpha+\beta)}\qquad v=V\frac{\sin\beta}{\sin(\alpha+\beta)}$$

【例題2-31】

72 [km/h] の速さで直線進行をしている電車に対し、80 [m/s] の速さで石を投げ、その石が客車内(乗客はいないものとする)の一双の相対する窓の相対する点を通過するには、石をいずれの方向に投げたらよいか。

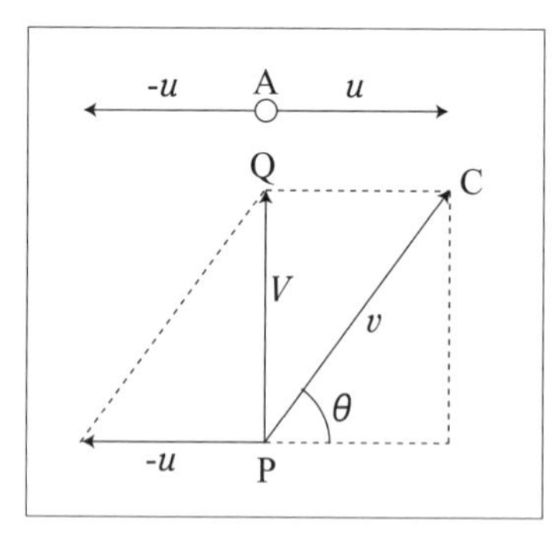

図2-23

(解答)

電車はA点をuなる速度で進み、石はP点からvなる速度で投げたとすると、

$$u = 72\,[\mathrm{km/h}] = \frac{72000}{3600}\,[\mathrm{m/sec}] = 20\,[\mathrm{m/sec}]$$

$$v = 80\,[\mathrm{m/sec}]$$

題意により、石の電車に対する相対速度$\overline{\mathrm{PQ}}(V)$が電車の進む方向に直角になることを要する。電車および石に$-u$(電車の速度と等大反対方向の速度)を加えると、電車はAに静止することになり、石はvと$-u$との相対速度Vで進むことになり、Vが石の電車に対する相対速度であって、$\angle\mathrm{PQC} = 90°$で石を投げる方向(vの方向)が電車の進行方向となす角をθとすると、

$$\cos\theta = \frac{u}{v} = \frac{20}{80} = 0.25$$

$$\therefore \theta \fallingdotseq 75°30'$$

【例題2-32】

鉛直に落下しつつある雨滴を、72 [km/h] の速さで直線進行をしている電車中より見ると、鉛直に対し30°傾いて見えるとすれば、そのときの雨滴の落下速度を求めよ。

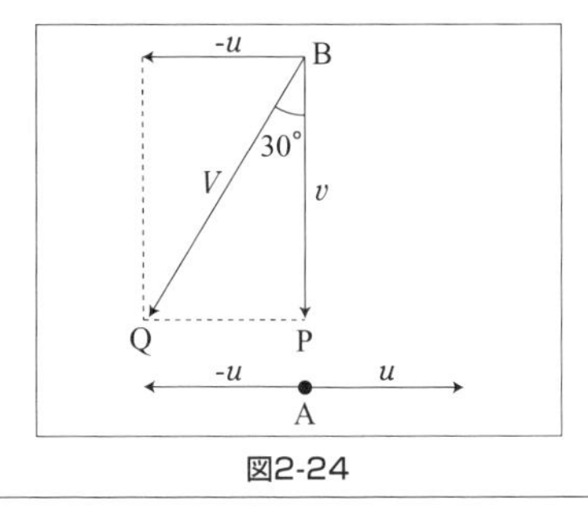

図2-24

(解答)

電車Aの速度をu、雨滴Bの落下速度をvとし、電車を静止状態に置くために$-u$を電車および雨滴に加えると、雨滴の電車に対する相対速度は、vと$-u$の相対速度Vで表わされる。△BPQにおいて、

$$\frac{v}{u} = \cot 30° = \sqrt{3}$$

$$u = 72\,[\mathrm{km/h}] = \frac{72000}{3600}\,[\mathrm{m/sec}] = 20\,[\mathrm{m/sec}]$$

$$\therefore v = u\sqrt{3} = 20 \times \sqrt{3} = 34.6\,[\mathrm{m/sec}]$$

【例題2-33】

Oにおいて角60°をなして交わる軌道O_x, O_yがある。O_x上を90[km/h]で進行する電車AがOを通過した後2分を経て、O_yを相等しい速度で走る電車BがO点を通ったとする。BのAに対する相対速度とA,Bの最短距離を求めよ。

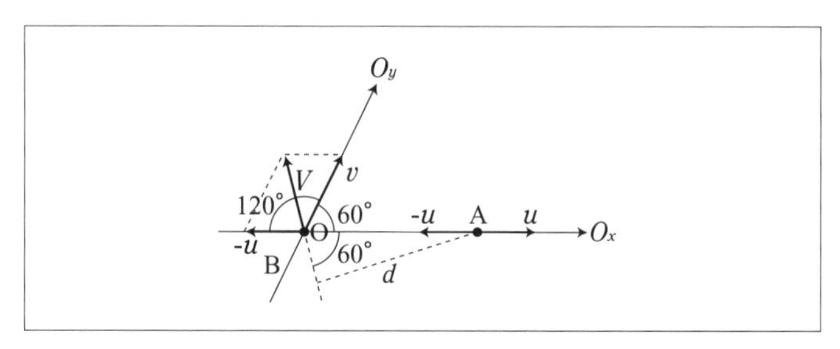

図2-25

(解答)

電車A,Bの速度をu, vとし、AがOを通過して2分後の状態を図示すると、図のようになる。AおよびBに$-u$を加えると、Aは静止し、Bは合速度Vとなる。VはBのAに対する相対速度である。

ここで、二つのベクトルの合成に関する計算式から、

$$V^2 = u^2 + v^2 + 2uv\cos 120°$$

題意により、

$$u = v = 90\,[\mathrm{km/h}]$$

$$\therefore V = \pm\sqrt{8100 + 8100 - 2 \times 8100 \times 1/2} = \pm 90\,[\mathrm{km/h}] \quad (V > 0)$$

したがって、方向はO_xと120°をなす。

さらに、Aが静止すると考えると、BはVで進行することになるから、AよりVの方向に下ろした垂線の長さdは両者の最短距離である。

$$90\,[\mathrm{km/h}] = 1.5\,[\mathrm{km/min}]$$

$$\therefore \overline{\mathrm{OA}} = 3\,[\mathrm{km}]$$

したがって、

$$d = \overline{\mathrm{OA}}\sin 60° = 3 \times \sqrt{3}/2 = 2.598\,[\mathrm{km}] \fallingdotseq 2.6\,[\mathrm{km}]$$

【例題2-34】

次の式で表わされる運動の速度および加速度を求めよ($A, B, p, \alpha, \varepsilon, g$は常数)。

(1) $x = A\cos(pt + \alpha)$、(2) $y = B\sin(pt + \varepsilon)$、(3) $s = 1/2 \cdot gt^2$

(解答)

(1) $x = A\cos(pt + \alpha)$

速度 v 、加速度 a とすれば、

$$速度：v = \frac{dx}{dt} = -pA\sin(pt + \alpha)$$

$$加速度：a = \frac{dv}{dt} = \frac{d^2x}{dt^2} = -p^2A\cos(pt + \alpha) = -p^2x$$

(2) $y = B\sin(pt + \varepsilon)$

$$速度：v = \frac{dy}{dt} = pB\cos(pt + \varepsilon)$$

$$加速度：a = \frac{dv}{dt} = \frac{d^2y}{dt^2} = -p^2B\sin(pt + \varepsilon) = -p^2y$$

(3) $s = 1/2 \cdot gt^2$

$$速度：v = \frac{ds}{dt} = gt$$

$$加速度：a = \frac{dv}{dt} = \frac{d^2s}{dt^2} = g$$

【例題2-35】

$\theta = t^3/9$ なる関係で円運動をする質点が、静止の位置より6秒後の角速度および角加速度を求めよ。

(解答)

$\theta = t^3/9$ から、求める角速度および角加速度をそれぞれ、ω, a とすれば、

$$\omega = \frac{d\theta}{dt} = \frac{1}{9} \times 3t^2 = \frac{1}{3}t^2$$

したがって、6秒後の角速度は、

$$\omega = \frac{1}{3} \times 6^2 = 12\,[rad/\mathrm{sec}]$$

$$a = \frac{d\omega}{dt} = \frac{d^2\theta}{dt^2} = \frac{2}{3}t$$

したがって、6秒後の角加速度は、

$$a = \frac{2}{3} \times 6 = 4\,[\mathrm{rad/sec^2}]$$

【例題2-36】

半径 300 [m] の円形軌道上を走る電車が、一様な割合で8秒間に、 25 [km/h] から 50 [km/h] に変じたとすれば、40 [km/h] の速さのときの接線加速度および法線加速度を求めよ。

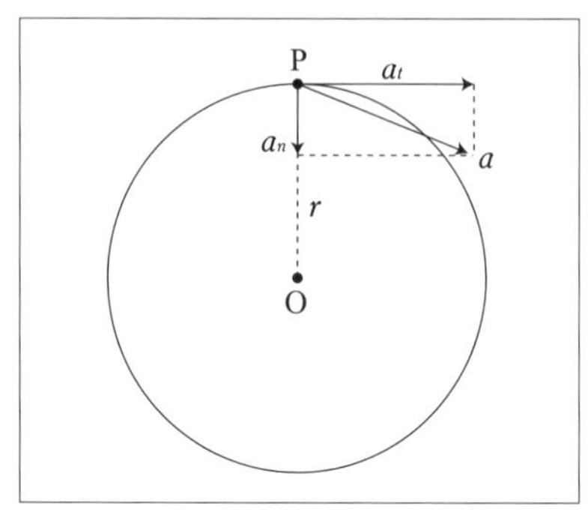

図2-26

(解答)

接線加速度を α_t とすれば、

$$\alpha_t = \frac{(50-25)/3600\,[\mathrm{km/sec}]}{8\,[\mathrm{sec}]} = 0.87\,[\mathrm{m/sec^2}]$$

さらに、$v = 40\,[\mathrm{km/h}]$ の速さのときの法線加速度 α_n とすれば、

$$\alpha_n = \frac{v}{r} = \frac{[40000/3600]}{300} = \frac{11.1}{300} = 0.037\,[\mathrm{m/sec^2}]$$

【例題2-37】

半径 0.5 [m] の円周に沿い、毎分200回転する質点の、角速度、線速度および加速度を求めよ。

(解答)

角速度： $\omega = \frac{2\pi n}{60} = \frac{200 \times 2\pi}{60} = 20.9\,[\mathrm{rad/sec}]$

線速度： $v = \frac{200 \times 2\pi \times 50}{60} = 1047.2\,[\mathrm{cm/sec}]$

加速度： $a = \frac{v^2}{r} = \frac{1047.2^2}{50} = 2.19 \times 10^4\,[\mathrm{cm/sec^2}]$

【例題2-38】

周期 $2\pi/p$ 、振幅 A 、初角 α である単振動をなす質点の、任意の時刻における変位 s 、速度 v 、加速度 a を表わす式を導け。

(解答)

質点の角速度を ω 、任意の時刻(t 秒後)の角変位をとすると、

$$s = A\cos\theta = A\cos(\omega t + \alpha)$$
$$= A\cos\left(\frac{2\pi}{T}t + \alpha\right)$$

題意により、

$$T = \frac{2\pi}{p}$$
$$\therefore s = A\cos(pt + \alpha)$$

したがって、任意の時刻の速度 v は、

$$v = \frac{ds}{dt} = -Ap\sin(pt + \alpha)$$

任意の時刻の加速度 a は、

$$a = \frac{dv}{dt} = \frac{d^2s}{dt^2} = -Ap^2\cos(pt + \alpha) = -p^2 s$$

【例題2-39】

質量 10[kg] の質点が単振動をなしている。振動の中心より 6[cm] の距離において、120[N] の力が作用するとすれば、そのときの周期を求めよ。

(解答)

振動の中心より 6[cm] の点における加速度を a とすると、

$$f = ma = 120\,[\mathrm{N}]$$
$$a = 12\,[\mathrm{m/sec^2}]$$

題意により、質点が単振動をなすから、

$$a = -\mu x$$

ただし、$x = 6$ [cm] で、$x > 0$ のときは $a < 0$ であるから、

$$-12 = -\mu \times 0.06$$
$$\therefore \mu = 200$$

したがって、

$$周期：\ T = 2\pi\sqrt{\frac{1}{\mu}} = 2\pi\sqrt{\frac{1}{200}} = 2\pi \times 0.07 = 0.44\,[\mathrm{s}]$$

【例題2-40】
振幅 2[cm]、振動数100なる単振動をなす質量 10[kg] の質点の、振動の中心における運動のエネルギーを求めよ。

(解答)

$$T=\frac{1}{n}=\frac{1}{100}\,[\mathrm{sec}] \qquad \omega=\frac{2\pi}{T}=2\pi\times100=628.32\,[\mathrm{rad/sec}]$$

中心における速度 v は線速度に等しいから、振幅は $a=0.02\,[\mathrm{m}]$ により、

$$v=\omega a=0.02\times628.32=12.6\,[\mathrm{m/sec}]$$

$$m=10\,[\mathrm{kg}]$$

運動のエネルギー E は、

$$\therefore E=\frac{1}{2}mv^2=\frac{1}{2}\times10\times12.6^2=793.8\,[\mathrm{J}]$$

【例題2-41】
ある場所における、秒振り子の長さが 0.99[m] であるとすれば、5[sec] 間に1往復する。このときの振り子の長さを求めよ。

(解答)

$$T=2\pi\sqrt{\frac{l}{g}}$$

この両辺を二乗すると、

$$T^2=4\pi^2\frac{l}{g}$$

$$l=\frac{T^2g}{4\pi^2}$$

ここで、秒振り子とは、周期 2[sec] の単振り子であるから、

$$T=2\,[\mathrm{sec}],\ l=0.99\,[\mathrm{m}]$$

$$\therefore g=\frac{4\pi^2 l}{2^2}=\pi^2 l=0.99\pi^2$$

5[sec] に1往復する振り子の周期は、5[sec] である。その長さを l' とすれば、

$$l'=\frac{T^2g}{4\pi^2}=\frac{0.99}{4}\times5^2=6.19\,[\mathrm{m}]$$

【例題2-42】
1日に10秒遅れる振り子時計を正確にするには、振り子の長さをいくらにすればよいか。

(解答)

正確な時計の周期および振り子の長さを T,l とし、遅れる時計の周期および振り子の長さを T',l' とすれば、

$$T=2\pi\sqrt{\frac{l}{g}} \qquad T'=2\pi\sqrt{\frac{l'}{g}}$$

$$\therefore \frac{T}{T'}=\sqrt{\frac{l}{l'}}$$

遅れる速度のほうが周期は大である。題意により、

$$\frac{T}{T'}=\sqrt{\frac{l}{l'}}=\frac{24\times60\times60}{24\times60\times60+10}=\frac{86400}{86410}=0.999884$$

$$\frac{l}{l'}=0.999884^2=0.999768$$

$$1-\frac{l}{l'}=\frac{l'-l}{l'}=1-0.999768=0.000232$$

すなわち、元の長さの 0.000232 倍だけ短縮すればよい。

【例題2-43】

$3\,[\mathrm{m/sec^2}]$ の加速度で上昇しつつある気球内に、単振り子を有する柱時計を持ち込むときは、毎時何分進むか。

(解答)

気球が静止しているときの重力による加速度、および周期を、それぞれ g,T とし、気球が $3\,[\mathrm{m/sec^2}]$ の加速度で上昇しているときの有効加速度および周期を、それぞれ g',T' とする。1時間内の振動数を n とすると、1時間内のそれぞれの周期は、nT,nT' である。

$\frac{T'}{T}=\sqrt{\frac{g}{g'}}$ とすると、$1\,[\mathrm{sec}]$ に進む秒数を t とすると、$t=1-\sqrt{\frac{g}{g'}}$ 。

さらに、有効加速度 $g'=g+300\,[\mathrm{cm/sec^2}]$ であるから、$t=300/2g\,[\mathrm{sec}]$ 。

1時間に進む時間を g',T' とすると、

$$t'=t\times3600=3600\times300/2g=551\,[\mathrm{sec}]=9.2\,[\mathrm{min}]\ (進む時間)$$

【例題2-44】

図のように、重さWの一様な棒の一端を、長さlなる糸で一定点より吊るし、他端にFなる水平力を加えて釣り合わせたとき、糸と棒との鉛直線に対する斜角はどうなるか。

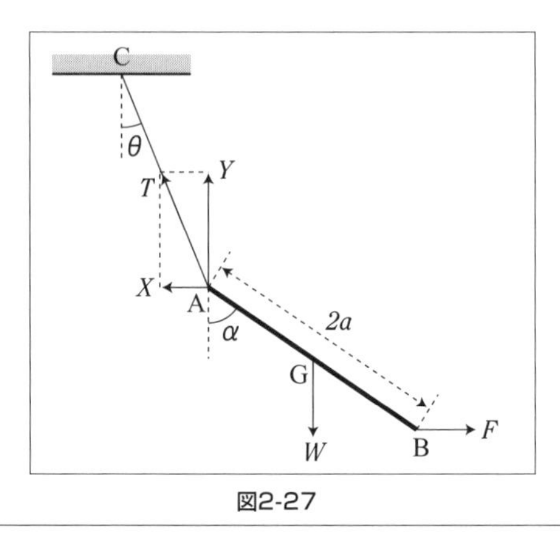

図2-27

(解答)

糸の張力をT、その水平および鉛直の分力をX,Yとし、糸および棒の鉛直からの斜角をそれぞれθ,αとすると、

$$X = T\sin\theta\ ,\ Y = T\cos\theta$$

となり、釣り合い条件より、

$$F - X = 0 \qquad \therefore F = T\sin\theta$$

$$Y - W = 0 \qquad \therefore W = T\cos\theta$$

$$\tan\theta = \frac{F}{W} \qquad \therefore \theta = \tan^{-1}\frac{F}{W}$$

棒の長さを$2a$とし、Aに関するモーメントを考えると、

$$F\cdot 2a\cos\alpha - Wa\sin\alpha = 0$$

$$\tan\alpha = \frac{2F}{W}$$

$$\therefore \alpha = \tan^{-1}\frac{2F}{W}$$

【例題2-45】

長さ l なる一様な棒の上端を、平滑鉛直壁面に接し、下端に糸をつけ、糸の他端を壁面上の一点に結び、棒を壁面に対し与えられた角 θ に保つには、糸を結ぶべき壁面上の点はどのようにして定められるべきか。

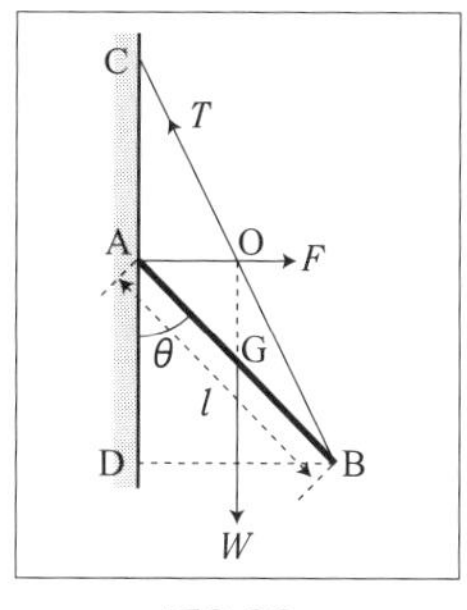

図2-28

(解答)

棒 AB に働く外力は、W, T, F (壁面に垂直)。これらは一点 O に会することが必要である。

△ABC において、

$$\mathrm{AG} = \mathrm{GB} \qquad \therefore \mathrm{CO} = \mathrm{OB}$$

△CBD において、F はCD に直角、AO は底に BD に平行であるから、

$$\mathrm{CA} = \mathrm{AD} \qquad \therefore \mathrm{CA} = \mathrm{AD} = l\cos\theta$$

したがって、A の直上 $l\cos\theta$ の点 C に結ぶことが必要である。

【例題2-46】

粗なる水平板上に、質量 M なる物体 A を乗せ、これに糸をつけ、板の端にあるなめらかな滑車を経て、質量 m なる物体 B を吊るしたところ、糸がちょうど滑り始めようとする極限釣り合いを保つという。もし、この板を加速度 α で降下させるとき、糸の状態はどのように変わるか。

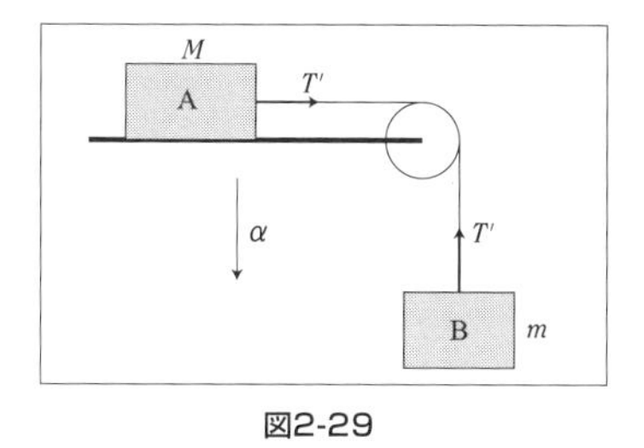

図2-29

(解答)

A と板との間の法圧力は Mg 、よって、最大摩擦 $= \mu Mg$ 。この最大摩擦が B に重さと釣り合うから、

$$\mu Mg = mg \qquad \mu M = m \qquad ①$$

次に、板を加速度 a で降下させるときは、A と板との間の法圧力も、最大摩擦も変化する。

この場合 A に作用する鉛直方向の外力は、下向きに Mg 、上向きにそのときの法圧力 P であり、これにより、A は下向きの加速度 α を生ずるのであるから、A の下向きの運動方程式は、

$$Mg = P' = M\alpha \quad \therefore P' = M\left(g - \alpha\right)$$

最大摩擦 $F' = \mu P' = \mu M\left(g - \alpha\right)$

これに式①を代入すると、

$$F = m\left(g - \alpha\right) \qquad ②$$

さらに、B について考えると、外力は下向きに mg 、上向きに張力 T' で、加速度は下向きに α であるから、運動方程式は、

$$mg - T' = m\alpha \qquad T' = m\left(g - \alpha\right)$$

これを式②と比較すると、

$$F' = T'$$

この場合の張力と最大摩擦とは等しいことを示す。

したがって、このことは、相変わらずすべり始めようとする極限釣り合いの状態にあることを示す。

⑥　固定軸のねじり振動

k：ねじりばね定数、I：断面二次極モーメントとすると、

振動数：
$$f=\frac{\omega}{2\pi}=\frac{1}{2\pi}\sqrt{\frac{k}{I}} \tag{2-18}$$

周期：
$$T=\frac{2\pi}{\omega}=2\pi\sqrt{\frac{I}{k}} \tag{2-19}$$

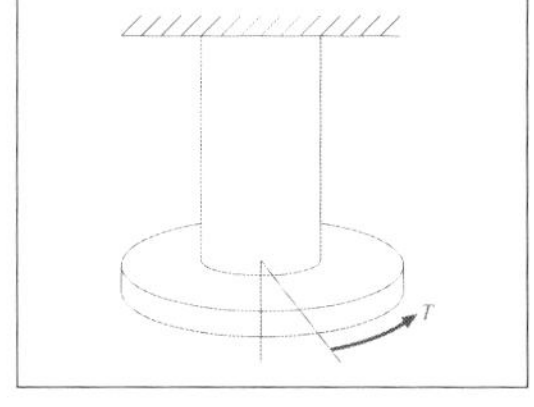

図2-30

【例題2-47】

図のような固定軸に $P=1000$ [N] の垂直荷重を作用させたとき必要な軸径を求めよ。

ただし、$l=80$ [cm]、$a=50$ [cm]、材料の許容引張応力 $\sigma_w=400$ [MPa]、$\tau_w=200$ [MPa] とする。

また、この固定軸のばね定数が $k=3.2\times10^2$ N/m のとき、固有振動数および周期を求めよ。

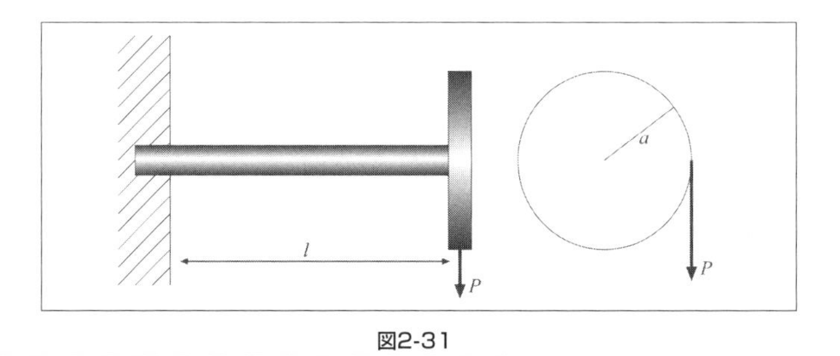

図2-31

(解答)

ねじりモーメントをTとすると、

$$T = Pa = 1000 \times 0.5 = 500\,[\mathrm{N \cdot m}]$$

固定端の最大曲げモーメントMは、

$$M = Pl = 1000 \times 0.8 = 800\,[\mathrm{N \cdot m}]$$

したがって、相当ねじりモーメントT_eは、

$$T_e = \sqrt{M^2 + T^2} = \sqrt{800^2 + 500^2} = 943.4\,[\mathrm{N \cdot m}]$$

相当曲げねじりモーメントM_eは、

$$M_e = \frac{1}{2}\left(M + \sqrt{M^2 + T^2}\right) = \frac{1}{2}\left(800 + \sqrt{800^2 + 500^2}\right) = 871.7\,[\mathrm{N \cdot m}]$$

したがって、曲げ応力の式により、

$$\sigma_w = \frac{M_e}{Z} = \frac{32M_e}{\pi d^3}$$

$$d = \sqrt[3]{\frac{32M_e}{\pi \sigma_w}} = \sqrt[3]{\frac{32 \times 871.7}{3.14 \times 400 \times 10^6}} = 0.028\,[\mathrm{m}] = 28\,[\mathrm{mm}]$$

また、固定軸のばね定数kから、**式(2-18)**、**式(2-19)**により、

$$I_P = \frac{\pi}{64}(2a)^4 = \frac{\pi \times 1^4}{64} = 0.049\,[\mathrm{m^4}]$$

固有振動数fは、

$$f = \frac{1}{2\pi}\sqrt{\frac{k}{I_p}} = \frac{1}{2 \times 3.14}\sqrt{\frac{320}{0.049}} = 12.9\,[\mathrm{Hz}]$$

周期Tは、

$$T = 2\pi\sqrt{\frac{I_p}{k}} = 2 \times 3.14\sqrt{\frac{0.049}{320}} = 0.002\,[\mathrm{s}]$$

⑦ 板ばねの振動

ばね定数$k = mg/\delta$とし、δは質量mによる静ひずみである。

振動数：　$$f = \frac{\omega}{2\pi} = \frac{1}{2\pi}\sqrt{\frac{k}{m}} = \frac{1}{2\pi}\sqrt{\frac{g}{\delta}} \quad (2\text{-}20)$$

周期：　$$T = \frac{2\pi}{\omega} = 2\pi\sqrt{\frac{m}{k}} = 2\pi\sqrt{\frac{\delta}{g}} \quad (2\text{-}21)$$

【例題2-48】

両端固定の板ばねの中央に$W = 1000\,[\text{kN}]$の重りがかかる場合、$l = 600\,[\text{mm}]$とするとそのたわみ振動数および周期を求めよ。

ただし、鋼材の中央の断面は厚さ$25\,[\text{mm}]$、幅$b = 50\,[\text{mm}]$、縦弾性係数$E = 206\,[\text{GPa}]$とする。

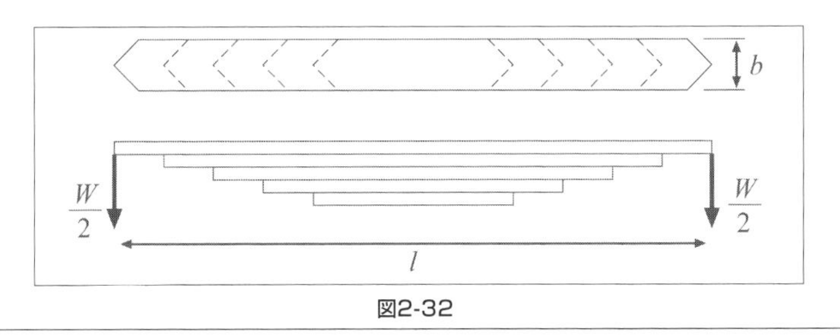

図2-32

(解答)

板ばね断面の断面二次モーメントIは、

$$I = \frac{bh^3}{12} = \frac{0.05 \times 0.025^3}{12} = 0.651 \times 10^{-9}\,[\text{m}]$$

両端固定の板ばねの中央に、最大たわみδ_{max}は、

$$\delta_{\text{max}} = \frac{wl^3}{192EI}$$

式(2-20)に代入すると、振動数fは、

$$f=\frac{1}{2\pi}\sqrt{\frac{g}{\delta}}=\frac{1}{2\pi}\sqrt{\frac{g\times 192EI}{Wl^3}}$$
$$=\frac{1}{2\pi}\sqrt{\frac{9.8\times 192\times 206\times 10^9\times 0.651\times 10^{-9}}{1000\times 10^3\times 0.6^3}}=\frac{1}{2\times 3.14}\times 1.08$$
$$=0.17\,[\mathrm{Hz}]$$

求める周期は、**式(2-21)**により、

$$T=2\pi\sqrt{\frac{\delta}{g}}=2\pi\sqrt{\frac{Wl^3}{g\times 192EI}}=2\pi\sqrt{\frac{1000\times 10^3\times 0.6^3}{9.8\times 192\times 206\times 10^9\times 0.651\times 10^{-9}}}$$
$$=2\times 3.14\times 0.856\fallingdotseq 5.4\,[\mathrm{s}]$$

⑧ 振動および危険速度

危険速度の角速度 ω_c で表わせば、

① **角速度**

$$\omega_c = \sqrt{\frac{k}{m}} = \sqrt{\frac{g}{\delta}} \tag{2-22}$$

② **振動数**

$$f = \frac{\omega}{2\pi} = \frac{1}{2\pi}\sqrt{\frac{k}{m}} = \frac{1}{2\pi}\sqrt{\frac{g}{\delta}} \tag{2-23}$$

③ **回転数**

$$n_c = \frac{30}{\pi}\sqrt{\frac{g}{\delta}} \tag{2-24}$$

【例題2-49】

ある弾性構造物に、$W = 100\,[\mathrm{kg}]$ の荷重をのせたら、荷重点は垂直下方に変位を生じ、その大きさは $\delta = 3\,[\mathrm{mm}]$ であった。

この構造物の自重は無視して、固有振動数を求めよ。

(解答)

$$f = \frac{\omega_c}{2\pi} = \frac{1}{2\pi}\sqrt{\frac{k}{m}} = \frac{1}{2\pi}\sqrt{\frac{g}{\delta}} = \frac{1}{2\pi}\sqrt{\frac{9.8}{0.003}} = 9.1\,[\mathrm{Hz}]$$

【例題2-50】

軸受け部分から $30\,[\mathrm{cm}]$ の所の軸に歯車を取り付けたが、この部分の変位が静止状態で $0.5\,[\mathrm{mm}]$ のたわみが生じていた。

この軸の危険速度を求めよ。

(解答)

式(2-24)により、

$$n_c = \frac{30}{\pi}\sqrt{\frac{g}{\delta}} = \frac{30}{\pi}\sqrt{\frac{9.8}{0.0005}} = 1337.5 \fallingdotseq 1338\,[\mathrm{rpm}]$$

【例題2-51】

図のように、1つの集中荷重Wをもつ片持ばり(軸)のたわみ振動の固有角振動数(危険角速度)を求めよ。

ただし、はりの自重は無視できるものとする。

なお、図のうち$l=800$[mm]、$d=50$[mm]、$E=206$[GPa]、$W=30$[kN]のときの、それらの値を求めよ。

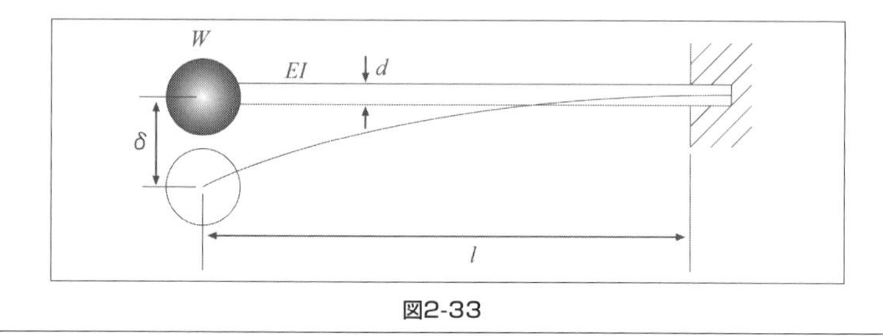

図2-33

(解答)

片持ばり(軸)の場合の、荷重点におけるたわみδは、$\delta=\dfrac{Wl^3}{3EI}$を式(2-22)に代入すると、

$$\text{固有角振動数(危険角速度)}\ \omega_c=\sqrt{\frac{g}{\delta}}=\sqrt{\frac{3EIg}{Wl^3}}=\sqrt{\frac{3E\pi d^4 g}{64Wl^3}}$$

これに数値を代入すれば、

$$\omega_c=\sqrt{\frac{3\times206\times10^9\times3.14\times0.05^4\times9.8}{64\times30\times10^3\times0.8^3}}=10.995≒11.0\,[\text{rad/s}]$$

$$\therefore f=\frac{\omega_c}{2\pi}=\frac{11}{2\pi}=1.75\,[\text{Hz}]$$

【例題2-52】

図のように、1つの集中荷重Wをもつ単純ばり(軸)のたわみ振動の固有角振動数(危険角速度)を与える式を求めよ。

ただし、はりの自重は無視できるものとする。

なお、図のうち$l=800$[mm]、$d=50$[mm]、$E=206$[GPa]、$a=b=400$[mm]、$W=30$[kN]のときの、それらの値を求めよ。

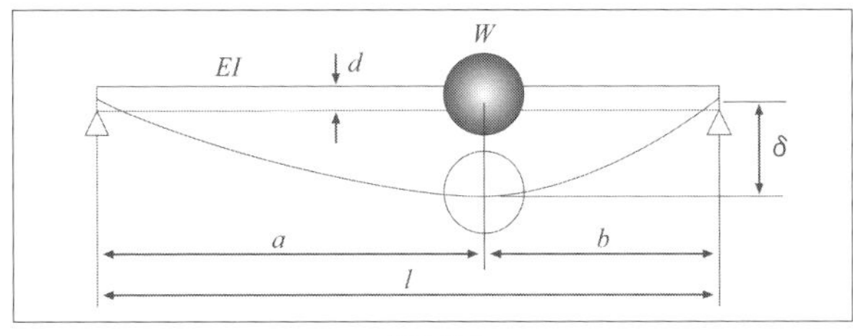

図2-34

(解答)

単純ばり(軸)の場合の、荷重点におけるたわみδは、$\delta = \frac{Wa^2b^2}{3lEI}$ を式(2-22)に代入すると、

$$\text{固有角振動数 } \omega_c = \sqrt{\frac{g}{\delta}} = \sqrt{\frac{3EIlg}{Wa^2b^2}} = \sqrt{\frac{3E\pi d^4 gl}{64Wa^2b^2}}$$

これに数値を代入すれば、

$$\omega_c = \sqrt{\frac{3\times 206\times 10^9\times 3.14\times 0.05^4\times 9.8\times 0.8}{64\times 30\times 10^3\times 0.4^2\times 0.4^2}} = 44.0\,[\mathrm{rad/s}]$$

$$\therefore f = \frac{\omega_c}{2\pi} = \frac{44.0}{2\times 3.14} = 7.01\,[\mathrm{Hz}]$$

【例題2-53】

図のように、1つの荷重W(その軸のまわり回転半径は、i)をもつ系の縦振動および、ねじり振動の固有角振動数ω_L、ω_Tを求めよ。

ただし、軸の自重は無視する。

なお、図において$R_1 = 20\,[\mathrm{mm}]$、$R_2 = 10\,[\mathrm{mm}]$、$l_1 = 200\,[\mathrm{mm}]$、$l_2 = 150\,[\mathrm{mm}]$、$W = 30\,[\mathrm{kN}]$、$i = 200\,[\mathrm{mm}]$、軸の縦弾性係数$E = 206\,[\mathrm{GPa}]$、横弾性係数$G = 78\,[\mathrm{GPa}]$とする。

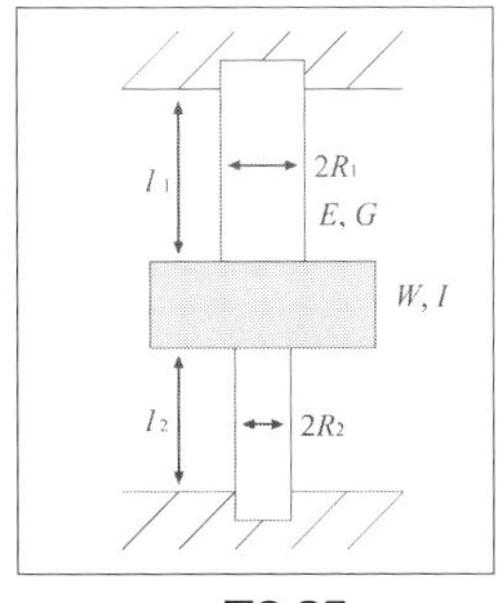

図2-35

(解答)

縦振動に対しては、

$$k_L = k_{L1} + k_{L2}$$

ばね定数 $= \dfrac{E\pi R_1^2}{l_1} + \dfrac{E\pi R_2^2}{l_2}$

縦固有角振動数 ω_L は、式(2-22)により、

$$\omega_L = \sqrt{\frac{k_L}{m_L}} = \sqrt{\frac{\pi E}{W}\left(\frac{R_1^2}{l_1} + \frac{R_2^2}{l_2}\right)}$$

これに数値を代入すれば、

$$\omega_L = \sqrt{\frac{3.14 \times 206 \times 10^9}{30 \times 10^3}\left(\frac{0.02^2}{0.2} + \frac{0.01^2}{0.15}\right)} = 241\,[\mathrm{rad/s}]$$

一方で、ねじり振動に対しては、

ねじりこわさ $k_T = k_{T1} + k_{T2} = \dfrac{G\pi R_1^4}{2l_1} + \dfrac{G\pi R_2^4}{2l_2}$

したがって、ねじり角振動数 ω_T は、

$$\omega_T = \sqrt{\frac{k}{m}} = \sqrt{\frac{G\pi}{2Wi^2}\left[\frac{R_1^4}{l_1} + \frac{R_2^4}{l_2}\right]}$$

これに数値を代入すれば、

$$\omega_T = \sqrt{\frac{78 \times 10^9 \times 3.14}{2 \times 30 \times 10^3 \times 0.2^2}\left[\frac{0.02^4}{0.2} + \frac{0.01^4}{0.15}\right]}$$

$$= 88.8\,[\mathrm{rad/s}]$$

$$f = \frac{\omega_T}{2\pi} = \frac{88.8}{2 \times 3.14} = 14.1\,[\mathrm{Hz}]$$

⑨ 仕事と動力

① 仕事

仕事：$A = FS$ (2-25)

ただし、F：力の大きさ、S：力の方向に移動した長さ

② 動力

$$動力：L = \frac{A}{t} = \frac{FS}{t} = Fv \tag{2-26}$$

ただし、t：時間、v：速度

動力(kW)

$$動力：L = \frac{FS\,[\mathrm{N \cdot m}]}{1000t\,[\mathrm{s}]}\,[\mathrm{kW}] \tag{2-27}$$

回転運動による動力

$$動力：L = \frac{T\theta}{t} = T\omega = \frac{2\pi nT}{1000 \times 60}\,[\mathrm{kW}] \tag{2-28}$$

ただし、t：時間、n：回転数［rpm］、F：力［N］、T：中心Oのまわりのモーメント

③ エネルギー保存の法則

$$mgh_1 + \frac{mv_1^2}{2} = mgh_2 + \frac{mv_2^2}{2} \tag{2-29}$$

ただし、m：質量、g：重力の加速度、h：高さ、v：速度

【例題2-54】

1000[kg]の自動車が走行中に事故を起こして10[m]下の橋げたから落下した。この自動車が落下したときのエネルギを求めよ。

(解答)

位置のエネルギの式より、Uは、

$$U = mgh = 1000\,[\mathrm{kg}] \times 9.8\,[\mathrm{m/s^2}] \times 10\,[\mathrm{m}]$$
$$= 98000\,[\mathrm{N \cdot m}]$$
$$= 98\,[\mathrm{kJ}]$$

【例題2-55】
1000 [N] の力を有する荷物を台車に乗せて、100 [m] の距離を50秒かかった。このときの台車で運ぶ際の動力を求めよ。

(解答)
式(2-26)より、

$$動力：L=\frac{FS}{t}=\frac{1000\,[\mathrm{N}]\times 100\,[\mathrm{m}]}{50\,[\mathrm{s}]}=2000\,[\mathrm{N\cdot m/s}]$$
$$=2000\,[\mathrm{J/s}]=2000\,[\mathrm{W}]$$

【例題2-56】
10 [kW] のモーターによって運転されるクレーンで、5000 [N] の物体を 30 [m] 引き上げるために20秒かかった。このクレーンの効率を求めよ。

(解答)
式(2-27)より、

$$動力：L=\frac{FS}{1000t}=\frac{5000\,[\mathrm{N}]\times 30\,[\mathrm{m}]}{1000\times 20\,[\mathrm{s}]}=7.5\,[\mathrm{kW}]$$

その効率 η は、

$$\eta=\frac{7.5\,[\mathrm{kW}]}{10\,[\mathrm{kW}]}\times 100=75\,[\%]$$

【例題2-57】
速度 108 [km/h] で高速道路を走行中の乗用車(質量 1000 [kg]) が壁の正面に誤って衝突して静止した。このときに壁に与えた仕事を求めよ。

(解答)
速度 108 [km/h] を速度に変換すると、

$$速度\ 108\,[\mathrm{km/h}]=\frac{108000\,[\mathrm{m}]}{3600\,[\mathrm{s}]}=30\,[\mathrm{m/s}]$$

となる。
よって壁に与えられた仕事 A は、

$$A=\frac{1}{2}mv^2=\frac{1}{2}\cdot 1000\cdot 30^2=450000\,[\mathrm{J}]$$
$$=450\,[\mathrm{kJ}]$$

【例題2-58】

ある自動車のエンジンの出力は、回転速度が6000 [rpm] のとき60 [kW] である。このときのトルク T [N·m] を求めよ。

(解答)

式(2-28) を変形して、

$$T = \frac{1000 \times 60 \times P}{2\pi n} = \frac{1000 \times 60 \times 60}{2\pi \times 6000} = 95.5\,[\mathrm{N \cdot m}]$$

【例題2-59】

宇宙基地からロケットを発射させて人工衛星を打ち上げるために、必要なロケットの速度(第2宇宙速度)を求めよ。ただし、地球の半径 $R = 6370$ [km] とし、地球の質量を M 、ロケットの質量を m 、地球の中心からロケットまでの距離を r としたとき、この2物体間の引力はニュートンの万有引力の法則を適用すると、$F = G\left(Mm/r^2\right)$ で表わされる。また、r の位置の物体の位置エネルギは、地表面より $GMm\left(\frac{1}{R} - \frac{1}{r}\right)$ だけ大きくなるものとする。

(解答)

ロケットの発射速度を V_0 、地球の中心からロケットまでの距離を r の位置にあるときのロケットの速度を V とすると、発射時の位置と位置 r における運動エネルギと位置エネルギの和は、**式(2-29)** より、

$$\frac{1}{2} m v_0^2 + 0 = \frac{1}{2} m v^2 + GMm\left(\frac{1}{R} - \frac{1}{r}\right)$$

$$\therefore \quad V = V_0^2 - 2\frac{GM}{R} + 2\frac{GM}{r}$$

ロケットが地球から離れるにしたがって r が大きくなるから、$2\frac{GM}{r}$ が0となるが、人工衛星になるためには速度 V は $V \geq 0$ でなければならないから、

$$V_0^2 - 2\frac{GM}{R} \geq 0$$

$$\therefore \quad V_0 \geq \sqrt{2\frac{GM}{R}} \qquad ①$$

重力は万有引力の法則が適用されるから、

$$mg = \frac{GMm}{R^2} \qquad ②$$

②を①に代入すると、

$$V_0 \geq \sqrt{2Rg}$$

$R = 6370 \times 10$ [m] 、$g = 9.8$ [m/s^2] を代入すると、

$$V_0 \geq \sqrt{2 \times 6370\,[\mathrm{m}] \times 10 \times 9.8\,[\mathrm{m/s^2}]} = 11.2\,[\mathrm{km/s}]$$

⑩ 速度と加速度

① 速度

$$v = \frac{s}{t} \tag{2-30}$$

② 加速度

$$a = \frac{v_2 - v_1}{t} \tag{2-31}$$

③ 重力の加速度を用いた場合

$$\begin{aligned} v_2 &= v_1 + gt \\ s &= v_1 t + \frac{1}{2} g t^2 \\ {v_2}^2 - {v_1}^2 &= 2gs \end{aligned} \tag{2-32}$$

④ 角速度

$$\begin{aligned} \omega &= \frac{\theta}{t} \\ v &= \frac{s}{t} \\ s &= r\theta \quad (\theta : rad) \end{aligned} \tag{2-33}$$

⑤ 角加速度を $\dot{\omega}$ とすれば、

$$\begin{aligned} \omega_2 &= \omega_1 + \dot{\omega} t \\ \theta &= \omega_1 t + \frac{1}{2} \dot{\omega} t^2 \\ {\omega_2}^2 - {\omega_1}^2 &= 2\dot{\omega}\theta \end{aligned} \tag{2-34}$$

【例題2-60】

自動車のエンジンを始動させたとき、そのエンジンのフライホイールが30秒後に回転数180 [rpm] となった。この間の角加速度および総回転数を求めよ。

(解答)

式(2-33)(2-34)より、

角速度：　$\omega = \dfrac{180 \times 2\pi}{60} = 18.85\,[\mathrm{rad/s}]$

角加速度：　$\dot{\omega} = \dfrac{\omega_2 - \omega_1}{t} = \dfrac{18.85 - 0}{30} = 0.63\,[\mathrm{rad/s^2}]$

角変位：　$\theta = \omega_1 t + \dfrac{1}{2}\dot{\omega}t = 0 + \dfrac{1}{2} \times 0.63 \times 30^2 = 283.5\,[\mathrm{rad}]$

総回転数：　$n = \dfrac{283.5}{2\pi} = 45.12 \fallingdotseq 45$ 回転

【例題2-61】

自動車で、東名高速道路の東京から名古屋間 325.5 [km] を3時間30分で走行した。この自動車の平均時速[km/h]および平均秒速[m/s]を求めよ。

(解答)

式(2-30)より、

$$v = \frac{s}{t} = \frac{325.5\,[\mathrm{km}]}{3.5\,[\mathrm{h}]} = 93\,[\mathrm{km/h}]$$

$$v = \frac{93 \times 10^3\,[\mathrm{m}]}{3600\,[\mathrm{s}]} = 25.83\,[\mathrm{m/s}]$$

【例題2-62】

時速 72 [km/h] で走っていた自動車にブレーキをかけ、7秒後に停車させた。この間は、一定の負の加速度であったものとして、その加速度 a [m/s^2] を求めよ。また、この間に走った距離 s [m] も求めよ。

(解答)

まず、時速を秒速 [m/s] に換算すると、1 [km/h] = 1/3.6 [m/s] であるから、

$$72[\text{km/h}] = 72 \times \frac{1}{3.6}[\text{m/s}] = 20\,[\text{m/s}]$$

式(2-32)に、$v_2 = 0$ 、$v_1 = 20\,[\text{m/s}]$ 、$t = 7\,[\text{s}]$ を代入して、

$$a = \frac{v_2 - v_1}{t} = \frac{0 - 20}{7} = -2.86\,[\text{m/s}^2]$$

なお、ブレーキをかけた後に走った距離は、

$$s = \frac{v_2 + v_1}{2} \times 7 = \frac{20 + 0}{2} \times 7 = 70\,[\text{m}]$$

【例題2-63】

自動車が走りはじめてから、5秒後に時速 36 [km/h] になった。この間の加速度と走行距離を求めよ。

(解答)

式(2-32)により、加速度 a は、

$$a = \frac{v_2 - v_1}{t} = \frac{10 - 0}{5} = 2\,[\text{m/s}^2]$$

走行距離 s は、

$$s = \frac{v_2 + v_1}{2} \times 5 = \frac{0 + 10}{2} \times 5 = 25\,[\text{m}]$$

【例題2-64】

時速 36 [km/h] で走行していた自動車を加速させ、10秒後に時速 72 [km/h] までになった。この間の加速度を求めよ。また、加速している間の走行距離も求めよ。

(解答)

式(2-32)により、加速度 a は、

$$a = \frac{v_2 - v_1}{t} = \frac{20 - 10}{10} = 1\,[\text{m/s}^2]$$

走行距離 s は、

$$s = \frac{v_1 + v_2}{2} \times 10 = \frac{10 + 20}{2} \times 10 = 150\,[\mathrm{m}]$$

【例題2-65】

車輪の直径 600 [mm] の乗用車が、車輪が1秒間に10回転する速度で走行している。車輪の周速度 v [m/s] と、角速度 ω [rad/s] を求めよ。また、このときの乗用車の時速 v [km/h] を求めよ。

(解答)

車輪の直径を d [m] とすれば、周速度 v [m/s] は、

$$v = \frac{2\pi r}{T} = \frac{\pi d}{T} \qquad ①$$

車輪は1秒間に10回転するから、1回転に要する時間 T [s] は、

$$T = \frac{1}{10} \qquad ②$$

車輪の直径 600 [mm] = 0.6 [m] であるから、周速度 v [m/s] は、**式①**と**式②**から、

$$v = \frac{\pi d}{T} = \frac{\pi \times 0.6}{1/10} = \pi \times 0.6 \times 10 = 18.85\,[\mathrm{m/s}]$$

角速度 ω [rad/s] は、

$$\omega = \frac{2\pi}{T} = \frac{2\pi}{1/10} = 2 \times \pi \times 10 = 62.83\,[\mathrm{rad/s}]$$

滑りがないとすれば、周速度と速度は同じと考えられるから、乗用車の時速 V [km/h] は、1 [m/s] = 3.6 [km/h] の関係から、

$$V = v \times 3.6 = 18.85 \times 3.6 = 67.9\,[\mathrm{km/h}]$$

【例題2-66】

車輪の直径 800 [mm] の自動車がある。この自動車が車輪の回転速度1000 [rpm] で走行しているときの、1回転に要する時間[s]、周速度[m/s]、角速度[rad/s]、自動車の速度[m/s]を求めよ。

(解答)

車輪の直径を d [m] とすれば、走行距離 S は、

$$S = \pi \times d \times 1000 = \pi \times 0.8 \times 1000 = 2513.3\,[\mathrm{m/分}]$$

したがって、周速度 v [m/s] は、

$$v = \frac{S}{60} = \frac{2513.3\,[\mathrm{m}]}{60\,[\mathrm{s}]} = 41.9\,[\mathrm{m/s}]$$

1回転に要する時間 T [s] は、次の式を変換して、

$$v=\frac{2\pi r}{T}=\frac{\pi d}{T}=\frac{\pi\times0.8}{T}$$

$$T=\frac{\pi\times0.8}{v}=\frac{\pi\times0.8}{41.9}=0.06\,[\mathrm{s}]$$

角速度 ω [rad/s] は、

$$\omega=\frac{2\pi}{T}=\frac{2\pi}{0.06}=104.7\,[\mathrm{rad/s}]$$

自動車の時速 V [km/h] は、1 [m/s] = 3.6 [km/h] の関係から、

$$V=v\times3.6=41.9\times3.6=150.84\,[\mathrm{km/h}]$$

【例題2-67】

速度 10 [m/s] で運動している質量 1000 [kg] の物体に、一定の力を、運動していた向きに10秒間連続して働かせたところ、速度が 20 [m/s] になった。このとき、働かせていた力 F を求めよ。

(解答)

加速度 a [m/s²] は、

$$a=\frac{v_2-v_1}{t}=\frac{20-10}{10}=1\,[\mathrm{m/s^2}]$$

働かせていた力 F は、

$$F=ma=1000\times1=1000\,[\mathrm{N}]=1\,[\mathrm{kN}]$$

【例題2-68】

物体に $F=500$ [N] の力が働いて、力の向きに 5 [m] 移動した。このときの仕事 A はいくらか。また、図のように、$F=500$ [N] が水平面に対して $\theta=30°$ で斜め上向きに作用している。このときの仕事 A はいくらか。

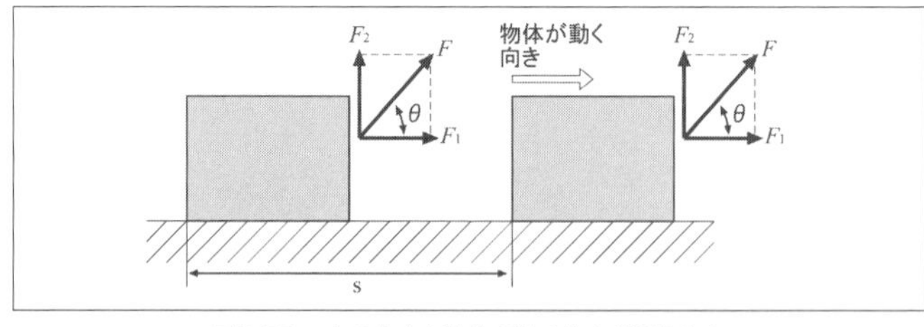

図2-36　力の向きと物体の動く方向が違うとき

(解答)

式(2-25)より、

$$A = FS = 500\,[\mathrm{N}]\times 5\,[\mathrm{m}] = 2500\,[\mathrm{N\cdot m}] = 2.5\,[\mathrm{kJ}]$$

また、

$$A = FS\cos 30^\circ = 500\,[\mathrm{N}]\times 5\,[\mathrm{m}]\times 0.866 = 2165\,[\mathrm{N\cdot m}] \fallingdotseq 2.2\,[\mathrm{kJ}]$$

【例題2-69】

質量 2000 [kg] の物体を20秒間に 20 [m] 釣り上げるのに必要な動力 p はいくらか。

(解答)

物体を釣り上げるのに必要な力 F [N] は、

$$F = ma = 2000\mathrm{kg}\times 9.8\,[\mathrm{m/s^2}] = 19600\,[\mathrm{N}] = 19.6\,[\mathrm{kN}]$$

釣り上げる速度 v [m/s] は、

$$v = \frac{20}{20} = 1\,[\mathrm{m/s}]$$

ゆえに、

$$\begin{aligned}動力\ P = Fv &= 19600\,[\mathrm{N}]\times 1\,[\mathrm{m/s}]\\ &= 19600\,[\mathrm{N\cdot m/s}] = 19600\,[\mathrm{J/s}]\\ &= 19600\,[\mathrm{W}] = 19.6\,[\mathrm{kW}]\end{aligned}$$

【例題2-70】

質量 2000 [kg] の自動車が速度 54 [km/h] で走っているときの運動エネルギはいくらか。また、速度 72 [km/h] で走っているときの運動エネルギはいくらか。

(解答)

速度 1 [km/h] = 1/3.6 [m/s] であるから、54 [km/h] = 15 [m/s] であるから、運動エネルギの式より、

$$E = \frac{1}{2}mv^2 = \frac{1}{2}\times 2000\times 15^2 = 225000\,[\mathrm{J}] = 225\,[\mathrm{kJ}]$$

同様に、速度 72 [km/h] = 20 [m/s] であるから、運動エネルギの式より、

$$E = \frac{1}{2}mv^2 = \frac{1}{2}\times 2000\times 20^2 = 400000\,[\mathrm{J}] = 400\,[\mathrm{kJ}]$$

【例題2-71】

ばねばかりで質量 10 [kg] の物体を釣り下げたところ、ばねは100 [mm] 伸びた。使われているバネのばね定数を求めよ。

(解答)

弾性エネルギの式より、$F = kx$ から式を変換して、

バネのばね定数：$k = \dfrac{F}{x} = \dfrac{10\text{kg} \times 9.8}{100\text{mm}} = \dfrac{98\text{N}}{100\text{mm}} = 0.98\,[\text{N/mm}]$

【例題2-72】

ばね定数15 [N/mm] のコイルばねを2 [kN] の力で押し付けると、ばねは何mm縮むか。また、このときのバネに蓄えられる弾性エネルギを求めよ。

(解答)

弾性エネルギの式より、$F = kx$ から式を変換して、

$$x = \frac{F}{k} = \frac{2 \times 10^3}{15} = 133.3\,[\text{mm}]$$

$$E = \frac{1}{2}kx^2 = \frac{1}{2} \times 0.015 \times 0.133^2 = 0.00013\,[\text{J}]$$

【例題2-73】

質量 200 [kg] の物体を 5 [m] の高さに引き上げるときの仕事 A はいくらか。また、この仕事を熱量 Q に換算するとどれほどか。

(解答)

式(2-25)より、

$$A = FS = 200 \times 9.8 \times 5 = 9800\,[\text{N} \cdot \text{m}] = 9.8\,[\text{kJ}]$$

この仕事がすべて熱量に変わったものとして、

$$Q = 9.8\,[\text{kJ}]$$

【例題2-74】

質量1100 [kg] の自動車を高速道路を走行中、速度 90 [km/h] でブレーキをかけて停止した。走行中の運動のエネルギがすべてドラムに吸収されて熱に変わったとすれば、何Jに相当するか。また、この熱で水 1 [l] の温度は何度上昇させることができるか。

(解答)

速度 90 [km/h]×1/3.6 = 25 [m/s] であるから、自動車の運動エネルギ E は、

$$E = \frac{1}{2}mv^2 = \frac{1100 \times 25^2}{2} = 343750\,[\text{J}] = 343.8\,[\text{kJ}]$$

このエネルギEがすべて熱量Qにかわったのであるから、

$$Q = 343.8\,[\mathrm{kJ}]$$

となる。

また、水1[l]の質量は1[kg]であり、熱量4.2[kJ]で水の1[kg]の温度は1[°C]上昇するのであるから、このときの水温の上昇tは、

$$t = \frac{343.8}{4.2} = 81.9\,[°\mathrm{C}]$$

【例題2-75】

毎分300回転する、直径60[cm]の車にかけたベルトの張力が、張り側で4000[N]、たるみ側で2000[N]であるとき、その伝達馬力はいくらか。また、このベルトで効率を80%の発電機を回転させるとき、発電機の出力(kW)を求めよ。

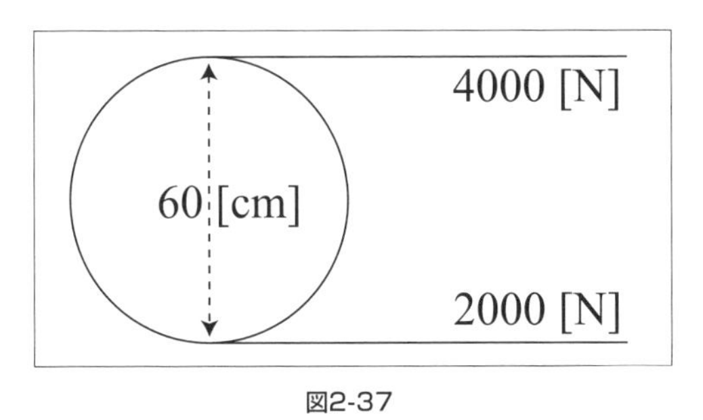

図2-37

(解答)

張力の差は、$4000 - 2000 = 2000\,[\mathrm{N}]$

ベルトの速度は、$0.6\pi \times \dfrac{300}{60} = 9.42\,[\mathrm{m/s}]$

1馬力$= 75\,[\mathrm{kgf \cdot m/s}] = 735.5\,[\mathrm{N \cdot m/s}]$より、

$$\therefore \text{伝達馬力} = \frac{2000 \times 9.42}{735.5} = 25.6\,[\text{馬力}]$$

1馬力$= 735.5\,[\text{ワット}(\mathrm{W})] = 0.7355\,[\mathrm{kW}]$より、

$$\therefore \text{発電機の出力} = 25.6 \times 0.8 \times 0.7355 = 15.1\,[\mathrm{kW}]$$

【例題2-76】

質量 10[kg] の物体を、長さ 3[m]、傾斜角 30[°] の粗斜面(摩擦係数 $\mu = 0.3$)に沿って引き上げたところ、物体は頂点において、3[m/s] の速度を得たという。このとき物体がした仕事を求めよ。

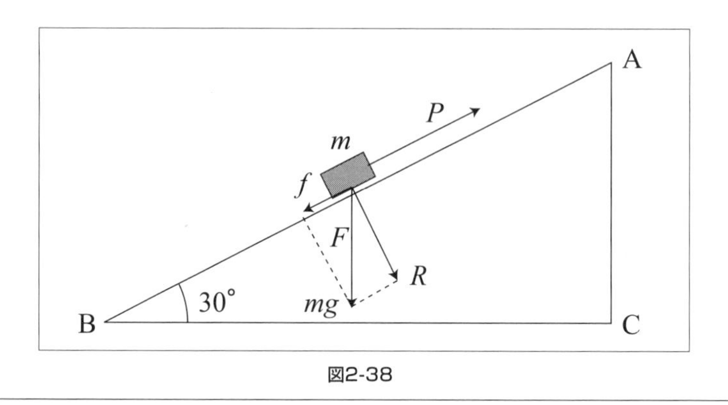

図2-38

(解答)

重さ mg なる物体を、等速度で、斜面Bより頂点Aまで引き上げるのに要する仕事を W' とすれば、W' は、重さの分力 f がなす仕事 $mg\sin 30°\cdot l$ と摩擦 F に対してなす仕事 $\mu\cdot mg\cos 30°\cdot l$ との合計である。

$$\therefore W' = mgl\left(\sin 30° + \mu\cos 30°\right) \qquad ①$$

ところが、この場合に、Bにおいて速度が0であったものが、Aでは、$v = 3$[m/s] の速度を得たのであるから、その運動エネルギー $\frac{1}{2}mv^2 = \frac{9}{2}m$ だけの仕事を、これに加算する必要がある。

ここで、全仕事量を W とすれば、①により、

$$W = W' + \frac{1}{2}mv^2 = mgl\left(\sin 30° + \mu\cos 30°\right) + \frac{9}{2}m \qquad ②$$

設問により、$m = 10, l = 3, \mu = 0.3, \sin 30° = \frac{1}{2}, \cos 30° = \frac{\sqrt{3}}{2}$ を代入すると、求める仕事 W は、

$$W = 10\times 3\left\{9.8\left(\frac{1}{2} + 0.3\times\frac{\sqrt{3}}{2}\right) + \frac{9}{2\times 3}\right\}$$

$$= 268.4\,[\mathrm{kgf\cdot m}] = 2632\,[\mathrm{N\cdot m}] = 2632\,[\mathrm{J}]$$

【例題2-77】

図に示すように、なめらかなクギ P を水平に固定し、これに糸をかけて、その一端に質量 m の錘をつるし、他端を質量 M の円柱の軸に結んだ二本の糸に連結して、円柱を傾斜 α の斜面上を転がり上らせるときの加速度を求めよ。
ただし、円柱の軸は水平で、糸は斜面に平行であるとする。

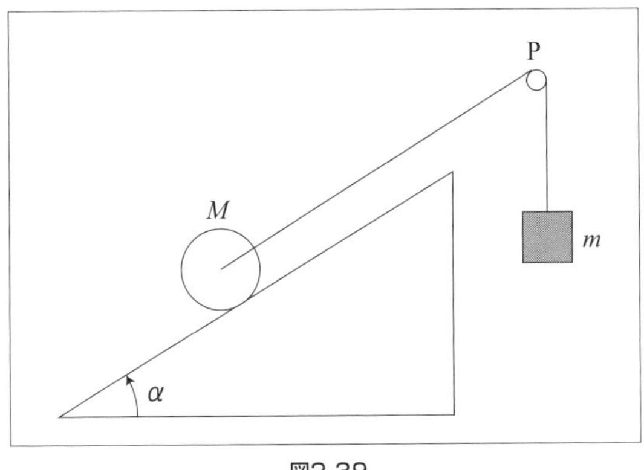

図2-39

(解答)

接触面の摩擦力を f 、円柱の線加速度を a 、角加速度を $\dot{\omega}$ 、中心軸のまわりの慣性モーメントを I 、半径を r とすれば、

並進運動　$mg - Mg\sin\alpha - f = (M+m)a$ 　①

回転運動　$fr = I\dot{\omega},\ I = M\dfrac{r^2}{2},\ \dot{\omega} = \dfrac{a}{r},\ fr = \dfrac{Mra}{2}\quad \therefore f = \dfrac{Ma}{2}$

①式に入れて、$(m - M\sin\alpha)g = (M+m)a + \dfrac{Ma}{2} = \left(\dfrac{3}{2}M + m\right)a$

$$\therefore a = \frac{m - M\sin\alpha}{\frac{3}{2}M + m}\cdot g$$

⑪ リンク装置

① 図のように4節回転連鎖において最短リンクが他のリンクに対して完全に回転できるためには、最短リンクと他の1つのリンクとの長さの和は常に残りの2つのリンクの長さの和より小さいことが必要で、極限の状況のときには両者は等しくなる。

図において最短リンクの長さを a 、他のリンクの長さを b, c, d とすれば、

$$a+b \leq c+d, a+c \leq b+d, a+d \leq b+c \tag{2-35}$$

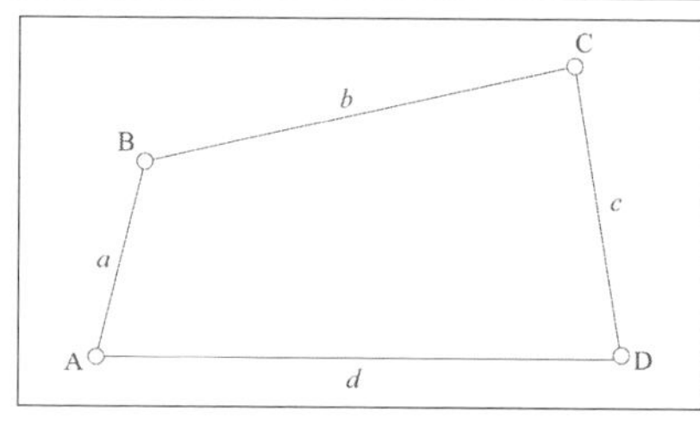

図2-40

② 図のように往復スライダ・クランク機構において、クランクの長さを r 、連接棒の長さを l 、クランクの内方の死点からの回転角を θ 、角速度を ω としたとき、スライダの変位、速度、加速度は次の式で表わされる(ただし、$\lambda = \dfrac{r}{l}$ とする)。

$$\text{変位} \fallingdotseq r\left(1-\cos\theta + 0.5\lambda \sin\theta\right) \tag{2-29}$$

$$\text{速度} \fallingdotseq r\omega\left(\sin\theta + 0.5\lambda \sin 2\theta\right) \tag{2-30}$$

$$\text{加速度} \fallingdotseq r\omega\left(\cos\theta + \lambda \cos 2\theta\right) \tag{2-31}$$

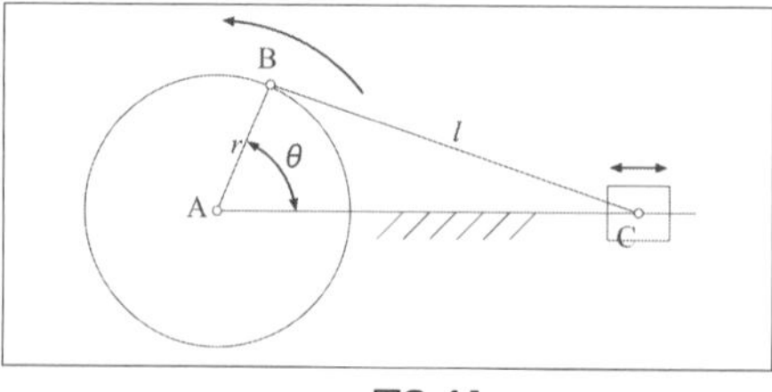

図2-41

【例題2-78】

往復ピストン機関において、クランクの長さ 200 [mm] 、連接棒の長さ400 [mm] で、クランクは 600 [rpm] で回転している。クランクが内方の死点から 45 [°] 回転したときのピストンの速度および加速度を求めよ。

(解答)

角速度 ω は、

$$\omega = \frac{2\pi \times 600}{60} = 20\pi \text{ [rad/s]}$$

$$r = 0.2 \text{ [mm]} \quad \lambda = \frac{r}{l} = \frac{200}{400} = \frac{1}{2} \qquad \theta = 45 \text{ [°]}$$

と置けば、速度は**式(2-37)**により、

$$v = 0.2 \times 20\pi \left(\sin 45 \text{ [°]} + 0.5 \times 0.5 \sin 2 \times 45 \text{ [°]}\right)$$

$$= 4\pi \left(0.707 + 0.5 \times 0.5 \times 1\right) = 12.02 \text{ [m/s]}$$

加速度は**式(2-38)**により、

$$a \approx r\omega\left(\cos\theta + \lambda\cos 2\theta\right) = 0.2 \times 20\pi \left(\cos 45 \text{ [°]} + 0.5\cos 90 \text{ [°]}\right)$$

$$= 4\pi \left(0.707 + 0.5 \times 0\right) = 8.88 \text{ [m/s}^2\text{]}$$

【例題2-79】

図に示すように、往復スライダ・クランク機構において、クランクの長さ 200 [mm] 、連接棒の長さ 400 [mm] であり、スライダが内方の死点から 100 [mm] の距離にあるときのクランクの回転角を求めよ。

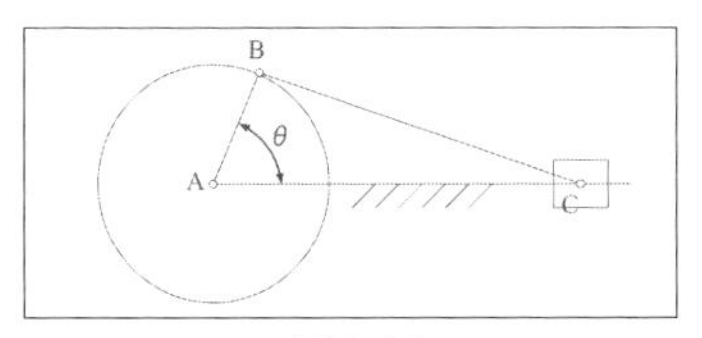

図2-42

(解答)

図において、

$$\overline{AC} = 200 + 400 - 100 = 500 \text{ [mm]}$$

$$\overline{BC}^2 = \overline{AB}^2 + \overline{AC}^2 - 2\overline{AB}\cdot\overline{AC}\cos\theta$$

$$\cos\theta = \frac{\overline{AB}^2 + \overline{AC}^2 - \overline{BC}^2}{2\overline{AB}\cdot\overline{AC}} = \frac{200^2 + 500^2 - 400^2}{2 \times 200 \times 500} = 0.65$$

$$\theta = 49°77'$$

【例題2-80】

図に示すようなてこクランク機構において、てこCDの揺動する角度を求めよ。

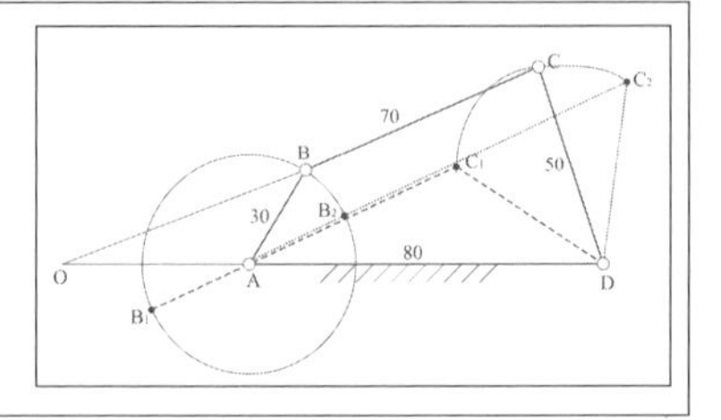

図2-43

(解答)

ABとBCが重なってBが B_1 にきたとき、Cは左端の位置 C_1 にくる。

$$\overline{AC_1} = 70 - 30 = 40\,[\mathrm{mm}]$$

ΔAC_1D において、

$$\overline{AC_1}^2 = \overline{AD}^2 + \overline{C_1D}^2 - 2AD \cdot C_1D\cos\angle C_1DA$$

$$\therefore \cos\angle C_1DA = \frac{\overline{AD}^2 + \overline{C_1D}^2 - \overline{AC_1}^2}{2AD \cdot C_1D} = \frac{80^2 + 50^2 - 40^2}{2 \times 80 \times 50} = 0.9125$$

となり、したがって、

$$\angle C_1DA = 24°09'$$

となる。

次に、BがB_2にきたとき、ABとBCは一直線となり、Cは右端の位置C_2にくる。

$$\overline{AC_2} = 70 + 30 = 100\left[\mathrm{mm}\right]$$

$\triangle AC_2D$ において、

$$\overline{AC_2}^2 = \overline{AD}^2 + \overline{C_2D}^2 - 2AD \cdot C_2D\cos\angle C_2DA$$

$$\therefore \cos\angle C_2DA = \frac{\overline{AD}^2 + \overline{C_2D}^2 - \overline{AC_2}^2}{2AD \cdot C_2D} = \frac{80^2 + 50^2 - 100^2}{2 \times 80 \times 50} = -0.1375$$

となり、したがって、

$$\angle C_2DA = 97°54'$$

となる。

よって、てこCDの揺動する角度は

$$C_1DC_2 = \angle C_2DA - \angle C_1DA = 73°45'$$

となる。

⑫　剛体の平面運動

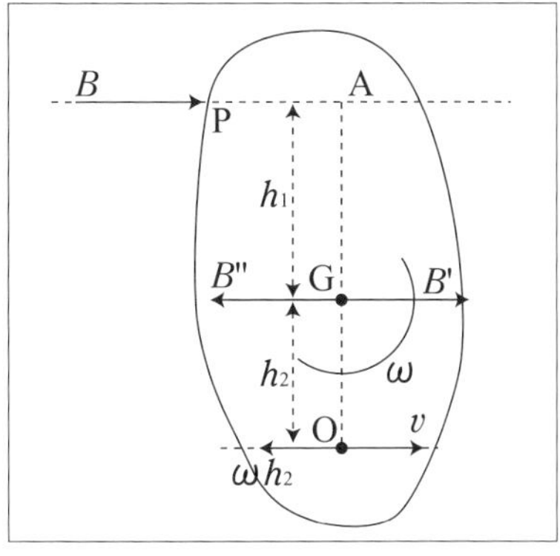

図2-44

(1)　打撃による剛体の平面運動

図のように、剛体の任意の点 P に、PA に沿って、力積 B なる打撃を加えたときを考えると、これは重心 G に、大きさ B に等しく、方向が互いに反対である打撃 B', B'' を加えても変化がないから、剛体は B' によって速度 v なる並進運動を生じ、かつ B, B'' によって G 軸まわりに角速度 ω なる回転運動を起こす。

G より B の作用線に下した垂線の足を A、その長さ $\mathrm{AG} = h_1$、剛体の質量を M、G 軸まわりの慣性モーメントおよび回転半径を I, k とすれば、

$$B' \text{により、} B' = B = Mv \quad \therefore v = \frac{B}{M} \tag{2-39}$$

$$B, B'' \text{により、} Bh_1 = I\omega \quad \therefore \omega = \frac{Bh_1}{I} = \frac{Bh_1}{Mk^2} \tag{2-40}$$

これによって、打撃直後の運動状態が分かる。

もし、B の作用線が G を通過するときは、

$$h_1 = 0 \qquad \therefore \omega = 0$$

よって、剛体は回転を起こすことなく、B の方向に並進運動のみを生

ずる。

(2) 不動点(瞬間軸)の位置

並進運動による速度と、回転運動に基づく線速度とが反対方向となるような点は、AGの延長上にある。その点をOとし、Gよりの距離をh_2とすれば、

$$v-\omega h_2=0 \qquad \therefore h_2=\frac{v}{\omega} \tag{2-41}$$

この式で与えられる点Oは、すなわち、不動点(瞬間軸)の位置を示す。

これに、式(2-39)、式(2-40)を代入すると、

$$h_2=\frac{B}{M}\Big/\frac{Bh_1}{Mk^2}=\frac{k^2}{h_1} \tag{2-42}$$

この式の中にはBを含まないから、不動点の位置h_2はBの作用線(h_1)およびkが与えられれば定まり、打撃の大小には無関係である。

(3) 打撃の中心または撃心

図において、不動点Oをささえ、OAに直角に、かつAを通過するように打撃を加えるときは、Oではなんらの衝撃をも受けない。このような関係にあるA点を、O点に対する打撃の中心または撃心という。したがって、式(2-42)は、剛体の撃心と不動点との位置関係を与えるもので、複振り子における、懸垂中心と振動中心との関係式と同様である。

(4) 力による剛体の平面運動の方程式

① 並進運動

剛体の平面運動のうちの重心の運動を考えると、

$$M\frac{d^2\xi}{dt^2}=\sum X\,,\ M\frac{d^2\eta}{dt^2}=\sum Y \tag{2-43}$$

ここに、

M ：剛体の全質量。
ξ,η ：重心の座標。
$\sum X,\sum Y$ ：剛体の各点に作用する平面力系(外力のみ)の、各軸に沿う成分の合力。

もし、外力の合力を F 、重心の加速度を a とすれば、

$$Ma = F \tag{2-44}$$

と簡単な運動の方程式で表わされる。

②　回転運動

重心を通過する軸のまわりの、回転運動の方程式は、

$$I\dot{\omega} = I\frac{d^2\theta}{dt^2} = \sum N \tag{2-45}$$

ここに、

I ：重心を通過する軸のまわりの、慣性モーメント。
$\sum N$ ：剛体に作用する外力の、軸に関するモーメントの合計。

【例題2-81】
電車が急に発進するときに、電車内で立っている人が、身体が後方に回転する理由を説明せよ。

(解答)
電車内で立っている人は、足部に力積を受けることになる。撃心 A は足と床の接触面にあるから、**式(2-42)**で決定される瞬間軸 O のまわりに、後方に回転する。

【例題2-82】

図のように、平滑水面上に半径 r の球をのせ、これが滑らずに転がるように、水平に突くには、いかなる点を突くべきか。

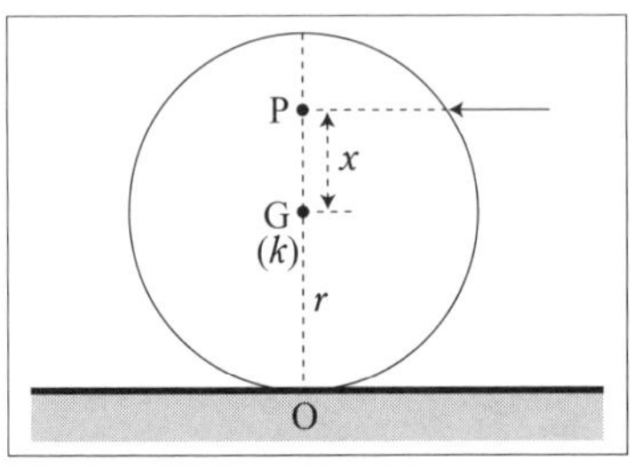

図2-45

(解答)

P を通過するように突くとき、O が瞬間軸となれば、O は面に対して滑らないから、P を撃心としたときに、O が瞬間軸になるようにすればよい。

その条件は**式(2-42)**により、

$$rx = k^2 = \frac{2r^2}{5}$$

$$x = \frac{2r}{5}$$

$$\mathrm{OP} = x + r = \frac{2r}{5} + r = \frac{7r}{5}$$

図において、O より $7r/5$ だけ上方の点 P を通るように、水平に突くことが必要とされる。

【例題2-83】

質量 m 、速度 v で飛来した弾丸が、幅 $2l$ 、質量 M なる一様な長方形のドアの中心に、非弾性衝突すれば、ドアの蝶番の線に作用する撃力、およびドアの角速度を求めよ。

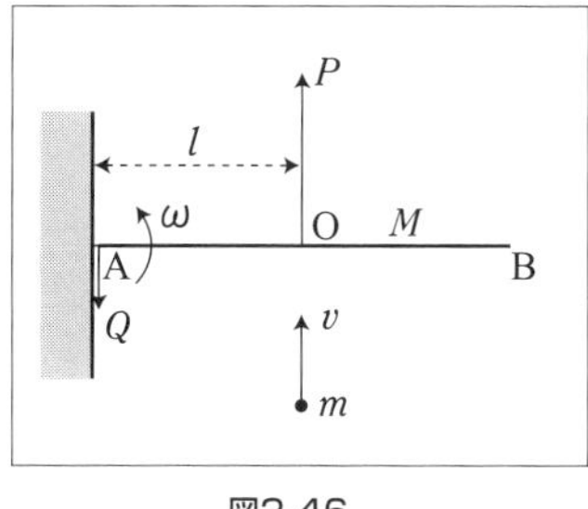

図2-46

(解答)

ドアの中心 O に与える力積を P とすれば、$P = mv$ 。m はドアの中心に入り込むから(非弾性)および弾丸の全系の、A に関する慣性モーメントを I とすれば、

$$I = M\frac{(2l)^2}{3} + ml^2 = \frac{4M + 3m}{3}l$$

角速度を ω とすれば、

$$I\omega = Pl = mvl$$

$$\therefore \omega = \frac{Pl}{I} = mvl \Big/ \frac{4M + 3m}{3}l = \frac{3mv}{(4M + 3m)l}$$

さらに、A における力積を Q とすると、ドアの中心は、$P - Q$ によって ωl の線速度を生ずるから(全質量は $M + m$)、

$$P - Q = (M + m)\omega l$$

$$\therefore Q = P - (M + m)\omega l = mv - (M + m)l\frac{3mv}{(4M + 3m)l}$$

$$= \frac{Mmv}{4M + 3m}$$

⑬ 滑車

1) 定滑車　図2-47(a)(b)は定滑車である。定滑車に綱をかけ、一端に荷重 W をつけ、他端に力 f を加えて釣り合わせるとき、O に関するモーメントを考えると、

$$Wr = fr \qquad a = \frac{W}{f} = 1 \tag{2-46}$$

定滑車は力の方向を変える役をするのみで、力も引っ張る力も不変である。

2) 動滑車　図2-47(c)(d)が動滑車である。動滑車は、力(荷重)は2分の1、引っ張る距離は2倍になる。図(c)の場合、滑車の重さを無視すれば、

A に関するモーメントを考えて、

$$Wr = f \cdot 2r \qquad a = \frac{W}{f} = 2 \tag{2-47}$$

滑車の重さを w とすれば、

$$\left(W + w\right)r = 2fr \qquad a = \frac{W}{f} = 2 - \frac{w}{f}$$

図(d)の場合、滑車の重さを無視すれば、

$$W = 2f\cos\theta \quad a = 2\cos\theta \tag{2-48}$$

滑車の重さを w とすれば、

$$a = 2\cos\theta - \frac{w}{f}$$

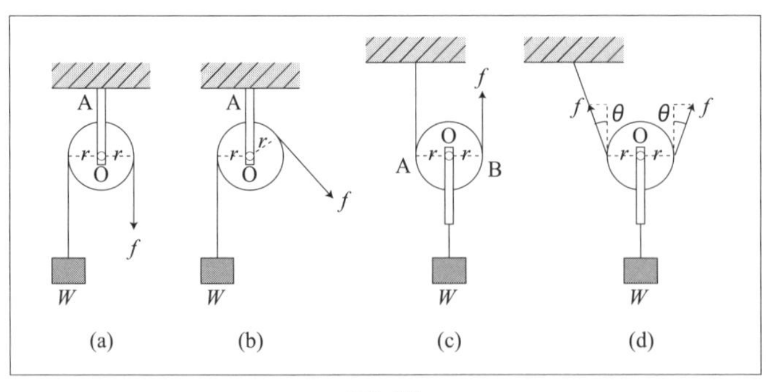

図2-47

【例題2-84】

下図において、釣り合いが取れるW_2の荷重として、適切なものはどれか。ただし、滑車およびロープの荷重、これらの摩擦などは無視するものとする。

イ　500[N]
ロ　800[N]
ハ　1000[N]
ニ　1600[N]

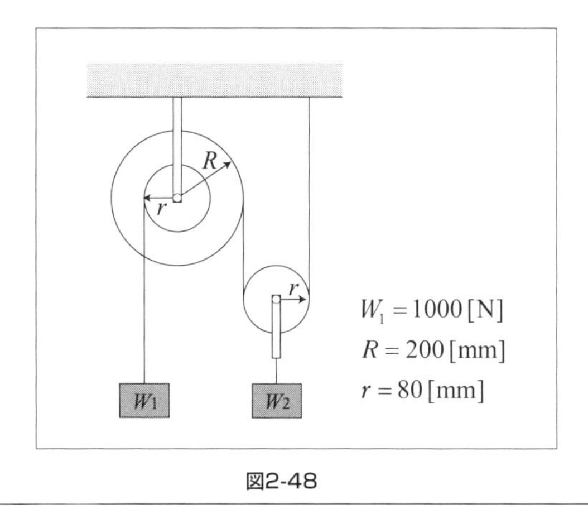

図2-48

(解答)

釣り合い条件から、動滑車の荷重W_2は2分の1となり、定滑車の両輪の比率を考えて、

$$1000[\mathrm{N}] \times 80[\mathrm{mm}] = \frac{W_2}{2} \times 200[\mathrm{mm}]$$

より荷重W_2を求めると、

$$W_2 = \frac{1000[\mathrm{N}] \times 80}{100} = 800[\mathrm{N}]$$

したがって、正解は(ロ)である。

【例題2-85】

図の装置が釣り合うとき、滑車の重さがない場合と、各重さが w となる場合について、P と Q との関係を求めよ。

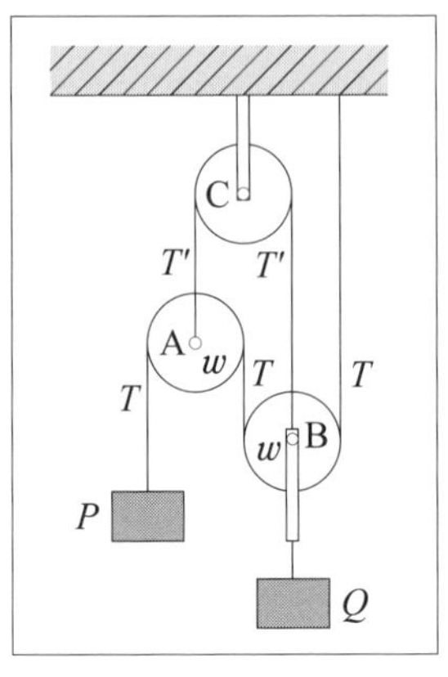

図2-49

(解答)

1) 滑車の重さがない場合

同一の糸の張力は等しいから、図に記入したように表わす。A において、物体が釣り合っているから、

$P = T$ また、$T' = 2T = 2P$

ゆえに、B について釣り合いを考えると、

$T' + 2T = Q \quad \therefore Q = 4T = 4P$

2) 滑車の重さを w とする場合

A につき、$T' = 2T + w$

ただし、$P = T$

B について $T' + 2T = Q + w$

$\therefore 2T + w + 2T = Q + w \quad \therefore Q = 4T = 4P$

【例題2-86】

質量を無視できる伸縮しない糸の両端に、質量 M, M' の2質点を結び、これを滑車にかけて放したとき、①滑車の質量を無視できる場合、および②滑車の質量が m である場合について、それぞれの加速度を求め、比較せよ。

ただし、滑車の軸には摩擦はないものとする。

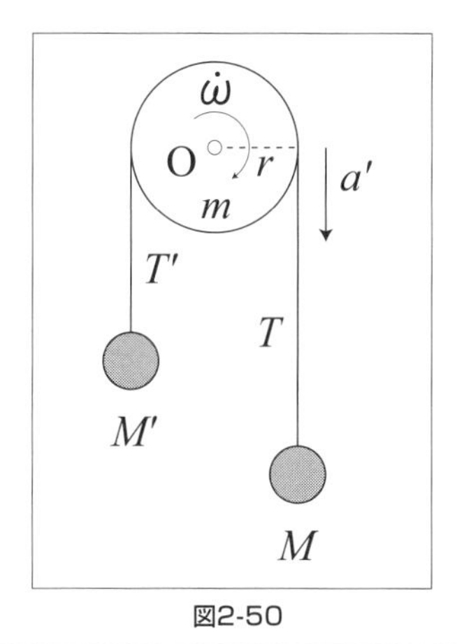

図2-50

(解答)

① 釣り合い条件により、a を加速度とすると、

M について、$Mg - T = Ma$

M' について、$T - M'g = M'a$

$$\therefore a = \frac{M - M'}{M + M'} g$$

② 滑車に質量があるときの糸の加速度を a' とすれば、滑車にも $\dot{\omega}$ なる角速度を生じさせるから、滑車の半径 r 、回転半径を k とすれば、$\dot{\omega}$ を生じさせるためには、$mk^2\dot{\omega}$ なる力のモーメントを要する。

これは糸の両部分の張力の、O に関するモーメントの差によって表わされる。したがって、質点の運動の方程式のほかに、滑車の回転運動の方程式を考えなければならない。

$$\dot{\omega} = \frac{a'}{r} \qquad Tr > T'r \qquad ①$$

M について、$Mg - T = Ma'$　　M' について、$T' - M'g = M'a'$　　②

滑車の回転について、$(T - T')r = mk^2\dot{\omega} = mk^2 \dfrac{a'}{r}$　　③

以上の①②③式より、

$$a' = \frac{M - M'}{M + M' + \dfrac{mk^2}{r^2}} g$$

となり、質量があるときは、加速度は分母に $\dfrac{mk^2}{r^2}$ があるだけ小さくなる。

【例題2-87】

質量 M 、半径 r なる一様な円柱(重心 A)の中央において、軸に直角に糸を巻きつけ、質量を無視し得る滑車を経て、他端に円柱と等しい質量の物体 B を吊るして、放したときの加速度を求めよ。

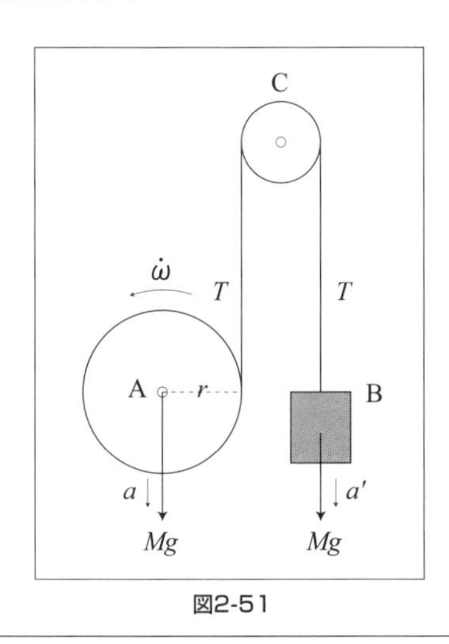

図2-51

(解答)

円柱の重心をA 、その下降加速度を a 、A 軸のまわりの慣性モーメントを I 、回転角角速度を $\dot{\omega}$ 、物体 B の下降角速度を a' 、糸の張力を T とする。滑車 C の質量は無視するから、その両側における糸の張力は相等しい。

円柱の重心 A の運動の方程式

$$Ma = Mg - T \qquad ①$$

B の運動の方程式

$$Ma' = Mg - T \qquad ②$$

円柱の回転運動の方程式

$$I\dot{\omega} = Tr \qquad \therefore M\frac{r^2}{2}\dot{\omega} = Tr \quad \left(\because I = M\frac{r^2}{2}\right) \qquad ③$$

①③式より、$r\dot{\omega}=2(g-a)$ ④

$r\dot{\omega}$ は円柱の側面上の各点の線加速度、すなわち糸の解ける加速度である。もし円柱が下降しないならば、この加速度は a' に等しいが、円柱自身はさらに a で下降するから、

$$r\dot{\omega}=a+a'$$

ところが、①②式により、

$$a=a' \quad \therefore r\dot{\omega}=2a=2a'$$

よって④式により、

$$a=a'=g/2$$

【例題2-88】

次の図のような①から⑤までの滑車の組み合わせで、荷重 W と力 F が釣り合っているとき、F がもっとも小さいのはどれか。

ただし、滑車の質量、ひもの質量、抵抗などは無視する。

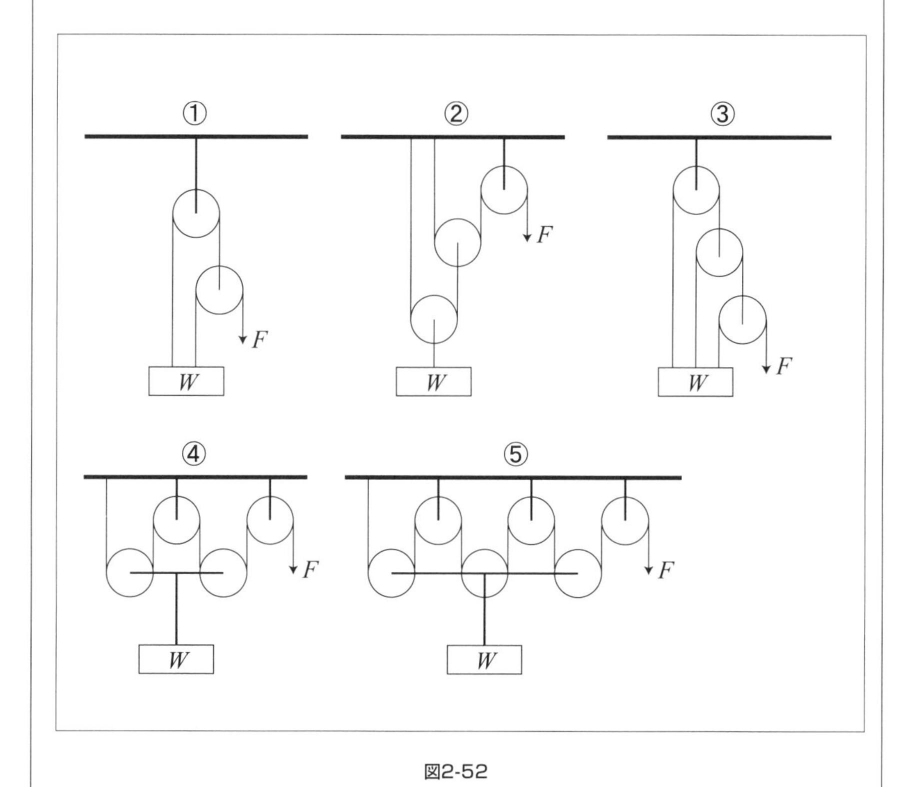

図2-52

(解答)

滑車の性質は、動滑車が荷重の2分の1が引っ張る力になり、定滑車は力の方向は変えるが力の大きさは変化しないことから設問の滑車の状況を図示すると、下図のようになる。

図より、次のようになる。

① $3F(F+2F)=W$ から、$F=W/3$

② $4F(2F+2F)=W$ から $F=W/4$

③ $7F(4F+2F+F)=W$ から、$F=W/7$

④ $4F(2F+2F)=W$ から、$F=W/4$

⑤ $6F(2F+2F+2F)=W$ から、$F=W/6$

したがって、F が最小のものは、③である。

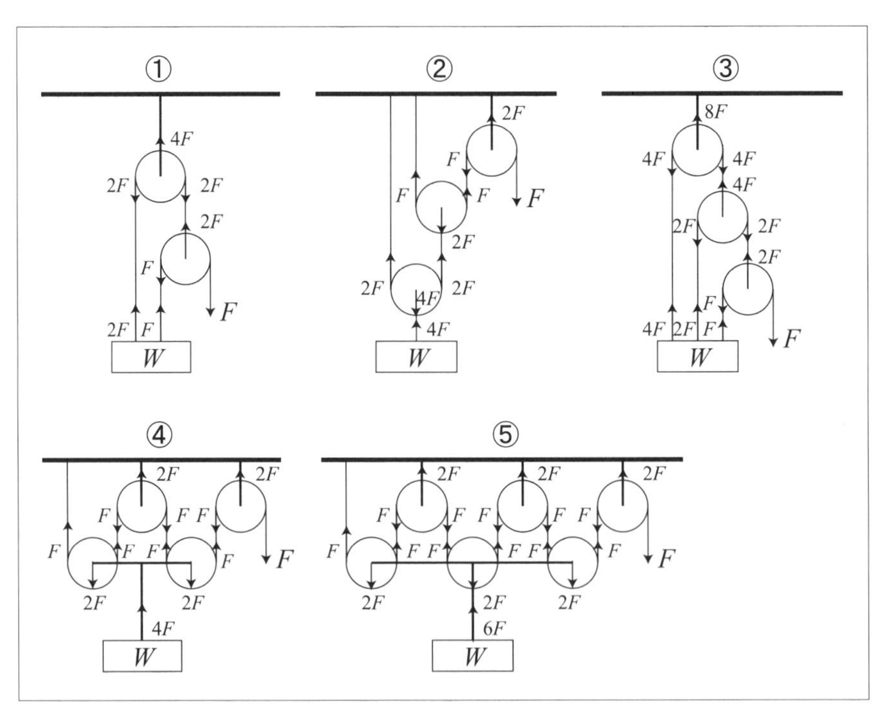

図2-53

3
機械設計

① 許容応力と安全率

$$許容応力 = \frac{材料の基準強さ}{安全率} \tag{3-1}$$

【例題3-1】
降伏点が 350 [MPa] のS30Cの炭素鋼について、安全率を5とした場合の許容応力を求めよ。

(解答)
降伏点を基準強さとして、**式(3-1)**から、

$$許容応力: \sigma = \frac{350}{5} = 70\,[\mathrm{MPa}]$$

【例題3-2】
圧縮強さ 500 [MPa] の鋳鉄製で短い中空軸が、$W = 550\,[\mathrm{kN}]$ の圧縮荷重を受けている。外径 $d_2 = 100\,[\mathrm{mm}]$ のとき、安全率を5によって中空軸の内径 d_1 を求めよ。

(解答)

$$\sigma_a = \frac{\sigma}{S} = \frac{500}{5} = 100\,[\mathrm{MPa}]$$

内径 d_1 を求めるために、$\sigma = \frac{\varpi}{A}$ より、

$$\frac{\pi}{4}\left(d_2{}^2 - d_1{}^2\right) = \frac{W}{\sigma_a} \quad から、\quad d_2{}^2 - d_1{}^2 = \frac{4W}{\pi\sigma_a}$$

したがって、

$$d_1^2 = \sqrt{d_2^2 - \frac{4W}{\pi\sigma_a}} = \sqrt{0.1^2 - \frac{4 \times 550 \times 10^3}{3.14 \times 100 \times 10^6}} = 0.0547\,[\mathrm{m}] = 54.7\,[\mathrm{mm}]$$

② ねじの太さの計算

① 軸方向荷重だけを受けるねじの強さ

ボルトに軸方向の引張荷重 W [N] が作用するとき、必要なねじ部の断面積 A [m^2] は、次の式で求める。

ただし、σ_α ：許容引張応力[MPa]、σ_β ：引張強さ[MPa]、S ：安全率。

$$A=\frac{W}{\sigma_\alpha}=\frac{WS}{\sigma_\beta} \quad (3\text{-}2)$$

② 軸方向荷重とねじりを同時に受けるねじ

$$A=\frac{\frac{4}{3}W}{\sigma_\alpha}=\frac{4W}{3\sigma_\alpha}=\frac{4WS}{3\sigma_\beta} \quad (3\text{-}3)$$

③ せん断荷重を受けるねじ

$$\tau_\alpha=\frac{W_S}{\frac{\pi d^2}{4}}、\quad d=\sqrt{\frac{4W_S}{\pi\tau_\alpha}} \quad (3\text{-}4)$$

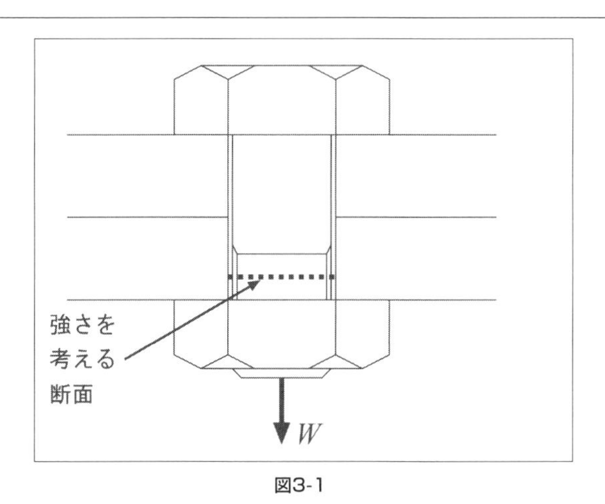

図3-1

【例題3-3】

図のような鋼製フックで最大 20 [kN] の荷重をつるすとき、ねじ部の断面積 A を求めよ。

ただし、フックの材料の許容引張応力 $\sigma_\alpha = 50\,[\mathrm{MPa}]$ とする。

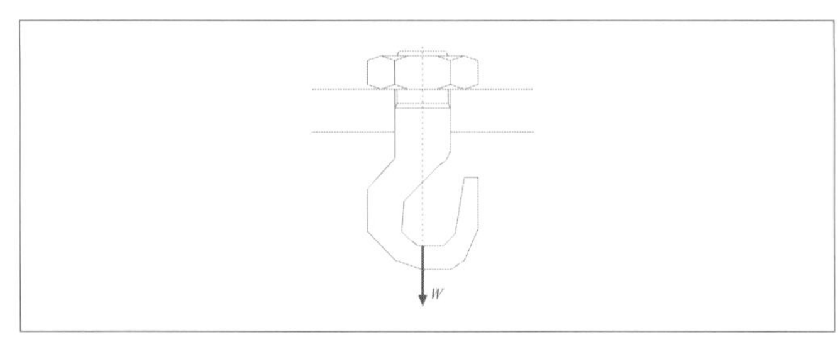

図3-2

(解答)

式(3-2)から、

$$A = \frac{W}{\sigma_a} = \frac{20\times10^3}{50\times10^6} = 0.0004\,[\mathrm{m}^2]$$

【例題3-4】

軸方向 5 [kN] の力で締め付けられるボルトの直径 d を求めよ。

ただし、ねじりも作用しているものとし、ボルトの許容引張応力 $\sigma = 50\,[\mathrm{MPa}]$ とする。

(解答)

式(3-3)から、

$$A = \frac{4W}{3\sigma_a} = \frac{4\times5000}{3\times50\times10^6} = 0.000133\,[\mathrm{m}^2]$$

$A = \dfrac{\pi d^2}{4}$ から、

$$d = \sqrt{\frac{4A}{\pi}} = \sqrt{\frac{4\times0.00013}{3.14}} = 0.0129\,[\mathrm{m}] = 12.9\,[\mathrm{mm}]$$

【例題3-5】

図で荷重 W が 20 [kN] の場合、使用するボルトの直径 d を求めよ。
ただし、許容せん断応力を $\tau = 42$ [MPa] とする。

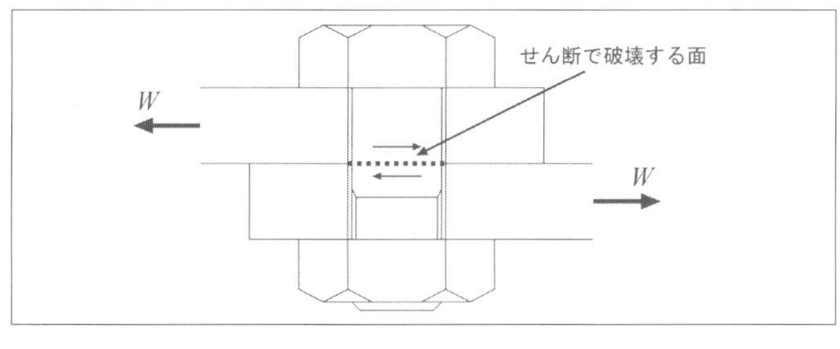

図3-3

(解答)

式(3-4)から、

$$d = \sqrt{\frac{4W}{\pi\tau_a}} = \sqrt{\frac{4\times 20000}{3.14\times 42\times 10^6}} = 0.0246\,[\mathrm{m}] = 24.6\,[\mathrm{mm}]$$

【例題3-6】

10 [kN] の荷重を受ける締め付けボルトの直径を求めよ。
ただし、部材の許容引張応力 $\sigma_\alpha = 50$ [MPa] とする。

(解答)

締め付けボルトであるから、軸方向の荷重とねじれを同時に受けるから、式(3-3)により、

$$A = \frac{4W}{3\sigma_a} = \frac{4\times 10000}{3\times 50\times 10^6} = 0.00027\,[\mathrm{m}^2]$$

$A = \dfrac{\pi d^2}{4}$ から、

$$d = \sqrt{\frac{4A}{\pi}} = \sqrt{\frac{4\times 0.00027}{3.14}} = 0.0185\,[\mathrm{m}] = 18.5\,[\mathrm{mm}]$$

③ ねじのはめ合い長さ

① 互いに接触しているねじ山の数 Z は、次の式から求められる。

$$Z=\frac{4W}{\pi q\left(d^2-D_1^2\right)} \tag{3-5}$$

q ：ねじの許容面圧[MPa]
d ：おねじの外径[m]
D_1 ：めねじの外径[m]

② ねじのピッチを P[m]、たがいに接触しているねじ部の軸方向長さ(はめ合いの長さ)を L[m]とすると、$L=zP$ となる。

したがって、

$$L=\frac{4WP}{\pi q\left(d^2-D_1^2\right)} \tag{3-6}$$

【例題3-7】

図のようなターンバックルに 8[kN] の引張力が加わるとき、ねじの直径とねじ部の軸方向長さ(はめ合いの長さ) L[mm] を求めよ。

ただし、ボルトの許容引張応力 $\sigma_\alpha=50$[MPa] 、許容面圧を 15[MPa] とする。また、$D_1=13$[mm] 、$P=0.0025$[mm] とする。

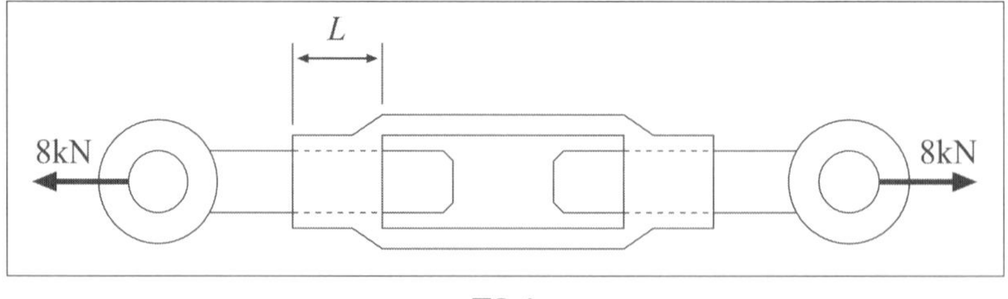

図3-4

(解答)

ターンバックルは、軸方向とねじれを同時に受けるから、式(3-3)により、

$$A = \frac{4W}{3\sigma_a} = \frac{4 \times 8000}{3 \times 50 \times 10^6} = 0.000213\,[\mathrm{m}^2]$$

$A = \frac{\pi d^2}{4}$ から、

$$d = \sqrt{\frac{4A}{\pi}} = \sqrt{\frac{4 \times 0.000213}{3.14}} = 0.0165\,[\mathrm{m}]$$

さらに、式(3-6)により、

$$L = \frac{4WP}{\pi q\left(d^2 - D_1^2\right)} = \frac{4 \times 8000 \times 0.0025}{3.14 \times 15 \times 10^6\left(0.0165^2 - 0.013^2\right)}$$

$$= \frac{80}{4900} = 0.0163\,[\mathrm{m}] = 16.3\,[\mathrm{mm}]$$

【例題3-8】

300 [kN] の荷重に耐えられるねじプレスがある。ねじの外径を 120 [mm] 、谷の径を 100 [mm] 、ピッチを 30 [mm] としたとき、荷重に耐えられるめねじの長さを求めよ。

ただし、許容面圧を 18 [MPa] とする。

(解答)

式(3-6)により、

$$L = \frac{4WP}{\pi q\left(d^2 - D_1^2\right)} = \frac{4 \times 300 \times 10^3 \times 0.03}{3.14 \times 18 \times 10^6\left(0.12^2 - 0.1^2\right)}$$

$$= \frac{36000}{248688} = 0.145\,[\mathrm{m}] = 145\,[\mathrm{mm}]$$

④ 軸の強度

① 曲げ強度を受ける場合

中実軸：$d=\sqrt[3]{\dfrac{32M}{\sigma_\alpha \pi}}$ (3-7)

中空軸：$d=\sqrt[3]{\dfrac{32M}{\sigma_\alpha \pi\left(1-k^4\right)}}$ (3-8)

ただし、$k=\dfrac{d_1}{d_2}$ とする。

② ねじりを受ける場合

中実軸：$d=\sqrt[3]{\dfrac{16T}{\pi\tau_\alpha}}$ (3-9)

中空軸：$d=\sqrt[3]{\dfrac{16T}{\tau_\alpha \pi\left(1-k^4\right)}}$ (3-10)

③ 曲げとねじりを同時に受ける場合

相当ねじりモーメント：$T_e=\sqrt{T^2+M^2}$ (3-11)

相当曲げモーメント：$M_e=\dfrac{M+\sqrt{T^2+M^2}}{2}=\dfrac{M+T_e}{2}$ (3-12)

ただし、求めた T_e または M_e を式(3-7)から式(3-10)に代入する。

【例題3-9】

100 [N·m] の曲げモーメントを受ける軸の直径を求めよ。
ただし、許容曲げ応力を 50 [MPa] とする。

(解答)

式(3-7)から、

$$d = \sqrt[3]{\frac{32M}{\sigma_a \pi}} = \sqrt[3]{\frac{32 \times 100}{50 \times 10^6 \times 3.14}} = 0.0273\,[\mathrm{m}] = 27.3\,[\mathrm{mm}]$$

【例題3-10】

滑車の取り付け長さ $l = 500\,[\mathrm{mm}]$ で、滑車に最大荷重 $2W = 2000\,[\mathrm{N}]$ が作用するときの軸径 d を求めよ。
ただし、許容曲げ応力を 50 [MPa] とする。

(解答)

曲げモーメント $M = 2Wl = 2000\,[\mathrm{N}] \times 0.5\,[\mathrm{m}] = 1000\,[\mathrm{N \cdot m}]$ であり、**式(3-7)**から、

$$d = \sqrt[3]{\frac{32M}{\sigma_a \pi}} = \sqrt[3]{\frac{32 \times 1000}{50 \times 10^6 \times 3.14}} = 0.0589\,[\mathrm{m}] = 58.9\,[\mathrm{mm}]$$

【例題3-11】

80 [N·m] のトルクを受ける軸の直径を求めよ。ただし、許容せん断応力を 25 [MPa] とする。

(解答)

式(3-9)から、

$$d = \sqrt[3]{\frac{16T}{\tau_a \pi}} = \sqrt[3]{\frac{16 \times 80}{25 \times 10^6 \times 3.14}} = 0.0254\,[\mathrm{m}] = 25.4\,[\mathrm{mm}]$$

【例題3-12】

外径 100 [mm]、内径 80 [mm] の鋼製の中空軸に 10 [kN·m] のトルクが作用するとき、最大せん断応力を求めよ。

(解答)

断面係数 Z は、

$$Z = \frac{\pi}{16} \cdot \frac{d_2^4 - d_1^4}{d_2} = \frac{\pi}{16} \cdot \frac{0.1^4 - 0.08^4}{0.1} = \frac{0.0001855}{1.6} = 0.000116\,[\mathrm{m}^4]$$

$$\tau_{\max} = \frac{T}{Z} = \frac{10 \times 10^3}{0.000116} = 86.2 \times 10^6\,[\mathrm{Pa}] = 86.2\,[\mathrm{MPa}]$$

【例題3-13】

図のように、$W=500$[N]、$l=800$[mm]、$r=200$[mm] のとき、軸の直径を求めよ。ただし、許容せん断応力 τ を 25[MPa]、許容曲げ応力 σ を 50[MPa] とする。

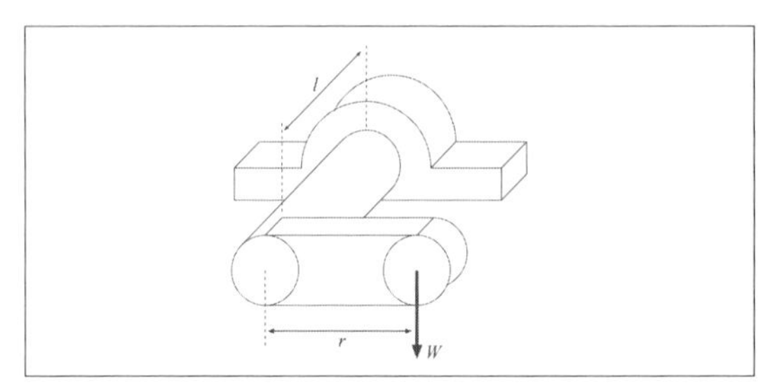

図3-5

(解答)

曲げモーメント M と、トルク T は、

$$M=Wl=500\times800=4\times10^5\ [\mathrm{N\cdot mm}]$$

$$T=Wr=500\times200=1\times10^5\ [\mathrm{N\cdot mm}]$$

相当ねじりモーメント T_e、相当曲げモーメント M_e は、**式(3-11)(3-12)**から、

$$T_e=\sqrt{M^2+T^2}=\sqrt{\left(4\times10^5\right)^2+\left(1\times10^5\right)^2}=4.12\times10^5\ [\mathrm{N\cdot mm}]$$

$$M_e=\frac{M+T_e}{2}=\frac{(4+4.12)\times10^5}{2}=4.06\times10^5\ [\mathrm{N\cdot mm}]$$

式(3-9)から、

$$d=\sqrt[3]{\frac{16T}{\tau_\alpha\pi}}=\sqrt[3]{\frac{16\times4.12\times10^5}{25\times3.14}}=43.8\,[\mathrm{mm}]$$

式(3-7)から、

$$d=\sqrt[3]{\frac{32M}{\sigma_\alpha\pi}}=\sqrt[3]{\frac{32\times4.06\times10^5}{50\times3.14}}=43.6\,[\mathrm{mm}]$$

【例題3-14】

鋼製の中空軸に1000[N·m] のトルクが作用するとき、$K=d_1/d_2=0.7$ として、内径 d_1 と外径 d_2 の値を求めよ。許容せん断応力 τ_α を 25[MPa] とする。

(解答)

式(3-10)から、

$$d_2=\sqrt[3]{\frac{16T}{\tau_\alpha\pi\left(1-k^4\right)}}=\sqrt[3]{\frac{16\times1000\times10^3}{25\times3.14\left(1-0.7^4\right)}}=64.5\,[\mathrm{mm}]$$

したがって、

$$d_1=kd_2=0.7\times64.5=45.2\,[\mathrm{mm}]$$

⑤ 動力とトルクを受ける軸

トルク T [N·mm] 、動力 P [kW] 、回転速度 n [rpm] とすると、

$$T = 9.55 \times 10^6 \, P/n \qquad (3\text{-}13)$$

軸の直径 d [mm] 、許容せん断応力 τ_α [MPa] とすると、

$$d = \sqrt[3]{\frac{16T}{\pi\tau_\alpha}} = \sqrt[3]{\frac{16 \times 9.55 \times 10^6 P}{\pi\tau_\alpha n}} \qquad (3\text{-}14)$$

【例題3-15】

5 [kW] の動力を 1000 [rpm] の回転速度で伝達している軸のトルクを求めよ。

(解答)

式(3-13)により、

$$T = 9.55 \times 10^6 \, P/n = 9.55 \times 10^6 \times \frac{5}{1000} = 47.75 \, [\text{N·mm}]$$

【例題3-16】

5 [kW] の動力を 1000 [rpm] の回転速度で伝達している軸の直径を求めよ。
ただし、許容せん断応力 $\tau_\alpha = 25$ [MPa] とする

(解答)

式(3-14)により、

$$d = \sqrt[3]{\frac{16T}{\pi\tau_\alpha}} = \sqrt[3]{\frac{16 \times 9.55 \times 10^6 P}{\pi\tau_\alpha n}}$$

$$= \sqrt[3]{\frac{16 \times 9.55 \times 10^6 \times 5}{3.14 \times 25 \times 1000}} = 21.4 \, [\text{mm}]$$

⑥ 軸の剛性（こうせい）

① 中央に集中荷重が作用する軸の最大たわみ δ_{max} は、

$$\delta_{max} = \frac{Wl^3}{48 \times 1000 \times EI} \qquad \text{(3-15)}$$

ただし、

W ：荷重 [N]

l ：スパンの長さ [mm]

E ：縦弾性係数 [GPa]

I ：断面二次モーメント [mm^4] または [m^4]

② 軸端のねじれ角 θ は、

$$\theta = 57.3\frac{Tl}{1000GI} = 57.3\frac{32Tl}{1000G\pi d^4}\ [°] \qquad \text{(3-16)}$$

ただし、

I ：断面二次モーメント [mm^4] または [m^4]

T ：トルク [N·mm]

l ：スパンの長さ [mm]

G ：横弾性係数 [GPa]

③ ねじれ角を θ [°] 以下にする軸の直径 d は、

$$d \geq \sqrt[4]{57.3\frac{32Tl}{1000G\pi\theta}} \qquad \text{(3-17)}$$

④ 軸が鋼材の場合、$G = 79.4$ [GPa] として、公式の簡略式

$$d \geq 130\sqrt[4]{\frac{P}{n}} \qquad \text{(3-18)}$$

【例題3-17】

回転速度 500 [rpm] で 15 [kW] を伝達する軟鋼製の伝動軸の直径を求めよ。

ただし、許容ねじれ角は 1 [m] につき 1/4 [°]、許容せん断応力は 25 [MPa] とする。

(解答)

式(3-18)により、

$$d \geq 130\sqrt[4]{\frac{P}{n}} = 130\sqrt[4]{\frac{15}{500}} = 54.1\,[\mathrm{mm}]$$

【例題3-18】

15 [kW] の動力を回転速度 1000 [rpm] で伝達する軟鋼製の伝動軸の直径を求めよ。

ただし、許容ねじれ角は 1 [m] につき 1/4 [°]、許容せん断応力は 30 [MPa] とする。

(解答)

ねじり強さから計算すると、**式(3-14)**により、

$$d = \sqrt[3]{\frac{16\times9.55\times10^6 P}{\pi\tau_\alpha n}} = \sqrt[3]{\frac{16\times9.55\times10^6\times15}{3.14\times30\times1000}} = 29.0\,[\mathrm{mm}]$$

ねじり剛性から計算すると、許容ねじれ角は 1 [m] につき 1/4 [°] であるから、**式(3-18)**により、

$$d \geq 130\sqrt[4]{\frac{P}{n}} = 130\sqrt[4]{\frac{15}{1000}} = 45.5\,[\mathrm{mm}]$$

したがって、大きいほうの直径の数値を使う。

⑦ 滑り軸受の設計

軸の直径 d は、

$$d \geq \sqrt[3]{\frac{10M}{\sigma_\alpha}} = \sqrt[3]{\frac{5Wl}{\sigma_\alpha}} \quad (3\text{-}19)$$

ただし、
W ：荷重 [N]
M ：最大曲げモーメント [N·mm]
σ ：許容曲げ応力 [MPa]

軸受圧力 p は、

$$p = \frac{W}{dl}\,[\mathrm{MPa}] \quad (3\text{-}20)$$

ただし、
l ：ジャーナルの幅
d ：ジャーナルの直径

標準幅径比 $\frac{l}{d}$ は、

$$\frac{l}{d} \leq \sqrt{\frac{\sigma}{5p}} \quad (3\text{-}21)$$

【例題3-19】

600 [N] の荷重が作用する鋼製ジャーナルで、$\frac{l}{d} = 2.0$ として、ジャーナルの直径と幅を求めよ。

ただし、軸の許容曲げ応力を 30 [MPa] 、軸受は、りん青銅製とする。

(解答)

式(3-21)により、

$$p \le \frac{\sigma}{5}\left[\frac{d}{l}\right]^2 = \frac{30}{5}\left[\frac{1}{2}\right]^2 = 1.5\,[\mathrm{MPa}]$$

$p = 1.5\,[\mathrm{MPa}]$ は、りん青銅製の許容圧力以下である。

さらに、$\dfrac{l}{d} = 2.0$ から、

$$W = pdl = 2pd^2 = 2 \times 1.5d^2$$

したがって、

$$d = \sqrt{\frac{W}{2 \times 1.5}} = \sqrt{\frac{600}{2 \times 1.5}} = 14.14\,[\mathrm{mm}]$$

また、幅 l は、$\dfrac{l}{d} = 2.0$ から、

$$l = 2 \times 14.14 = 28.28\,[\mathrm{mm}]$$

【例題3-20】

$1000\,[\mathrm{N}]$ の荷重が加わる端ジャーナルの直径と幅を $\dfrac{l}{d} = 1.8$ として求めよ。

ただし、許容曲げ応力を $45\,[\mathrm{MPa}]$ 、許容圧力を $5\,[\mathrm{MPa}]$ とする。

(解答)

式(3-21)により、

$$p \le \frac{\sigma}{5}\left[\frac{d}{l}\right]^2 = \frac{45}{5}\left[\frac{1}{1.8}\right]^2 = 2.78\,[\mathrm{MPa}]$$

$p = 2.78\,[\mathrm{MPa}]$ は、許容圧力 $5\,[\mathrm{MPa}]$ 以下である。

さらに、$\dfrac{l}{d} = 1.8$ から、

$$W = pdl = 1.8pd^2 = 1.8 \times 2.78d^2$$

したがって、

$$d = \sqrt{\frac{W}{1.8 \times 2.78}} = \sqrt{\frac{1000}{1.8 \times 2.78}} = 14.1\,[\mathrm{mm}]$$

また、幅 l は、$\dfrac{l}{d} = 1.8$ から、

$$l = 1.8 \times 14.1 = 25.4\,[\mathrm{mm}]$$

⑧ 軸受の過熱防止

$$pv = \frac{Wv}{dl} = \frac{W}{dl} \cdot \frac{\pi dn}{1000 \times 60} \tag{3-22}$$

ただし、

d ：ジャーナルの直径 [mm]

l ：幅 [mm]

p ：軸受圧力 [MPa]

v ：周速度 [m/s]

W ：荷重 [N]

n ：回転速度 [rpm]

【例題3-21】

20 [kN] の荷重を受け、500 [rpm] で回転する鋼製伝動軸の端ジャーナルの各部の寸法を求めよ。

ただし、軸の許容曲げ応力を 50 [MPa] 、$pv = 2.5$ [MPa·m/s] とし、軸受材料はりん青銅とする。

(解答)

ジャーナルの幅 l は、**式(3-22)**から、

$$l = \frac{W}{pv} \cdot \frac{\pi n}{1000 \times 60} = \frac{20000 \times 3.14 \times 500}{2.5 \times 1000 \times 60} = 209.3\,[\mathrm{mm}] \fallingdotseq 210\,[\mathrm{mm}]$$

ジャーナルの直径 d は、

$$d = \sqrt[3]{\frac{5Wl}{\sigma}} = \sqrt[3]{\frac{5 \times 20000 \times 210}{50}} = 74.9\,[\mathrm{mm}] \fallingdotseq 75\,[\mathrm{mm}]$$

軸受圧力 p は、**式(3-22)**から、

$$p = \frac{W}{dl} = \frac{20000}{210 \times 75} = 1.27\,[\mathrm{MPa}]$$

$p = 1.27$ [MPa] は、りん青銅の許容応力以下なので、妥当な数値である。

⑨ 歯車の設計

標準平歯車の重要公式

① モジュール$(m)=\dfrac{\text{ピッチ円直径}(d)\text{mm}}{\text{歯数}(Z)}$

② 直径ピッチ$(DP)=\dfrac{\text{歯数}(Z)}{\text{ピッチ円直径}(d)\text{インチ}}$

③ 円ピッチ$(t)=\dfrac{\text{ピッチ円周}(\pi d)}{\text{歯数}(Z)}=\pi m$

④ 中心距離$(a)=\dfrac{Z_1+Z_2}{2}m$

⑤ ピッチ円直径$(d)=Zm$

⑥ 歯先円直径$(d)=(Z+2)m$

⑦ ピッチ$(p)=\pi m$

⑧ 法線ピッチ$(p)=\pi m\cos\alpha$

⑨ 基礎円直径$(d)=Zm\cos\alpha$

転位係数の選び方として、次のISO(案)方式がある。

$$X_1=\lambda\frac{z_1-z_2}{z_2+z_1}+(X_1+X_2)\frac{z_1}{z_1+z_2}$$
$$X_2=(X_1+X_2)-X_1 \tag{3-23}$$

λの値は、

減速の場合：$0.5<\lambda<0.75$

増速の場合：$0<\lambda<0.5$

(X_1+X_2)の値は、図3-2より求める。(X_1+X_2)の値が大きいと強さが増加し、小さいとかみあい率が増加する。

【例題3-22】

歯数が、15と34でモジュール10[mm]、圧力角20[°]の並歯の平歯車が噛み合っている。①ピッチ円直径、②歯先円直径、③基礎円直径、④円ピッチ、⑤法線ピッチを求めよ。

(解答)

① ピッチ円直径

$$d_{\mathrm{A}} = Z_{\mathrm{A}} m = 15 \times 10 = 150\,[\mathrm{mm}]$$

$$d_{\mathrm{B}} = Z_{\mathrm{B}} m = 34 \times 10 = 340\,[\mathrm{mm}]$$

② 歯先円直径

$$d_{k\mathrm{A}} = d_{\mathrm{A}} + 2m = 150 + 2 \times 10 = 170\,[\mathrm{mm}]$$

$$d_{k\mathrm{B}} = d_{\mathrm{B}} + 2m = 340 + 2 \times 10 = 360\,[\mathrm{mm}]$$

③ 基礎円直径

$$d_{g\mathrm{A}} = d_{\mathrm{A}} \cos 20\,[°] = 150 \times \cos 20\,[°] = 140.95\,[\mathrm{mm}]$$

$$d_{g\mathrm{B}} = d_{\mathrm{B}} \cos 20\,[°] = 340 \times \cos 20\,[°] = 319.50\,[\mathrm{mm}]$$

④ 円ピッチ

$$t = \pi m = 3.1416 \times 10 = 31.416\,[\mathrm{mm}]$$

⑤ 法線ピッチ

$$t_e = t \cos 20\,[°] = 31.416 \times \cos 20\,[°] = 29.52\,[mm]$$

【例題3-23】

歯数28、圧力角20[°]の並歯の平歯車がある。これと干渉を起こさず噛み合う歯車の最小歯数を求めよ。

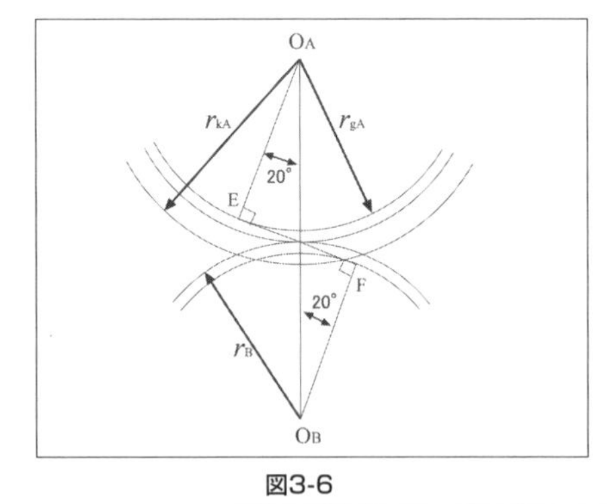

図3-6

(解答)

歯数28の歯車をAとし，その中心を O_A 、求める歯車をBとし、その中心を O_B とする。両歯車の基礎円の共通接線の接点をE、Fとすれば、干渉の限界はA歯車の歯先円がFを通るときである。

ここで、モジュールを m とすれば、A歯車のピッチ円半径は、

$$r_A = \frac{28m}{2} = 14m$$

歯先円半径 $r_{kA} = \overline{O_A F} = 14m + m = 15m$

基礎円半径 $r_{gA} = \overline{O_A E} = r_A \times \cos 20\,[°] = 13.16m$

$\Delta O_A EF$ において、

$$\overline{EF} = \sqrt{\overline{O_A F}^2 - \overline{O_A E}^2} = \sqrt{15^2 - 13.16^2}\,m = 7.20m$$

求める歯車のピッチ円半径を r_B 、歯数を z_B とすれば、

$$r_A \sin 20° + r_B \sin 20° = \overline{EF}$$

したがって、

$$14m \times \sin 20° + \frac{z_B m}{2} \sin 20° = 7.20m$$

両辺を $m \times \sin 20\,[°]$ で除すると、

$$14 + \frac{z_B}{2} = 21.05$$

$$\frac{z_B}{2} = 21.05 - 14 = 7.05$$

$$z_B = 14.10 \fallingdotseq 15$$

すなわち、歯数15以上であれば、干渉を起こさない。

【例題3-24】

並歯のラックと歯数24の歯車が干渉なしに噛み合うには、圧力角が何度以上必要とするか。

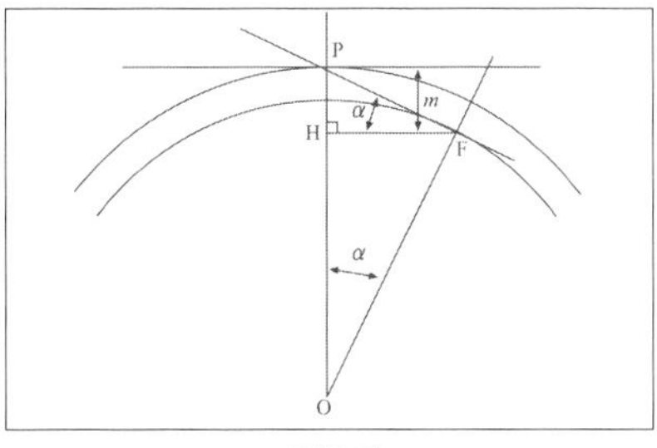

図3-7

(解答)

図において、干渉の限界はラックの歯先が干渉点Fを通るときである。

圧力角を α 、モジュールを m とすれば、

$$\overline{OP}=\frac{24m}{2}=12m$$

$$\overline{OF}=\overline{OP}\cos\alpha=12m\cos\alpha$$

$$\overline{OH}=\overline{OF}\cos\alpha=\overline{OP}\cos^2\alpha=12m\cos^2\alpha$$

$$\overline{PH}=\overline{OP}-\overline{OH}=12m-12m\cos^2\alpha$$

$$=12m\left(1-\cos^2\alpha\right)=12m\sin^2\alpha$$

並歯であるから、$\overline{PH}=m$ である。

$$12m\sin^2\alpha=m$$

$$\sin^2\alpha=\frac{1}{12}$$

$$\sin\alpha=0.2887$$

$$\alpha=16.78[°]=16°47'$$

すなわち、圧力角が $16°47'$ であれば、干渉を起こさない。

【例題3-25】

歯数24の平歯車を圧力角 $14.5[°]$ の基準ラック形工具で創成切削するとき、切下げを受けないためには転位係数をいくら以上にすればよいか。

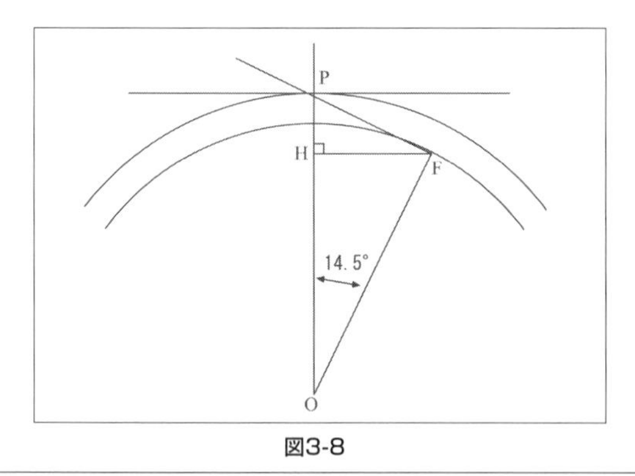

図3-8

(解答)

図により、作用線と基礎円との接点Fを工具の直線部分の端がこえると切下げを起こす。

したがって、工具のピッチ線とFとの距離を求めれば、

$$
\begin{aligned}
\mathrm{PH} &= \mathrm{PF}\sin 14.5\,[°] \\
&= \mathrm{PO}\sin^2 14.5\,[°] \\
&= \frac{24m}{2}\sin^2 14.5\,[°] \\
&= 0.752m
\end{aligned}
$$

ここで、m はモジュールであり、基準ラック形工具の歯末の直線部分も m となり、PHはこれより小さいから、転位しないと切下げを起こす。したがって、切下げを受けないためには、歯末の直線部分がPHの長さを超えるだけ転位しなければならない。求める転位量は、

$$m - 0.752m = 0.248m$$

よって、転位係数 $x = 0.248$

【例題3-26】

歯数22と歯数34の平歯車がかみあっている。このときのモジュールは6 [mm] で、小歯車の回転数は、1000 [rpm] であるときに、①両歯車のピッチ円直径、②中心距離、③円ピッチ、④ピッチ円の周速度、⑤大歯車の回転数のそれぞれを求めよ。

(解答)

① 両歯車のピッチ円直径

小歯車のピッチ円直径　$d_A = 6 \times 22 = 132\,[\mathrm{mm}]$

大歯車のピッチ円直径　$d_B = 6 \times 34 = 204\,[\mathrm{mm}]$

② 中心距離

$$a = \frac{d_A + d_B}{2} = \frac{132 + 204}{2} = 168\,[\mathrm{mm}]$$

③ 円ピッチ

$$t = m\pi = 6 \times 3.14 = 18.84\,[\mathrm{mm}]$$

④ ピッチ円の周速度

$$\upsilon = \frac{\pi d_A n_A}{1000 \times 60} = \frac{\pi \times 132 \times 1000}{1000 \times 60} = 6.91\,[\mathrm{m/s}]$$

⑤ 大歯車の回転数

$$n = 1000 \times \frac{z_A}{z_B} = 1000 \times \frac{22}{34} = 647\,[\mathrm{rpm}]$$

【例題3-27】

歯数30と歯数60のかさ歯車が軸角 90 [°] で噛み合っているとき、それぞれの相当平歯車歯数を求めよ。

(解答)

小歯車のピッチ円錐角は、

$$\tan\delta_A = \frac{z_A}{z_B} = \frac{30}{60} = 0.5$$

$$\delta_A = 26°34'$$

大歯車のピッチ円錐角は、

$$\tan\delta_B = \frac{60}{30} = 2$$

$$\delta_B = 63°26'$$

したがって、相当平歯車歯数

$$Z_{vA} = \frac{30}{\cos 26°34'} = 33.5$$

$$Z_{vB} = \frac{60}{\cos 63°26'} = 134.1$$

⑩ 歯車とウォームの回転比

① 一組の互いにかみ合っている歯車で、原動車を a 、従動車を b であるとき、歯車の回転比を i とすれば、i は次式で表わされる。

$$i=\frac{N_b}{N_a}=\frac{D_a}{D_b}=\frac{Z_a}{Z_b} \qquad (3\text{-}24)$$

ただし、

N ：回転数 [rpm]

Z ：歯数

D ：ピッチ円直径 [mm]

② ウォームとウォーム・ホィールの回転比

ウォームのねじ条数を Z_a 、その回転数を N_a とし、ウォーム・ホィールの歯数を Z_b 、その回転数を N_b とすれば、次式となる。

$$Z_a \times N_a = Z_b \times N_b \qquad (3\text{-}25)$$

ただし、ウォームのねじ条数が1条のときは、 $Z_a=1$ 、ウォームのねじ条数が2条のときは、 $Z_a=2$ となる。

【例題3-28】

一組の互いに噛み合っている歯車で、原動車の歯数15、回転数を 200 [rpm] とし、従動車の歯数34とすると、従動車の回転数とそのときの回転比を求めよ。

(解答)

式(3-24)により、

$$i=\frac{Z_a}{Z_b}=\frac{15}{34}=0.44$$

$$0.44=\frac{N_b}{200}$$

$$\therefore N_b=200\times 0.44=88\,[\mathrm{rpm}]$$

【例題3-29】
ウォームねじが1条で、その回転数が800回転の場合、これに噛み合うウォーム・ホィールの歯数が40であった場合、ウォーム・ホィールの回転数はいくらになるか。

(解答)
式(3-25)から、

$$N_b = \frac{N_a \times Z_a}{Z_b} = \frac{1 \times 800}{40} = 20\,[\mathrm{rpm}]$$

【例題3-30】
ウォームねじが2条で、その回転数が800回転の場合、これに噛み合うウォーム・ホィールの歯数が40であった場合、ウォーム・ホィールの回転数はいくらになるか。

(解答)
式(3-25)から、

$$N_b = \frac{N_a \times Z_a}{Z_b} = \frac{2 \times 800}{40} = 40\,[\mathrm{rpm}]$$

【例題3-31】
ピッチ円直径 $45\,[\mathrm{mm}]$ 、歯数15枚の歯車のモジュールを求めよ。

(解答)
モジュールの定義から、

$$m = \frac{d}{Z} = \frac{45}{15} = 3$$

【例題3-32】
モジュール3の1組の平歯車が噛み合って原動軸の速度を1/2にして従動軸に伝えている。軸間距離が $216\,[\mathrm{mm}]$ として、原動側と従動側の歯車の歯数を求めよ。

(解答)
歯車の公式から、

$$\frac{(D_1 + D_2)}{2} = 216 \qquad ①$$

$$m = 3 = \frac{D_1}{Z_1} \qquad m = 3 = \frac{D_2}{Z_2} \qquad ②$$

$$\frac{n_1}{n_2} = \frac{D_2}{D_1} = \frac{Z_2}{Z_1} = \frac{1}{2} \qquad ③$$

③から、$D_1 = 2D_2$ を①に代入して、$D_1 = 144$ を②に代入すると、

$$Z_1 = \frac{144}{3} = 48$$

$$Z_2 = \frac{72}{3} = 24$$

となる。

[別解]

歯車 D_1 としピニオン D_2 とする減速伝達とした場合、$2D_1 = D_2$ として、①に代入すると、

$$\frac{(D_1 + 2D_1)}{2} = 216$$

$$\therefore D_1 = 144\,[\mathrm{mm}]$$

$$D_2 = 288\,[\mathrm{mm}]$$

さらに、歯車の歯数

$$Z_1 = \frac{D_1}{m} = \frac{144}{3} = 48\,[\text{枚}]$$

$$Z_2 = \frac{D_2}{m} = \frac{288}{3} = 96\,[\text{枚}]$$

⑪ 溶接継手(つぎて)の強さ

(a) 突合せ継手

$$\sigma = \frac{W}{tl} \tag{3-26}$$

ただし、

σ ：引張強さ [MPa]

W ：引張荷重 [N]

t ：板厚 [mm]

l ：溶接長さ [mm]

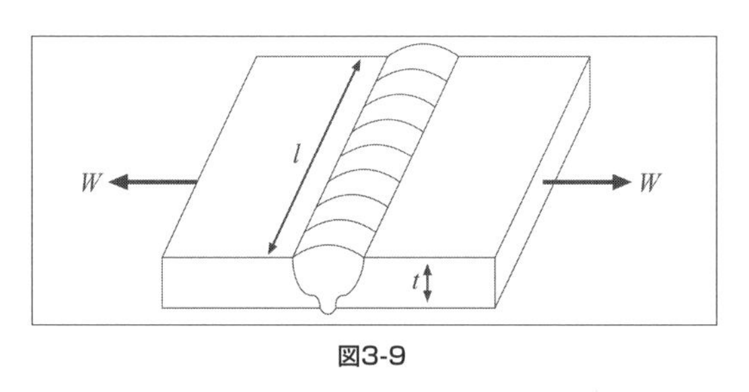

図3-9

(b) T継手

$$\sigma = \frac{W}{tl} \tag{3-27}$$

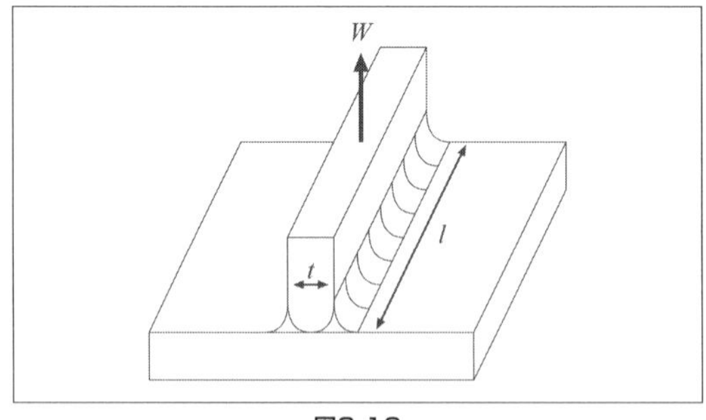

図3-10

(c) 不溶着部がある溶接

$$\sigma = \frac{W}{(t_1 + t_2)l} \tag{3-28}$$

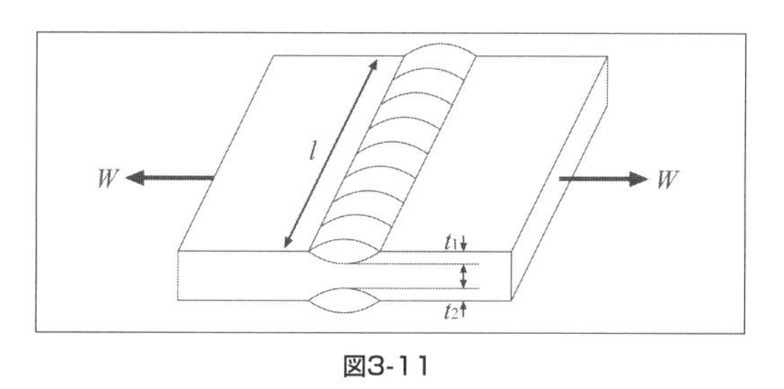

図3-11

【例題3-33】

$W = 20\,[\mathrm{kN}]$ 、$t = 30\,[\mathrm{mm}]$ 、$l = 200\,[\mathrm{mm}]$ の突合せ溶接した鋼板の引張り強さを求めよ。

(解答)

式(3-26)により、

$$\sigma = \frac{W}{tl} = \frac{20 \times 10^3}{30 \times 200} = 3.3\,[\mathrm{MPa}]$$

【例題3-34】

$W = 4\,[\mathrm{kN}]$ 、$t = 20\,[\mathrm{mm}]$ 、$l = 20\,[\mathrm{mm}]$ のT継手溶接した鋼板の引張り強さを求めよ。

(解答)

式(3-27)により、

$$\sigma = \frac{W}{tl} = \frac{4 \times 10^3}{0.02 \times 0.02} = 10 \times 10^6\,[\mathrm{N/m^2}] = 10\,[\mathrm{MPa}]$$

【例題3-35】

$W = 4\,[\mathrm{kN}]$ 、$t_1 = 10\,[\mathrm{mm}]$ 、$t_2 = 8\,[\mathrm{mm}]$ 、$l = 20\,[\mathrm{mm}]$ の鋼板を不溶着部がある溶接をしたときの引張り強さを求めよ。

(解答)

式(3-27)により、

$$\sigma = \frac{W}{(t_1 + t_2)l} = \frac{4 \times 10^3}{0.02 \times (0.01 + 0.008)}$$

$$= 11.1 \times 10^6\,[\mathrm{N/m^2}] = 11.1\,[\mathrm{MPa}]$$

4 熱力学

① 熱力学の第一法則

熱力学の第一法則により、「熱も仕事もエネルギーの一形態であり、熱を仕事に変えることも、その逆も可能である。」ということが判明した。

$$dQ = dU + dW \tag{4-1}$$

ただし、

dQ ：熱量

dU ：内部エネルギー

dW ：仕事

さらに、熱量 Q は外部より与えられるときに、＋となり、仕事 W は外部に対して仕事をするときに、－となる。

【例題4-1】

あるシステムに 200[kJ] の熱量が与えられ、そのシステムが外部に 30×10^3 [N·m] の仕事をしたときの内部エネルギーの増減を求めよ。

(解答)

式(4-1)により、

$$dQ = 200\times10^3[\mathrm{J}] \qquad dW = 30\times10^3\ [\mathrm{N\cdot m}] = 30\times10^3[\mathrm{J}]$$

$$dU = dQ - dW = 200\times10^3[\mathrm{J}] - 30\times10^3[\mathrm{J}]$$

$$= 170\times10^3[\mathrm{J}]$$

したがって、内部エネルギーは 170×10^3[J] に減少した。

【例題4-2】

あるシステムに 200[kJ] の熱量が与えられ、また同時にそのシステムに外部から 30×10^3 [N·m] の仕事をしたときの内部エネルギーの増減を求めよ。

(解答)

式(4-1)により、

$$dQ = 200\times10^3[\mathrm{J}] \qquad dW = -30\times10^3\ [\mathrm{N\cdot m}] = -30\times10^3[\mathrm{J}]$$

$$dU = dQ - dW = 200\times10^3[\mathrm{J}] + 30\times10^3[\mathrm{J}]$$

$$= 230\times10^3[\mathrm{J}]$$

したがって、内部エネルギーは 230×10^3[J] に増加した。

② 比熱

比熱とは、単位質量(1[kg])の物体を単位温度(1[K])上昇させるのに必要な熱量をいう。

$$1[\mathrm{Kcal}](\mathrm{kg}\cdot\mathrm{K}) = 4186.8[\mathrm{J}/(\mathrm{kg}\cdot\mathrm{K})] \quad (4\text{-}2)$$

熱エネルギーは、その変化量 dQ がそのときの比熱 C 、質量 m 、温度変化 dt を用いると次の式に表わされる。

$$dQ = Cmdt \quad (4\text{-}3)$$

【例題4-3】

90[°C] に加熱されたアルミニウム塊100[g] を、20[°C] の水 200[g] の中に投入したところ、水温が 26.7[°C] になった。この数値からアルミニウムの比熱を求めよ。

(解答)

アルミニウムの比熱を C とすると、水の比熱を1とすると、次の式が成立する。

アルミニウムの失った熱量：$(90-26.7)\times100\times C$

水の得た熱量：$(26.7-20)\times200\times1$

両者が等しいことから、

$$(90-26.7)\times100\times C = (26.7-20)\times200\times1$$

$$\therefore C = 0.21[\mathrm{cal}] = 0.89[\mathrm{J}]$$

【例題4-4】

200[°C] に加熱された鉄塊100[g] を、20[°C] の水 500[g] の中に投入したところ、水温が何度に上昇するか。

ただし、鉄の比熱を 0.11[cal](0.54[J]) とする。

(解答)

水温が X[°C] になったとすると、そのとき熱を失った側、熱を得た側を考慮すると、次の式が成立する。

$$(200-X)\times 100\times 0.11=(X-20)\times 500\times 1$$

$$2200-11X=500X-1000$$

$$511X=12200$$

$$X=\frac{12200}{511}=23.9\,[°C]$$

【例題4-5】

200 [m] の高層ビルの屋上から道路面に一定量の水を落下させた場合に、道路面の温度は何度上昇するか。

ただし、水の落下の途中の水の蒸発および熱損失を無視するものと、水の比熱を 4.186 [J/g·°C] とする。

(解答)

水の位置エネルギーが熱量に変換されたものとし、次の式が成立する。

位置エネルギーの式 $E=mgh$ と**式(4-3)**により、

$$mgh=Cmdt \quad gh=Cdt$$

$$dt=\frac{gh}{C}=\frac{9.8\times 200}{4.186\times 10^{3}}=0.468 \fallingdotseq 0.47\,[°C]$$

【例題4-6】

30 [°C] の水 200 [g] を 18 [°C] に低下させるために、0 [°C] の氷を何g必要とするか。

ただし、水の比熱を 4.186 [J/g·°C] 、氷の比熱を 2.051 [J/g·°C] とする。

(解答)

氷の量を X [g] とすると、

$$(30-18)\times 200\times 4.186=(18-0)\times X\times 2.051$$

$$10046.4=36.918X$$

$$\therefore X=272.13\,[g]$$

【例題4-7】

水1[l] の温度を10[°C] 高めるのに必要な熱量を求めよ。

ただし、水の比熱を4.186[J/g·°C] とする。

(解答)

水1[l] の質量は1000[g] であるから、

$$熱量\ dQ = 1000 \times 10 \times 4.186 = 41860\,[\mathrm{J}] = 41.86\,[\mathrm{kJ}]$$

【例題4-8】

10[°C] のエチルアルコール100[g] と20[°C] の水50[g] を混合した場合の混合液の温度は何度か。

ただし、エチルアルコールの比熱を2.38[J/g·°C] 、水の比熱を4.186[J/g·°C] とする。

(解答)

混合液の温度を X[°C] とすると、

$$100 \times 2.38 \times (X - 10) = 50 \times 4.186 \times (20 - X)$$

$$238X - 2380 = 4186 - 209.3X$$

$$\therefore X = 14.679 \fallingdotseq 14.7\,[^\circ\mathrm{C}]$$

③ 等温変化

温度を一定に保った状態では、一定質量の気体の体積は圧力に反比例する。これを「ボイルの法則」という。気体の体積を V、圧力を Pとすると、

$$PV = k \quad (k は一定) \qquad (4\text{-}4)$$

【例題4-9】
圧力4.0気圧、容積 500 [ml] の水素を容積 0.25 [l] になるまで圧縮したら、その圧力は何気圧になるか。

(解答)
式(4-4)により、$P_1V_1 = P_2V_2$ より、

$P_1 = 4.0$ (気圧)
$V_1 = 500$ [ml]
$V_2 = 0.25$ [l] $= 250$ [ml]

であるから、

$$P_2 \times 250 = 4.0 \times 500$$

$$P_2 = \frac{4.0 \times 500}{250} = 8.0 \text{ (気圧)}$$

【例題4-10】
圧力4.0気圧、容積 500 [ml] の酸素を容積 300 [ml] になるまで圧縮したら、その圧力は何気圧になるか。

(解答)
式(4-4)により、$P_1V_1 = P_2V_2$ より、

$P_1 = 4.0$ (気圧)
$V_1 = 500$ [ml]
$V_2 = 300$ [ml]

であるから、

$$P_2 \times 300 = 4.0 \times 500$$

$$P_2 = \frac{4.0 \times 500}{300} = 6.67 \text{ (気圧)}$$

④ 等圧変化

圧力を一定に保った状態では、一定質量の期待の体積は、温度1[°C]上昇または下降するごとに、0[°C]における体積の $\frac{1}{273}$ ずつ膨張または収縮する。これを「シャルルの法則」という。

$$Vk = T \quad (k\text{は一定}) \tag{4-5}$$

$V_2 = V_1\left(\frac{t_2 + 273}{t_1 + 273}\right)$ または $\frac{V_2}{V_1} = \frac{t_2 + 273}{t_1 + 273}$ となる。

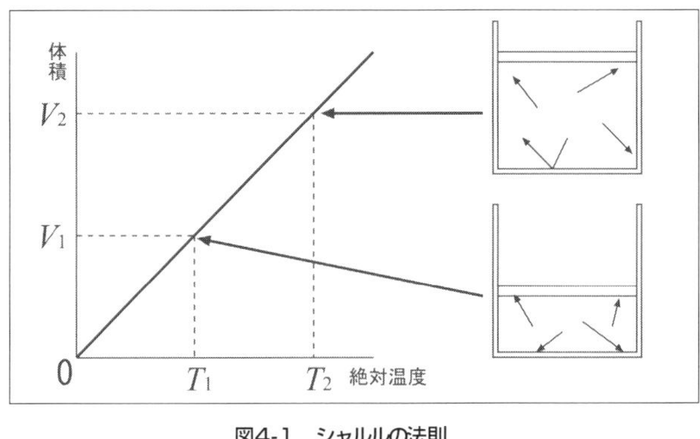

図4-1　シャルルの法則

【例題4-11】

30[°C]の酸素20[l]を0[°C]まで冷却したら、何[l]になるか。
ただし、圧力は一定のままとする。

(解答)

式(4-5)から、

$$V_2 = V_1 \times \frac{t_2 + 273}{t_1 + 273}$$

に、$V_1 = 20[l]$、$t_1 = 30[°C]$、$t_2 = 0[°C]$を代入すると、

$$V_2 = 20 \times \frac{0+273}{30+273} = 18.02\,[l]$$

【例題4-12】

25 [°C] の気体を 10 [l] を 12 [l] にするには、温度が何 [°C] になるかを求めよ。ただし、圧力は一定のままとする。

(解答)

式(4-5)から、

$$\frac{V_2}{V_1} = \frac{t_2+273}{t_1+273}$$

に、$V_1 = 10\,[l]$ 、$V_2 = 12\,[l]$ 、$t_1 = 25$ [°C] を代入すると、

$$\frac{12}{10} = \frac{t_2+273}{25+273}$$

$$t_2 = 1.2 \times 298 - 273 = 84.6\,[°\mathrm{C}]$$

⑤ ボイル・シャルルの法則

一定質量の気体の体積は、圧力に反比例し、絶対温度に比例する。

温度 T_1 、圧力 P_1 、体積 V_1 であった気体を温度 T_2 、圧力 P_2 にしたとき、体積が V_2 になったとすると、次の関係式が成り立つ。

$$\frac{P_1V_1}{T_1}=\frac{P_2V_2}{T_2} \tag{4-6}$$

【例題4-13】
ある量の亜鉛を希硫酸に溶かし、発生した水素を、あらかじめ真空にした $2\,[l]$ の容器に入れたところ、圧力 3.332×10^4 [Pa](250 [mmHg]) を示し、そのときの温度は 27 [°C] であった。発生した水素の 0 [°C] 、1気圧(標準状態)における体積を求めなさい。

(解答)
ボイル・シャルルの法則より、

$$\frac{P_1V_1}{T_1}=\frac{P_2V_2}{T_2}$$

1気圧は 1.013×10^5 [Pa](760 [mmHg]) であるから、

$$V_2=V_1\times\frac{T_2}{T_1}\times\frac{P_1}{P_2}=2\,[l]\times\frac{273}{273+27}\times\frac{3.332\times10^4}{1.013\times10^5}=0.599\,[l]$$

【例題4-14】
0 [°C] のときの気体の体積を、1.5倍にするには、温度を何度とすればよいか。
ただし、圧力は同一のままとする。

(解答)
圧力は同一であるから、 $P_1=P_2=1$ 、0 [°C] のときの気体の体積を仮に、 $V_1=1$ とすれば、 $V_2=1.5$ であるから、

$$\frac{1\times1}{273+0}=\frac{1\times1.5}{273+t_2}$$

$$t_2=1.5\times273-273=136.5\,[°C]$$

⑥ 状態方程式

温度と圧力を一定にしたまま気体の物質量を n[mol] にすると、体積は1[mol] のときの n 倍になる。n[mol] の気体の体積をあらためて V とかけば、1[mol] あたりの体積は $\frac{V}{n}$ となるので、次の式が成立する。

$$P\frac{V}{n}=RT \qquad (4\text{-}7)$$

【例題4-15】

27[°C]、3気圧のヘリウム1[mol] の体積を求めよ。
ただし、ヘリウム[He] の分子量は4.003、一般ガス定数 $R_0=847.82\,[(\mathrm{kgf\cdot m})/(\mathrm{kmol\cdot k})]$ とする。

(解答)

ヘリウムガス定数 $R=\frac{R_0}{M}=\frac{847.82}{4.003}=211.8\,[\mathrm{kgf\cdot m/kmol\cdot k}]$

式(4-7)から $V=\frac{nRT}{P}=\frac{1\,[\mathrm{mol}]\times 211.8(273+27)}{3\times 1013\times 100\,[\mathrm{pa}]}=2.09\times 10^{-4}\,[\mathrm{m^3}]$

【例題4-16】

ある有機化合物1.37[g] を120[°C] において気体とし、0.2気圧で体積を測定したところ、4.8[l] であった。この有機化合物の分子量を求めよ。

(解答)

式(4-6)のボイル･シャルルの法則から、

$$V_2=V_1\times\frac{T_2}{T_1}\times\frac{P_1}{P_2}=4.8\times\frac{273}{273+120}\times\frac{0.2}{1.0}=0.667\,[l]$$

蒸気0.667[l] の質量が1.37[g] であるから、22.4[l] の気体の質量は、

$$0.667\,[l]:1.37\,[g]=22.4\,[l]:X$$

$$X=\frac{1.37\,[g]\times 22.4\,[l]}{0.667\,[l]}=46.0\,[\mathrm{g/mol}]$$

【例題4-17】

内容積 10 [m^3] の円筒容器内に空気が入っている。その日にその圧力および温度を測定したところ、0.7 [MPa] および 18 [°C] であったが、数日後に測定したところ圧力が 1 [MPa] であった。この間に容器内に空気に伝わった熱量を求めよ。

ただし、空気の定容比熱は 0.712 [kJ/(kg·K)] 、比重量は 1.29 [kg/m^3] とし、容器の変形は無視するものとする。

(解答)

容積 10 [m^3] 、圧力 0.7 [MPa] 、温度 18 [°C] のときの標準状態 (0 [°C] 、 0.101 [MPa] (1 [atm])) における体積は、ボイル·シャルルの法則の式により、

$$\frac{P_1V_1}{T_1}=\frac{P_2V_2}{T_2}$$

$$\frac{0.7\times10}{273+18}=\frac{0.101\times V_2}{273+0}$$

$$V_2=\frac{0.7\times10\times273}{0.101(273+18)}=65.0\,[\mathrm{m^3}]$$

したがって、空気の質量 M は、

$$M=\gamma V=1.29\times65.0=83.9\,[\mathrm{kg}]$$

圧力の変化後の温度は、ボイル·シャルルの法則の式により、

$$\frac{0.101\times65.0}{273}=\frac{1\times10}{273+t}\quad\therefore t=142.8\,[^\circ\mathrm{C}]$$

したがって、空気に伝わった熱量 Q は、

$$\begin{aligned}Q&=M\cdot C\cdot\Delta t\\&=83.9\times0.712\times(142.8-18)\\&=7455\,[\mathrm{kJ}]\end{aligned}$$

【例題4-18】

ある容器に空気が 20 [kg] で、温度 24 [°C] 、圧力 0.7 [MPa] の状態で入っていた。数日後にこの容器中の状態を測定したところ、温度 15 [°C] 、圧力 0.4 [MPa] に変化していた。この場合に空気が何kg減少しているかを求めよ。

(解答)

状態の方程式(4-7)により、容積が一定であるから、$PV=GRT$ より、変化の前後から、

$$\frac{P_1}{G_1T_1}=\frac{P_2}{G_2T_2}$$

したがって、

$$\frac{0.7}{20\times(273+24)}=\frac{0.4}{G_2\times(273+15)}$$

$$\therefore G_2=\frac{0.4\times 20\times(273+24)}{0.7(273+15)}=11.78\fallingdotseq 11.8\,[\mathrm{kg}]$$

減少する空気量は、

$$G_1-G_2=20-11.8=8.2\,[\mathrm{kg}]$$

【例題4-19】

ある理想気体10[kg]を一定温度400[K]で3[m³]から5[m³]まで可逆的に膨張させた。この気体定数を297[J/(kg·K)]として体積3[m³]および5[m³]のときの圧力を求めよ。

(解答)

状態の方程式により、$PV=GRT$ から、

$$P=\frac{GRT}{V}=\frac{10\times 297\times 400}{3}=0.396\times 10^6\,[\mathrm{J/m^3}]=0.396\,[\mathrm{MPa}]$$

さらに5[m³]のときの圧力は、等温変化であるから**公式(4-4)**より $P_1V_1=P_2V_2$ となり、ここで $P_1=0.396\,[\mathrm{MPa}]$, $V_1=3\,[\mathrm{m^3}]$, $V_2=5\,[\mathrm{m^3}]$

を代入すると、$\therefore P_2=\dfrac{P_1V_1}{V_2}=\dfrac{0.396\times 3}{5}=0.238\,[\mathrm{MPa}]$

⑦ ポリトロープ変化

指数 n を「ポリトロープ指数」と呼ぶと、

$$PV^n = C \tag{4-8}$$

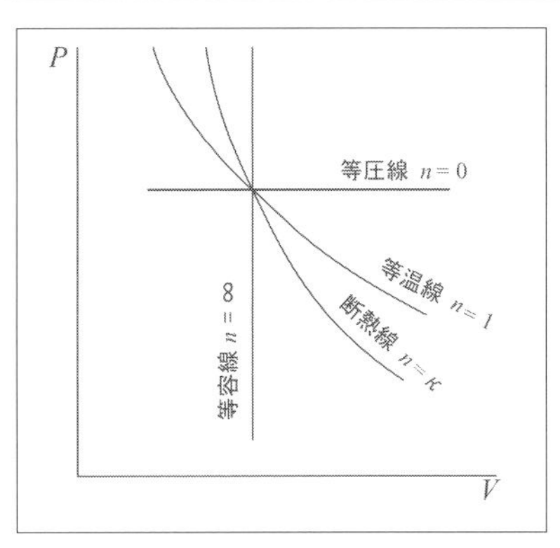

図4-2

図のPV線図に示すように、ポリトロープ指数 n の値によって理想気体のすべての可逆変化を表わすことができる。

n＝0のとき等圧変化

n＝1のとき等温変化

n＝∞のとき等容変化

n＝ κ のとき断熱変化

【例題4-20】

温度が 27 [°C]、圧力 10 [kgf/cm^2] の空気が 5 [kg] があるときの空気の容積を求めよ。ただし、空気の分子量を28.96とする。

(解答)

一般ガス定数 848 [(kgf・m)/(kmol・K)] と空気の分子量を使えば、空気のガス定数 R_α は、

$$R_\alpha = \frac{848}{28.96} = 29.3\,[(\mathrm{kgf}\cdot\mathrm{m})/(\mathrm{kg}\cdot\mathrm{K})]$$

ここで、圧力の単位を換算して、

圧力 $10\,[\mathrm{kgf/cm^2}] = 10\times10^4\,[\mathrm{kgf/m^2}]$

したがって、

$$10\times10^4\times V = 5\times29.3\times(273+27)$$

$$V = \frac{5\times293\times(273+27)}{10\times10^4} = 0.44\,[\mathrm{m^3}]$$

【例題4-21】

温度が 27 [°C] 、圧力 10 [kgf/cm²] 、空気の容積を 0.44 [m³] から 5 [m³] まで膨張させたとき、その圧力を求めよ。

(解答)

等温変化であるから、$P_1V_1 = P_2V_2$ より、

$$10\times10^4\times0.44 = P_2\times5$$

$$P_2 = \frac{10\times10^4\times0.44}{5}$$

$$= 0.88\times10^4\,[\mathrm{kgf/m^2}]$$

$$= 0.88\,[\mathrm{kgf/cm^2}]$$

$$= 86240\,[\mathrm{N/m^2}]$$

$$= 86240\,[\mathrm{Pa}]$$

⑧ カルノーサイクル

図に示すように、等温膨張過程(1→2)、断熱膨張過程(2→3)、等温圧縮過程(3→4)および断熱圧縮過程(4→1)より成り立つ「可逆カルノーサイクル」と呼ばれる機関がある。

これは、仮想上のサイクルではあるが、その理論熱効率が最高値を示す。

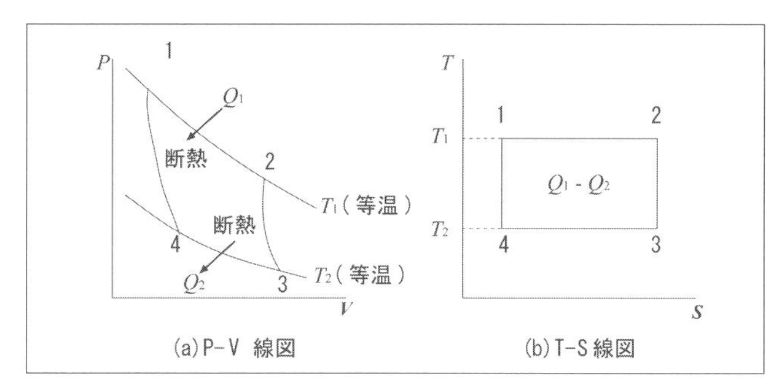

図4-3　可逆カルノーサイクル

(1→2) の等温膨張過程では、等温 T_1 のもとで充分大きな熱容量をもつ高温熱源から熱量 Q_1 が作動流体に伝えられ、3→4では同じような低温熱源 T_2 に熱量 Q_2 が捨てられるのであるから、熱エネルギの収支をサイクル全体について考えれば次式が成り立つ。

$$Q_1 - Q_2 = L$$

$$\eta = \frac{L}{Q_1} = \frac{Q_1 - Q_2}{Q_1} = 1 - \frac{Q_2}{Q_1} \quad (4\text{-}9)$$

【例題4-22】

可逆カルノーサイクルを行なう熱機関において、①高熱源の温度が500[°C]、低熱源250[°C]で働く場合と、②高熱源の温度が100[°C]、低熱源20[°C]で働く場合のそれぞれについて熱効率を求めよ。

(解答)

可逆カルノーサイクルでは、$\dfrac{Q_2}{Q_1}=\dfrac{T_2}{T_1}$ であるから、**式(4-9)**により、

$$\eta=1-\frac{T_2}{T_1}$$

となる。

したがって、①の場合の熱効率は、

$$\eta=1-\frac{T_2}{T_1}=1-\frac{250+273}{500+273}=0.32$$

②の場合の熱効率は、

$$\eta=1-\frac{T_2}{T_1}=1-\frac{20+273}{100+273}=0.21$$

⑨ エンタルピー

$$dQ = dU + dL \qquad dq = du + dl \tag{4-10}$$

ただし、

dQ ：熱量

dU ：内部エネルギの増加量

dL ：絶対仕事

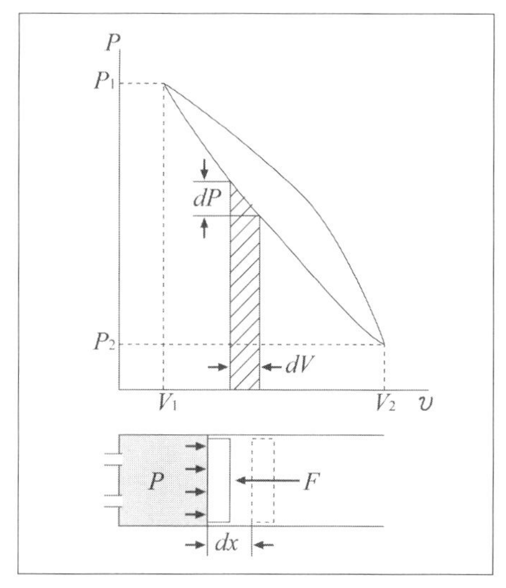

図4-4　絶対仕事の概念

図のように、外力 $F = \pi D^2 P / 4$ の作用の下で距離 dx だけピストンが移動したことによって、周囲に対してなされる仕事 dL は次の式で求められる。

$$dL = F \cdot dx = \frac{\pi D^2 P}{4} \cdot dx = P \cdot dV \tag{4-11}$$

$$dQ = dU + P \cdot dV \qquad dq = du + pdv \tag{4-12}$$

【例題4-23】

空気が圧力 10 [kgf/cm^2]、温度 200 [°C] の状態で 10 [kg] ある場合、等圧のままで冷却し、容積が半分になるとき、空気が失うエンタルピーを求めよ。

ただし、空気の定圧比熱 1.022 [kJ/(kg·K)] および定容比熱は 0.724 [kJ/(kg·K)] とする。

(解答)

空気の容積が半分となり、等圧変化であるから、

$$0.5 = \frac{T}{200+273}$$

$$\therefore T = 0.5 \times 473 = 236.5\,[\mathrm{K}] = -36.5\,[°\mathrm{C}]$$

したがって、エンタルピーの減少量は、

$$10 \times 1.022\left[200-(-36.5)\right] = 2417.03\,[\mathrm{kJ}]$$

【例題4-24】

温度 27 [°C]、圧力 2.94×10^5 [Pa](3.0 [kgf/cm^2]) の空気 20 [kg] を等圧の下で加熱し、容積をはじめの容積の2倍に増大させた。この過程において、空気に加えられた熱量、空気の内部エネルギの増加および空気のした仕事はいくらになるか。

ただし、空気のガス定数は、287 [J/(kg·K)]、定圧比熱は、1006 [J/(kg·K)]、定容比熱は、719 [J/(kg·K)] である。

(解答)

熱力学の第一法則の**式(4-10)**により、

$$dQ = dU + dL = Gc_v dT + P \cdot dV \quad (c_v \text{：定容比熱を用いた場合})$$

等圧過程であるから、これを積分すると、

$$Q_{12} = U_2 - U_1 + L_{12}$$
$$= Gc_v\left(T_2 - T_1\right) + P\left(V_2 - V_1\right)$$

ここで、空気を理想気体とみなすと、状態方程式より、

$$PV = GRT$$

等圧過程であるから、$\dfrac{T}{V}$ ＝一定となり、

$$\frac{T_1}{V_1} = \frac{T_2}{V_2}$$

題意により、$V_2 = 2V_1$ だから、$T_2 = 2T_1$ となる。

したがって、内部エネルギの増加量は、

$$U_2 - U_1 = Gc_v(T_2 - T_1) = Gc_v T_1$$
$$= 20 \times 719 \times (273 + 27) = 4.3 \times 10^6 \ [\mathrm{J}]$$
$$= 4.3 \times 10^3 \ [\mathrm{kJ}]$$

外部への仕事は次のとおりとなる。

$$L_{12} = P(V_2 - V_1) = PV_1 = P \cdot \frac{GRT_1}{P} = GRT_1$$
$$= 20 \times 287 \times (273 + 27) = 1.72 \times 10^6 \ [\mathrm{J}]$$
$$= 1.72 \times 10^3 \ [\mathrm{kJ}]$$

空気に加えられる熱量は、

$$Q_{12} = 4.3 \times 10^3 [\mathrm{kJ}] + 1.72 \times 10^3 [\mathrm{kJ}] = 6.02 \times 10^3 [\mathrm{kJ}]$$

(別解)

c_p ：定圧比熱を用いた場合は、

$dQ = Gc_p dT - V \cdot dP$

により求められる。

【例題4-25】

圧力 0.98[MPa]、温度 350[°C] の過熱蒸気に温度 30[°C] の水を注入して、同じ圧力で乾き度0.95の湿り蒸気を作るとすれば、過熱蒸気 1[kg] 当たり注入すべき水量はいくらか。

ただし、圧力 0.98[MPa] における温度 350[°C] の過熱蒸気、乾き飽和蒸気および飽和水のエンタルピーはそれぞれ 3458.1[kJ/kg]、2776.7[kJ/kg] および 758.6[kJ/kg] とする。

(解答)

圧力 0.98[MPa]、温度 350[°C] の過熱蒸気のエンタルピー h_1 は、

$$h_1 = 3458.1 [\mathrm{kJ/kg}]$$

同様に注入水のエンタルピー h_2 は、

$$h_2 = 4187 \times 30 = 125.6 [\mathrm{kJ/kg}]$$

終わりの湿り蒸気のエンタルピー h_3 は、**式(4-16)**より、

$$h_3 = h' + x(h'' - h')$$
$$= 758.6 + 0.95(2776.7 + 758.6)$$
$$= 2675.8 [\mathrm{kJ/kg}]$$

過熱蒸気、注入水および湿り蒸気のエンタルピーを H_1、H_2 および H_3 とし、重量もそれぞれ M_1、M_2 および M_3 で表わすと、

$$H_3 = H_1 + H_2$$
$$\therefore M_1 \times h_1 + M_2 \times h_2 = M_3 \times h_3 = (M_1 + M_2) \times h_3$$

過熱蒸気の重量を1[kg]とすれば、

$$1\times h_1+M_2\times h_2=(1+M_2)\times h_3$$

$$\therefore M_2=\frac{h_1-h_3}{h_3-h_2}=\frac{3458.1-2675.8}{2675.8-125.6}=0.307\,[\mathrm{kg}]$$

【例題4-26】

0.294[MPa]の飽和蒸気を20[°C]の原水に混合して80[°C]の温水を300[kg]作る場合、必要な蒸気量はいくらになるか。

ただし、蒸気の乾き度は0.9とし、蒸気保有熱の15%が周囲への熱損失となるものとする。

なお、0.294[MPa]の飽和水および乾き飽和蒸気の比エンタルピーは、558.5[kJ/kg]、2723.9[kJ/kg]とする。

(解答)

飽和蒸気の放出熱量は水の吸熱熱量と周囲への放熱量との和に等しい。

使用蒸気量をx[kg]とすれば、原水の量は$(300-x)$[kg]であるから、

$$4.187\times(300-x)(80-20)$$

$$=(1-0.15)\times x\times\left[558.5+0.9(2723.9-558.5)\right]$$

$$-80x\times 4.187$$

$$75366-251.22x=2695.975x-334.96x$$

$$\therefore x=\frac{75366}{2612.235}=28.85\,[\mathrm{kg}]$$

⑩ エントロピー

第一法則では「エンタルピー」がでてきたように、第二法則では「エントロピー」が重要である。熱関係においては発電のように熱エネルギーと仕事エネルギーの関係とするときはエントロピーが問題となってくる。

温度 T [K] の物体が、それと同じ温度の外界から可逆変化によって熱量 dQ を受け取ったとき、次の式が成立する。

$$dS = \frac{dQ}{T} \tag{4-13}$$

ただし、

S ：エントロピー

dS ：エントロピーの増加量

【例題4-27】

空気 20 [kg] が定圧のもとで、30 [°C] から 130 [°C] になるまで加熱されるとき、空気に加えられた熱量が 1500 [kJ] のときのエントロピーの増加量を求めよ。

(解答)

空気に加えられた熱量を Q とすれば、

$$Q = mC_{\beta}\left(t_2 - t_1\right)$$

この式に $Q = 1500$ 、$m = 20$ 、$t_1 = 30$ 、$t_2 = 130$ を代入すると定圧比熱 C_p が求められ、

$$C_p = \frac{1500}{20 \times \left(130 - 30\right)} = 0.75\ [\mathrm{kJ/(kg \cdot K)}]$$

よって、エントロピー増量は、

$$ds = \frac{mC_v\left(t_2 - t_1\right)}{T}$$

$$= mC_v \frac{1}{T} dt$$

したがって、

$$\Delta S = mC_p \ln\left(\frac{T_2}{T_1}\right)$$

$$= 20 \times 0.75 \times \ln\frac{403}{303}$$

$$= 4.28\ [\mathrm{kJ}]$$

【例題4-28】

窒素10 [kg] を等容のもとで初温度17 [°C] から加熱したところ、エントロピーが1.2 [kJ/K] だけ増加した。このときの最終温度、加熱量、内部エネルギーの増加量、および最終圧力は初期圧力の何倍となるかを求めよ。

ただし、窒素を理想気体とし、比熱比1.4、一般ガス定数 8.314 [kJ/kmol·K] とする。

(解答)

熱力学の第一法則より、等容変化であるから、

$$dv = 0$$

したがって、

$$dQ = dV = mC_v dT \qquad ①$$

また、熱力学の第二法則より、

$$dQ = Tds \qquad ②$$

したがって、①②より、次のようになる。

$$ds = \frac{mC_v dT}{T}$$

よって、

$$\Delta S = mC_v \ln\left(\frac{T_2}{T_1}\right)$$

比熱比 κ および定圧・定容比熱の関係から、

$$C_p - C_v = R$$

$$K = C_p / C_v$$

$$C_v = \frac{R}{\kappa - 1} = \frac{1}{\kappa - 1} \cdot \frac{R_0}{M}$$

$$= \frac{1}{1.4 - 1} \times \frac{8.314}{28} = 0.742 \text{ [kJ/kg·K]}$$

したがって、

$$\ln\left(\frac{T_2}{T_1}\right) = \frac{\Delta S}{mC_v} = \frac{1.2}{10 \times 0.742} = 0.162$$

$$\frac{T_2}{T_1} = 1.176$$

$$\therefore T_2 = 1.176 T_1 = 1.176 \times (273 + 17)$$

$$= 341.04 \text{ [K]} = 68.04 \text{ [°C]}$$

加熱量は次のようになる。

$$dQ = mC_v dT$$
$$= 10 \times 0.742 \times (341.04 - 290)$$
$$= 378.7\ [\mathrm{kJ}]$$

内部エネルギの増加量は、

$$dU = mC_v dT$$
$$= 10 \times 0.742 \times (341.04 - 290)$$
$$= 378.7\ [\mathrm{kJ}]$$

最終圧力は初期圧力の何倍となるかを求めると、等容変化であるから、

$$\frac{T_1}{P_1} = \frac{T_2}{P_2}$$ より、

$$\therefore \frac{P_2}{P_1} = \frac{T_2}{T_1} = 1.176$$

⑪ 飽和蒸気

① 比内部エネルギー u ：

$$
\begin{aligned}
u &= (1-x)u' + xu'' \\
&= u' + x(u'' - u')
\end{aligned}
\tag{4-14}
$$

ただし、湿り飽和蒸気 1[kg] について、乾き度を x とすれば、

飽和水の内部エネルギー：$(1-x)u'$

乾き飽和蒸気の内部エネルギー：xu''

② 比容積 v ：

$$
\begin{aligned}
v &= (1-x)v' + xv'' \\
&= v' + x(v'' - v')
\end{aligned}
\tag{4-15}
$$

③ 比エンタルピー h ：

$$
\begin{aligned}
h &= (1-x)h' + xh'' \\
&= h' + x(h'' - h') \\
&= h' + x\gamma
\end{aligned}
\tag{4-16}
$$

ただし、γ は蒸発熱

④ 比エントロピー s ：

$$
\begin{aligned}
s &= (1-x)s' + xs'' \\
&= s' + x(s'' - s')
\end{aligned}
\tag{4-17}
$$

⑤ 比エントロピーの増加量 s ：

$$
s = s' + \frac{x\gamma}{T}
\tag{4-18}
$$

【例題4-29】

圧力 4.9×10^5 [Pa]、湿り度0.7の飽和蒸気がある。これを圧力 4.9×10^5 [Pa] の乾き飽和蒸気にするための熱量を求めよ。

ただし、圧力 4.9×10^5 [Pa] の飽和水および飽和蒸気の比エントロピーは、それぞれ152.1 [kcal/kg]、656.0 [kcal/kg] とする。

(解答)

この蒸気中には飽和水が 0.7 [kg/kg] ある。したがって、熱量を加えるときは、定圧変化であるから 0.7 [kg / kg] 飽和水を乾き蒸気にする熱量だけ加えてやればよい。

式(4-14)により、

$$0.7\times(656.0-152.1)=0.7\times503.9=352.7\ [\text{kcal/kg}]$$

【例題4-30】

容積 20 [m³] の容器中に圧力 7.84×10^5 [Pa] の飽和蒸気が 50 [kg] 入っている。この場合の乾き蒸気を求めよ。

ただし、圧力 7.84×10^5 [Pa] の飽和水および乾き飽和蒸気の比容積は、それぞれ 0.00111 [m³/kg]、0.245 [m³/kg] とする。

(解答)

式(4-15)により、この蒸気の比容積は、

$$\frac{20}{50}=0.4\ [\text{m}^3/\text{kg}]$$

したがって、乾き度を x とすば、

$$0.4=0.00111+x(0.245-0.00111)$$

$$x=\frac{0.4-0.00111}{0.245-0.00111}=1.64$$

【例題4-31】

圧力 3.92×10^5 [Pa]、乾き度0.8の飽和蒸気の比エンタルピーおよび比容積を求めよ。

ただし、圧力 3.92×10^5 [Pa] の飽和水および乾き飽和蒸気の比エンタルピーはそれぞれ、143.7 [kcal/kg]、653.7 [kcal/kg] とし、また、比容積は、それぞれ 0.00108 [m³/kg]、0.471 [m³/kg] とする。

(解答)

式(4-16)により、比エンタルピー h は、

$$h=143.7+0.8(653.7-143.7)=143.7+408.0=551.7\ [\text{kcal/kg}]$$

式(4-15)により、比容積 v は、

$$v=0.00108+0.8(0.471-0.00108)=0.00108+0.37594=0.377\ [\text{m}^3/\text{kg}]$$

【例題4-32】

保温した圧力容器に、圧力1.2 [MPa] の飽和水1000 [kg] が入っている。これを圧力0.8 [MPa] まで減圧すれば、蒸気の発生量を求めよ。

ただし、発生蒸気は乾き飽和蒸気と見なす。

また、蒸気の状態量は次のようであるとする。

圧力 (MPa)	比エンタルピー [kJ/kg]	
	h'	h''
0.8	720.94	2767.5
1.2	798.43	2782.7

(解答)

水量を G 、比エンタルピーを h 、とすると、

$$G_1 h_1' = G_2 h_2' + (G_1 - G_2) h_2''$$

この式を変形すると、

$$\frac{G_2}{G_1} = \frac{h_1' - h_2''}{h_2' - h_2''}$$

したがって、

$$\frac{G_1 - G_2}{G_1} = \frac{h_1' - h_2'}{h_2'' - h_2'} = \frac{798.43 - 720.94}{2767.5 - 720.94} = 0.0379$$

求める蒸気の発生量は、

$$G_1 - G_2 = 0.0379 \times 1000 = 37.9\,[\mathrm{kg}]$$

【例題4-33】

圧力0.59 MPa[6kg/cm^2]、乾き度0.95の飽和蒸気の比内部エネルギーを求めよ。

ただし、圧力0.59 [MPa] の飽和水および乾き飽和蒸気の比エンタルピーは、それぞれ、153.9[kcal/kg]、657.9[kcal/kg]とし、また、比容積は、それぞれ、0.00110 [m^3/kg]、0.321[m^3/kg] とする。

(解答)

エンタルピーの定義は、$h = u + Pv$ であるから、

$$u = h - Pv$$

湿り飽和蒸気の比容積は、

$$0.00110 + 0.95(0.321 - 0.00110) = 0.305\,[\mathrm{m^3/kg}]$$

また、比エンタルピーは、

$$153.9 + 0.95(657.9 - 153.9) = 633.0\,[\mathrm{kcal/kg}]$$

次の式により、比内部エネルギー u は、

$$u = 633.0 - \frac{1}{427} \times 6 \times 10^4 \times 0.305$$
$$= 633.0 - 42.9 = 590.1\,[\mathrm{kcal/kg}]$$

⑫ 湿り空気

① 相対湿度 ϕ は、

$$\phi = \frac{p_w}{p_s} = \frac{\gamma_w}{\gamma_s} \tag{4-19}$$

ただし、

p_w ：実際の蒸気分圧
p_s ：飽和蒸気圧
γ_s ：飽和蒸気の比質量

② 絶対湿度を x とすれば、

$$x = \frac{G_w}{G_s} \text{ [kg/kg]} \tag{4-20}$$

ただし、

G_w ：蒸気の質量
G_s ：乾き空気の質量

③ 相対湿度と絶対湿度との関係

$$x = 0.622 \frac{\phi p_s}{P - \phi p_s} \tag{4-21}$$

【例題4-34】

圧力 0.2 [MPa] 、温度 20 [°C] の飽和湿り空気を温度一定のまま圧縮して圧力 0.8 [MPa] の圧縮空気にした。このときの絶対湿度の変化量を求めよ。

ただし、温度 20 [°C] の水蒸気の飽和圧力は、0.0023 [MPa] とする。

(解答)

式(4-21)より、絶対湿度 x は、

$$x = 0.622 \frac{p_s}{P - p_s}$$

で表わされるから、圧力 0.2 [MPa] のときの絶対湿度 x は、

$$x = 0.622 \times \frac{0.0023}{0.2 - 0.0023} = 0.00724\,[\text{kg/kg}]$$

圧力 0.8 [MPa] のときの絶対湿度 x は、

$$x = 0.622 \times \frac{0.0023}{0.8 - 0.0023} = 0.00179\,[\text{kg/kg}]$$

したがって、両者の絶対湿度の変化量は、

$$0.00724 - 0.00179 = 0.00545\,[\text{kg/kg}]$$

【例題4-35】

気圧 760 [mmHg] 、温度 25 [°C] の湿り空気の露点を測定したところ 20 [°C] であった。この湿り空気の絶対湿度(湿り空気中の水分と乾き空気の重量比)、相対湿度(水蒸気の分圧とその温度に相当する水蒸気の飽和圧力との比) および 1 [m^3] の容積に含まれる水蒸気の重量を求めよ。

ただし、この場合、乾き空気および水蒸気を理想気体と見なし、それらのガス定数は、それぞれ 29.3 [kgm/kg·K] および 47.1 [kgm/kg·K] とし、また温度 25 [°C] および温度 20 [°C] における水蒸気の飽和圧力は、それぞれ 23.8 [mmHg] および 17.5 [mmHg] とする。

(解答)

絶対湿度 H は圧力を水銀柱で表わすと、

$$H = \frac{29.3}{47.1} \times \frac{17.5}{760 - 17.5} \fallingdotseq 0.0147\,[\text{kg/kg}]$$

相対湿度 ϕ は、

$$\phi = \frac{17.5}{23.8} \times 100 = 73.53\,[\%]$$

ここで、$P_h = 17.5\,[\text{mmHg}] = 1.033 \times 10 \times \dfrac{17.5}{760} = 238\,[\text{kg/m}^3]$

湿り空気 1 [m^3] 中の水蒸気の重量 M は、

$$M = \frac{P_h}{47.1 \times (273 + 25)} = \frac{238}{47.1 \times (273 + 25)} = 0.017\,[\text{kg/m}^3]$$

【例題4-36】

相対湿度70%、温度 28 [°C] 、圧力 760 [mmHg] の空気がある。この空気の絶対湿度および比較湿度を求めよ。

ただし、温度 28 [°C] における飽和蒸気圧は、28.35 [mmHg] および温度 28 [°C] における飽和絶対湿度は、0.02410 [kg/kg] とする。

(解答)

式(4-21)により絶対湿度 x は、

$$x = 0.622\frac{\phi p_s}{P-\phi p_s} = 0.622\times\frac{0.7\times 28.35}{760-0.7\times 28.35}$$

$$= \frac{0.622\times 19.85}{740.15} = 0.01668\,[\mathrm{kg/kg}]$$

比較湿度 ϕ は、

$$\phi = \frac{0.01668}{0.02410}\times 100 = 69.2\,[\%]$$

【例題4-37】

相対湿度5％、70[°C] の空気を乾燥機に送って水分20％の原料を毎時100[kg] 乾燥している。乾燥後の原料の水分が5％、排出空気の乾燥温度 40[°C]、湿球温度 25[°C] のとき、送入空気量が毎時何kgになるかを求めよ。

ただし、送入·排出空気の圧力は 760[mmHg] とし、70[°C] の飽和蒸気圧を 233.7[mmHg] とする。

(解答)

式(4-21)により絶対湿度 x_1 は、

$$x_1 = 0.622\frac{\phi p_s}{P-\phi p_s} = 0.622\times\frac{0.05\times 233.7}{760-0.05\times 233.7}$$

$$= 0.0097\,[\mathrm{kg/kg}]$$

また、排出空気中の蒸気分圧 P_w は、式(4-19)により、

$$P_w = 23.75-0.6\times(40-25) = 14.75\,[\mathrm{mmHg}]$$

したがって、式(4-21)により絶対湿度 x_2 は、

$$x_2 = 0.622\frac{\phi p}{P-p} = 0.622\times\frac{14.75}{760-14.75} = 0.0123\,[\mathrm{kg/kg}]$$

したがって、乾き空気1[kg] 当たり蒸発水量は、

$$x_2 - x_1 = 0.0123-0.0097 = 0.0026\,[\mathrm{kg}]$$

原料からの蒸発水分量は、

$$100\times\frac{100-20}{100}\left[\frac{20}{100-20}-\frac{5}{100-5}\right] = 80\times 0.1974 = 15.8\,[\mathrm{kg/h}]$$

したがって、使用乾き空気量 $G = \dfrac{15.8}{0.0026}$ は、

$$G = \frac{15.8}{0.0026} = 6077\,[\mathrm{kg/h}]$$

よって、送入空気量は、

$$6077(1+0.0097) = 6136\,[\mathrm{kg/h}]$$

⑬ 湿り空気の状態および状態量

① 絶対湿度 x の湿り空気 1 [kg] については乾き空気の質量比は、蒸気は少量であるから、理想気体とみなして、$\dfrac{1}{1+x}$ 、湿り空気の圧力 P 、容積 V 、質量 G 、絶対温度 T とすれば、

$$PV = \frac{29.97 + 47.06x}{1+x} GT \tag{4-22}$$

② 湿り空気の定圧比熱 C_p は、

$$C_p = \frac{1.00 + 1.93x}{1+x} \text{ [kJ/kg·K]} \tag{4-23}$$

【例題4-38】

温度 27 [°C] 、圧力は 760 [mmHg] 、絶対湿度 0.018 [kg/kg] の空気 10 [m^3] を等圧に保って 100 [°C] に上げるに必要な熱量はいくらか。

(解答)

湿り空気の状態の式**(4-22)**によって、

$$PV = \frac{29.27 + 47.06x}{1+x} GT$$

$$1.033 \times 10^4 \times 10 = \frac{29.97 + 47.06 \times 0.018}{1+0.018} (273 + 27) G$$

から、

$$G = \frac{1.033 \times 1.018 \times 10^5}{300 \times 30.1} = \frac{105160}{9030} = 11.65 \text{ [kg]}$$

湿り空気の比熱の式**(4-23)**によって、

$$\frac{1.00 + 1.93 \times 0.018}{1+0.018} = 1.02 \text{ [kJ/kg·K]}$$

必要な熱量は、

$$1.02 \times 11.65 (100 - 27) = 867 \text{ [kJ]}$$

【例題4-39】

動作流体として飽和蒸気を用いて図のような等圧加熱、断熱膨張、等圧冷却および断熱圧縮からなるサイクルを行なう熱機関がある。断熱膨張におけるはじめの状態(点2)は、圧力1.2[MPa]の乾き飽和蒸気であり、温度が36[°C]になるまで膨張する。また、断熱圧縮後の状態(点1)が飽和水であるとして、次の問いに答えよ。

① 供給された熱量はいくらか。(1→2間)
② 捨てられた熱量はいくらか。(3→4間)
③ このサイクルの効率はいくらか。

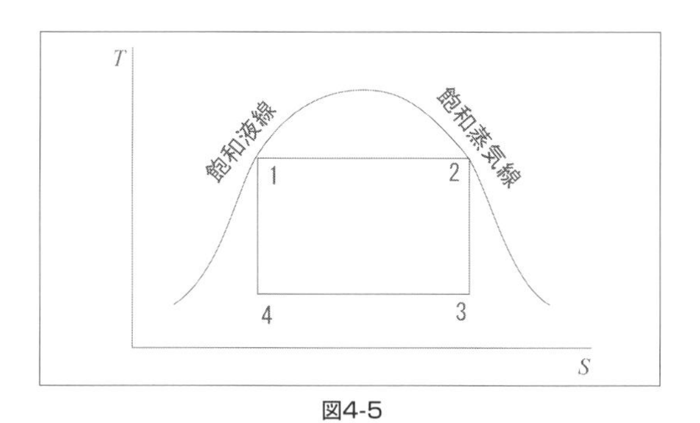

図4-5

(解答)

① 1→2間で供給された熱量 Q_{12} は、

$$Q_{12} = h_2 - h_1$$

であるが、h_2、h_1 はそれぞれ圧力1.2[MPa]における h''、h' に一致する。したがって、蒸気表(p.365)により、

$$Q_{12} = h_2 - h_1 = 2782.7 - 798.43 = 1984.3\,[\mathrm{kJ/kg}]$$

② 3→4間捨てられた熱量は、

$$Q_{34} = h_3 - h_4$$

であるが、h_3、h_4 は乾き度 x および36℃における h'、h'' より、それぞれ、

$$h_3 = h' + x_3(h'' - h')$$

$$h_4 = h' + x_4(h'' - h')$$

で与えられるから、

$$Q_{34} = (x_3 - x_4)(h'' - h')$$

ここで、2―3間および4―1間は断熱変化であるから、$s_3 = s_2$、$s_4 = s_1$ であり、比エントロピー s は、**式(4-17)**により、

$$s = s' + x(s'' - s')$$

となる。したがって、蒸気表より、

$$x_3 = \frac{s_3 - s'}{s'' - s'} = \frac{s_2 - s'}{s'' - s'} = \frac{6.5194 - 0.5184}{8.3348 - 0.5184} = 0.768$$

$$x_4 = \frac{s_1 - s'}{s'' - s'} = \frac{s_4 - s'}{s'' - s'} = \frac{2.2161 - 0.5184}{8.3348 - 0.5184} = 0.2172$$

となる。したがって、蒸気表より、

$$Q_{34} = (0.768 - 0.2172)(2567.2 - 150.74) = 1331\,[\mathrm{kJ/kg}]$$

③ サイクル効率 η は、

$$\eta = 1 - \frac{Q_{34}}{Q_{12}} = 1 - \frac{1331}{1984.3} = 0.329$$

⑭ 冷凍サイクル

冷凍サイクルの有効度を示す成績係数を求めると、冷媒が冷却水へ放出する熱量 Q_c は次のようになる。

$$Q_c = h_2 - h_3$$

冷媒が蒸発の際に被冷却体から吸収した熱量 Q_e (冷凍効果)は、

$$Q_e = h_1 - h_4$$

となり、圧縮機での断熱圧縮仕事 L は、

$$AL = h_2 - h_1$$

となる。したがって、冷凍機の成績係数 ε は、

$$\varepsilon = \frac{Q_e}{AL} = \frac{h_1 - h_4}{h_2 - h_1} \quad (4\text{-}24)$$

【例題4-40】

図はある冷媒のP－h線図である。蒸発器内の温度 $t_1 = 20$ [°C]、凝縮器内の温度 $t_2 = 45$ [°C]、過冷却度 $t_e = 10$ [°C] (膨張弁入口 40 [°C])、過熱度 $\Delta t_h = 5$ [°C] のとき、この冷媒を用いたヒートポンプの成績係数 ε_{oh} と冷凍機の成績係数の ε_{or} の値を求めよ。

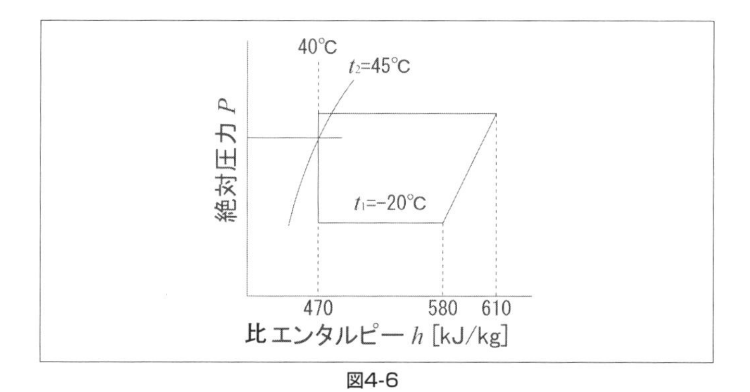

図4-6

(解答)

与えられた圧縮仕事は、

$$L = h_2 - h_1 = 610 - 580 = 30\,[\mathrm{kJ/kg}]$$

単位質量の冷媒が冷却水へ放出する熱量 Q_c は、

$$Q_c = h_2 - h_3 = 610 - 470 = 140\,[\mathrm{kJ/kg}]$$

低温熱源より吸収する熱量 Q_e (冷凍効果)は、

$$Q_e = h_1 - h_4 = 580 - 470 = 110\,[\mathrm{kJ/kg}]$$

したがって、ヒートポンプの成績係数 ε_{oh} は、

$$\varepsilon_{oh} = \frac{140}{30} = 4.67$$

冷凍機の成績係数の ε_{or} は、

$$\varepsilon_{or} = \frac{110}{30} = 3.67$$

⑮総合問題

【例題4-41】
容量 300[l] のタンクに、圧力 250[kPa] 、温度 127[°C] の酸素が入っている。この酸素から 30[kJ] の熱量を取り去ったときの圧力を求めよ。

(解答)
はじめに、タンク内の酸素の質量を求める。ここで、 $R = 0.2598$[kJ/kgK] とすると、

$$G = \frac{P_1 V_1}{R T_1} = \frac{250 \times 0.3}{0.2598 \times 400} = 0.722\,[\mathrm{kg}]$$

30[kJ] の熱力を取り去った後の温度 T_2 は、 $Q_2 = GC_v\left(T_2 - T_1\right) = -30$[kJ] であるから、この式により、$C_v = 0.635$[kJ/kgK] (一定)とすると、

$$T_2 - T_1 = \frac{-30}{GC_v} = \frac{-30}{0.722 \times 0.635} = -65.4\,[\mathrm{K}]$$

$$\therefore T_2 = -65.4 + 400 = 334.6\,[\mathrm{K}]$$

したがって、30[kJ] の熱力を取り去った後の圧力 P_2 は、

$$P_2 = \frac{P_1 T_2}{T_1} = \frac{250 \times 334.6}{400} = 209\,[\mathrm{kPa}]$$

【例題4-42】
空気 5[kg] を、圧力 300[kPa] 、温度 300[°C] の状態から、定圧のもとに、容積が3分の2になるまでの加熱に要する熱量を求めよ。

(解答)
はじめの容積を V_1、終わりの容積を V_2 とすると、$V_1 : V_2 = 3 : 2$ であるから、定圧変化の式より終わりの温度 T_2 を求めると、

$$T_2 = T_1 \frac{V_2}{V_1} = 573 \times \frac{2}{3} = 382\,[\mathrm{K}]$$

したがって、加熱に要する熱量 Q_2 は、$C_p = 1.005$[kJ/kgK] (一定)として、

$$Q_2 = GC_p\left(T_2 - T_1\right) = 5 \times 1.005 \times \left(382 - 573\right)$$
$$= -960\,[\mathrm{kJ}]$$

すなわち、960[kJ] の熱量を取り去らなければ、容積は2/3とならない。

【例題4-43】

圧力1[MPa]、乾き度 0.8 の飽和蒸気の比エンタルピーおよび比容積はいくらか。

ただし、1[MPa] の $h' = 762.605$ 、 $h'' = 2776.2$ [kJ/kg] 。また、比容積は、 $v' = 1.113 \times 10^{-3}$ 、 $v'' = 0.194$ [m³/kg] とする[SI]。

ただし、数値は巻末資料参考による。

(解答)

比エンタルピー $h = h' + x(h'' - h')$

$$h = 762.605 + 0.8(2776.2 - 762.605) = 2373.481\,[\text{kJ/kg}]$$

比容積 $v = v' + x(v'' - v')$

$$v = 1.113 \times 10^{-3} + 0.8(0.194 - 0.001113) = 0.155\,[\text{m}^3/\text{kg}]$$

【例題4-44】

圧力 300 [kPa] 、湿り度 0.7 の飽和蒸気がある。これを 300 [kPa] の乾き飽和蒸気にするには、どれほどの熱量が必要となるか。

ただし、300 [kPa] の $h' = 561.429$ 、 $h'' = 2163.2$ [kJ/kg] とする。

(解答)

この蒸気中には、飽和水が 0.7 [kg/kg] ある。熱量を加えるときは定圧変化であるから、0.7 [kg] の飽和水を乾き蒸気にする熱量を加える必要がある。

$$\therefore 0.7 \times (2163.2 - 561.429) = 0.7 \times 1601.771$$

$$= 1121.24\,[\text{kJ/kg}]$$

【例題4-45】

空気 10 [kg] を、圧力 300 [kPa] 、温度 20 [°C] の状態から、温度一定のもとに、圧力 1 [MPa] まで可逆的に圧縮するのに必要な仕事量を求めよ。

ただし、空気のガス定数 $R = 0.287$ [kJ/kg·K] とする。

(解答)

空気 1 [kg] 当たりの仕事量 L_2 は、等温変化であるから、

$$L_2 = RT \ln \frac{P_1}{P_2} = 0.287 \times 293 \times \ln \frac{300}{1000}$$

$$= 0.287 \times 293 \times (-1.204) = -101.25\,[\text{kJ/kg}]$$

したがって、必要な仕事量は、

$$G_1 L_2 = 10 \times (-101.25) = -1012.5\,[\text{kJ}]$$

外部から、1012.5 [kJ] の仕事が必要となる。

【例題4-46】

空気 5[kg] を、圧力 300[kPa]、温度 100[°C] の状態から、圧力が 100[kPa] の状態に等温変化させた場合の外部に対する仕事量と、空気に加えるべき熱量を求めよ。ただし、空気のガス定数 $R = 0.287$ [kJ / kg·K] とする。

(解答)

等温変化であるから、外部に対する仕事量は、次の式によって求められる。

$$L_2 = RT\ln\frac{P_1}{P_2} = 0.287\times 373\times \ln\frac{300}{100}$$

$$= 0.287\times 373\times 1.10 = 117.8\,[\text{kJ/kg}]$$

外部から加えられる熱量は、

$$Q_2 = G\cdot L_2 = 5\times 117.8 = 589\,[\text{kJ}]$$

【例題4-47】

容量 10[m^3] の容器中に 600[kPa] の飽和蒸気が 50[kg] 入っている。この蒸気の乾き度を求めよ。

ただし、600[kPa] の比容積は、飽和水(v') = 0.0011、乾き飽和蒸気(v'') = 0.315[m^3/kg] とする。

(解答)

この蒸気の比容積は、

$$10/50 = 0.2\,[\text{m}^3/\text{kg}]$$

となり、したがって乾き度を x とすれば、

$$v = v' + x(v'' - v')$$

により、

$$0.2 = 0.0011 + x(0.315 - 0.0011)$$

$$\therefore x = \frac{0.2 - 0.0011}{0.315 - 0.0011} = 0.634$$

【例題4-48】

圧力 500[kPa]、乾き度 0.95 の飽和蒸気の比内部エネルギーはいくらか。

ただし、500[kPa] の飽和水および乾き飽和蒸気の比エンタルピーは、巻末資料により、$h' = 640.12$ [kJ / kg]、$h'' = 2747.5$ [kJ/kg]。また、比容積は、$v' = 0.0011$、$v'' = 0.3747$ [m^3 / kg] である。

(解答)

比エンタルピーは$h=u+Pv$であるから、$u=h-Pv$である。

湿り飽和蒸気の比容積vは、

$$v=v'+x(v''-v')=0.0011+0.95(0.3747-0.0011)$$
$$=0.356\,[\mathrm{m^3/kg}]$$

となる。また、比エンタルピーhは、

$$h=h'+x(h''-h')=640.12+0.95(2747.5-640.12)$$
$$=2642\,[\mathrm{kJ/kg}]$$

となり、比内部エネルギーuは、

$$u=h-Pv=2642-500\times 0.356$$
$$=2642-178=2464\,[\mathrm{kJ/kg}]$$

【例題4-49】

圧力500[kPa]の蒸気を通す、外径300[mm]、長さ150[m]の鋼製パイプがある。このパイプの表面からの放熱量を求めよ。

ただし、通過する蒸気の温度は200[°C]であり、パイプの表面温度は蒸気の温度と等しいと考え、パイプ表面の熱伝導率は$20\,[\mathrm{W/m^2K}]$とする。また、このときの外気の温度は25[°C]であった。

(解答)

鋼パイプの表面積Aは、

$$A=\pi\times D\times l=3.14\times 0.3\times 150=141.3\,[\mathrm{m^2}]$$

熱伝導率の式より、

$$Q=hA\Delta t=20\times 141.3\times(200-25)$$
$$=494550\,[\mathrm{W}]$$

【例題4-50】

相対湿度70[%]、温度28[°C]、圧力760[mmHg]の空気がある。この空気の絶対温度および比較湿度を求めよ。

ただし、28[°C]の飽和蒸気圧は、28.35[mmHg]、飽和絶対湿度は0.0241[kg/kg]とする。

(解答)

相対湿度と絶対湿度の関係式より、

$$x = 0.622\frac{\phi P_s}{P - \phi P_s} = 0.622\frac{0.7\times 28.35}{760 - 0.7\times 28.35}$$
$$= 0.01668\,[\mathrm{kg/kg}]$$

となり、28 [°C] における飽和絶対湿度は、0.0241 [kg/kg] であるから、比較湿度 ϕ は、

$$\phi = 0.01668/0.0241 = 0.692 = 69.2\,[\%]$$

となる。

【例題4-51】

炉壁の厚さ 250 [mm]、熱伝導率 0.7 [kcal / m²h·°C] の炉が、内部で1000 [°C] のガスを発生して運転されている。炉内のガスから炉壁への熱伝導率は800 [kcal/m²h·°C]、炉表面から空気中への熱伝導率は12 [kcal/m²h·°C] であるとき、一日でこの炉からは、どれだけの熱が放熱されるかを求めよ。

ただし、炉の全表面積は10 [m²] で、外気の平均温度を 20 [°C]、層の数を1とする。

(解答)

K を熱貫流率、b を層の数、h を熱伝導率とすると、平板の熱貫流抵抗の式により、

$$\frac{1}{K} = \frac{1}{h_1} + \frac{b_1}{\lambda_1} + \frac{b_2}{\lambda_2} + \cdots + \frac{1}{h_2}$$

$$\frac{1}{K} = \frac{1}{800} + \frac{0.25}{0.7} + \frac{1}{12} = 0.00125 + 0.357 + 0.0833 = 0.44155$$

$$\therefore K = 2.265\,[\mathrm{kcal/m^2h\cdot{}^\circ C}]$$

$$Q = KAh\Delta t = 2.265\times 10\times 24\times(1000-20) = 532728\,[\mathrm{kcal}]$$

【例題4-52】

オットーサイクルで圧縮比が9.0 であるときの理論熱効率を求めよ。

ただし、比熱比を1.3 とする。

(解答)

理論熱効率 $\eta_{tho} = 1 - \left(\frac{1}{\varepsilon}\right)^{h-1}$ より、

$$\eta_{tho} = 1 - \left(\frac{1}{9}\right)^{1.3-1} = 1 - \frac{1}{9^{0.3}} = 1 - \frac{1}{1.933}$$
$$= 1 - 0.52 = 0.48$$
$$= 48\,[\%]$$

【例題4-53】

圧力 300 [kPa] の飽和蒸気を 20 [°C] の原水に混合して、 90 [°C] の温水を 300 [kg] 作りたい。このとき必要な蒸気量を求めよ。

ただし、蒸気の乾き度は、 0.95 とし、蒸気保有熱の 10 [%] が周囲への熱損失となるものとする。また、300 [kPa] の飽和水および乾き飽和蒸気の比エンタルピーは、$h' = 561.429$ 、 $h'' = 2724.7$ [kJ/kg] とする。

(解答)

飽和蒸気の放出熱量は水の吸収熱量と周囲への放熱量との和に等しい。ここで、使用蒸気量を x [kg] とすれば、原水の量は $(300 - x)$ [kg] であるから、

$$4.1868(300 - x)(90 - 20)$$
$$= (1 - 0.1)x\left[561.429 + 0.95(2724.7 - 561.429)\right] - 90x \times 4.1868$$
$$87922.8 - 293.076x = 2354.9x - 376.8x$$
$$\therefore x = 87922.8/2271.176 = 38.7\,[\mathrm{kg}]$$

【例題4-54】

圧力 1 [MPa] 、温度 227 [°C] の空気が 10 [kg] あり、これを等圧のままにして冷却し、容量を半分にしたとき、空気が失ったエンタルピーを求めよ。

ただし、空気の定圧比熱は、1.022 [kJ/kg·K] とする。

(解答)

空気の容積が半分になるときの温度 T は、等圧変化であるから、

$$0.5 = T/(227 + 273)$$
$$\therefore T = 250\,[\mathrm{K}] = -23\,[°\mathrm{C}]$$

したがって、このときの空気のエンタルピー減少量は、

$$10 \times 1.022\left[227 - (-23)\right] = 10.22 \times 250 = 2555\,[\mathrm{kJ}]$$

【例題4-55】

空気10[kg]を一定温度400[K]で2.0[m^3]から4.0[m^3]まで可逆的に膨張させたとき、以下の値を求めよ。

ただし、空気のガス定数を$R = 0.287$[kJ/kg·K]とする。

① 体積が2.0[m^3]のときの圧力。
② 膨張に伴なって外部にした仕事。
③ 膨張の伴なう空気のエントロピー変化。

(解答)

① 気体の状態式より次式になる。

$$P_1 = \frac{mRT_1}{V_1} = \frac{10 \times 287 \times 400}{2} = 0.574 \times 10^6 \text{ [J/m}^3\text{]} = 0.574 \text{ [MPa]}$$

② 膨張に伴なって外部にした仕事は等温変化だから、次式になる。

$$L = \int_1^2 P dv = \int_1^2 \frac{mRT}{v} dv = mRT \int_1^2 \frac{dv}{v} = mRT \ln \frac{V_2}{V_1}$$

$$= 10 \times 287 \times 400 \times \ln \frac{4}{2} = 796 \times 10^3 \text{ [J]} = 796 \text{ [KJ]}$$

③ 等温変化だから、内部エネルギーは変化しない。

したがって、エントロピーの変化は、

$$S_2 - S_1 = \int_1^2 \frac{P dv}{T} = mR \int_1^2 \frac{dv}{v} = mR \ln \frac{V_2}{V_1}$$

$$= 10 \times 287 \times \ln \frac{4}{2} = 1.99 \times 10^3 \text{ [J/K]} = 1.99 \text{ [kJ/K]}$$

【例題4-56】

圧力300[kPa]、温度20[°C]の飽和湿り空気を、温度一定のまま圧縮して、圧力600[kPa]の圧縮空気にした。このとき、絶対湿度はどう変化するか。

ただし、20[°C]の水蒸気の飽和圧力は2.3[kPa]とする。

(解答)

絶対湿度xは、次の式による。

$$x = 0.622 \frac{P_w}{P - P_w}$$

で表わされるから、圧力300[kPa]のときの絶対湿度は、

$$x_{0.3} = 0.622 \frac{0.0023}{0.3 - 0.0023} = 0.0048 \text{ [kg/kg]}$$

となる。同様に、圧力 600 [kPa] の絶対湿度は、

$$x_{0.6} = 0.622 \frac{0.0023}{0.6 - 0.0023} = 0.0025\,[\mathrm{kg/kg}]$$

となる。

したがって、絶対湿度は、0.0048 [kg/kg] から 0.0025 [kg/kg] へと変化した。

【例題4-57】

ある4サイクル4シリンダのディーゼル機関のシリンダ径 6.0 [cm] 、ピストンのストロークが10 [cm] であった。このエンジンの運転時の回転数 1000 [rpm] に対して、図示平均有効圧は1.6 [MPa] であった。このときの図示出力と軸出力を求めよ。ただし、機械効率を88%とする。

(解答)

行程体積 V は、

$$V_s = \frac{\pi}{40} \times D^2 SZ = \frac{\pi}{40} \times 6^2 \times 0.1 \times 4 = 1.131\,[l]$$

図示出力 $P_i = \dfrac{P_{mi} Vna}{c}$ により、$c = 60$ [kW] と $a = \dfrac{1}{2}$ [4サイクル] を代入すると、

$$P_i = \frac{1.6 \times 1.131 \times 1000 \times \frac{1}{2}}{60} = 1.508\,[\mathrm{kW}]$$

$$P_e = \eta_m P_i = 0.88 \times 1.508 = 1.327\,[\mathrm{kW}]$$

5
流体力学

① 静止流体

ピストンの面積と加わる力をそれぞれ、A_1、A_2、およびP_1、P_2とすると、液体に加わる圧力はどこでも等しくpで表わされる。

$$p=\frac{P_1}{A_1}=\frac{P_2}{A_2} \quad \text{[パスカルの原理]} \tag{5-1}$$

Vを水中にある円柱の体積とすると、浮力はFは、

$$F=\rho gHA=\rho gV \tag{5-2}$$

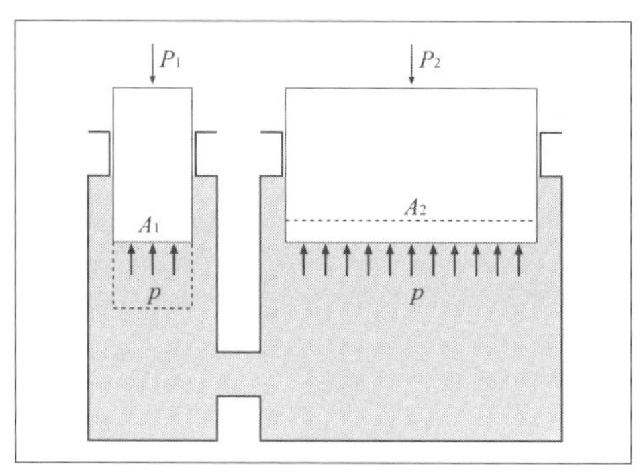

図5-1　パスカルの原理と水圧機

浮力と円柱に働く重量は釣り合っているので、円柱の全質量をmとすれば、

$$\rho gV=mg \tag{5-3}$$

【例題5-1】

$P_1=50\,[\mathrm{kN}]$、$A_1=1\,[\mathrm{m^2}]$、$P_2=300\,[\mathrm{kN}]$とすれば、A_2の面積を求めよ。

(解答)

式(5-1)から、$\dfrac{P_1}{A_1}=\dfrac{P_2}{A_2}$、

$$A_2=\frac{P_2A_1}{P_1}=\frac{300\times10^3\times1}{50\times10^3}=6\,[\mathrm{m}^2]$$

【例題5-2】
面積3[m^2]の平面上に強さ3[kPa]の圧力が一様に作用する場合、平面に働く全圧力を求めよ。

(解答)

式(5-1)から、

$[\mathrm{m}^2]\times[\mathrm{kPa}]$

$=[\mathrm{m}^2]\times[\mathrm{k\,N/m}^2]=[\mathrm{kN}]$ より、

$P=pA=3\times3=9\,[\mathrm{kN}]$

【例題5-3】
深さ5000[m]の海中における圧力は海面上の圧力よりどれだけ大きいか求めよ。ただし、海水の平均比重を1.05とする。

(解答)

式(5-2)から、題意から面積を無視できるので、1とすると、

$$F=\rho gHA=1050\times9.8\times5000\times1$$
$$=51450000\,[\mathrm{Pa}]=51.45\,[\mathrm{MPa}]$$

② 質量保存の法則

流れている流体では、各点の密度、圧力、温度が変化しても、流体の質量は不変であることを質量保存の法則という。

連続の式： $\rho_1 A_1 v_1 = \rho_2 A_2 v_2 =$ 一定 [kg/s]　(5-4)

連続の式のうち、密度 ρ が一定の場合は、$\rho_1 = \rho_2 = \rho$ より、

連続の式： $A_1 v_1 = A_2 v_2 =$ 一定 [m^3/s]　(5-5)

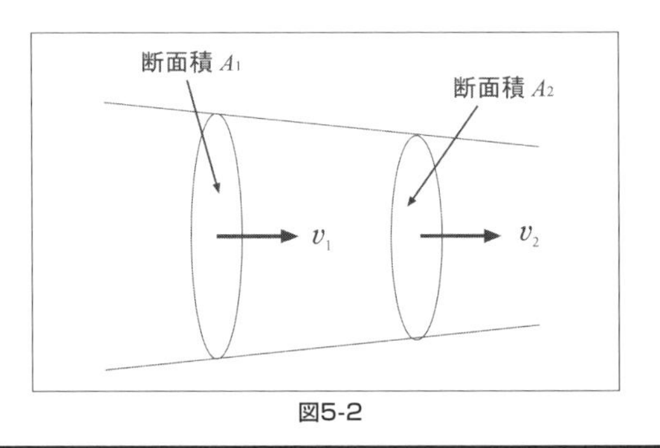

図5-2

【例題5-4】

連続の式が適用される管系において内径が200 [mm] から、100 [mm] に縮小している場合に、内径が200 [mm] の管内を水が平均流速6 [m/s] で流れているとき、内径が100 [mm] における平均流速を求めよ。

(解答)

式(5-5)から、

$$A_1 = \pi \frac{d_1^2}{4} = 3.14 \times \frac{0.2^2}{4} = 0.0314\,[\mathrm{m}^2]$$

$$A_2 = \pi \frac{d_2^2}{4} = 3.14 \times \frac{0.1^2}{4} = 0.00785\,[\mathrm{m}^2]$$

$$v = 6 \times \frac{0.0314}{0.00785} = 24\,[\mathrm{m/s}]$$

③ ベルヌーイの定理

ベルヌーイの定理とは、管内に摩擦がなく密度一定の流体が、時間的に変動しない流れの各点において、①流体の基準からの高さに関する位置エネルギー、②流体の速度に関する運動エネルギー、③流体の圧力に関するエネルギーの総和は一定であるとする。

ベルヌーイの式：$p_1+\frac{1}{2}\rho v_1{}^2+\rho g z_1=p_2+\frac{1}{2}\rho v_2{}^2+\rho g z_2=$一定　(5-6)

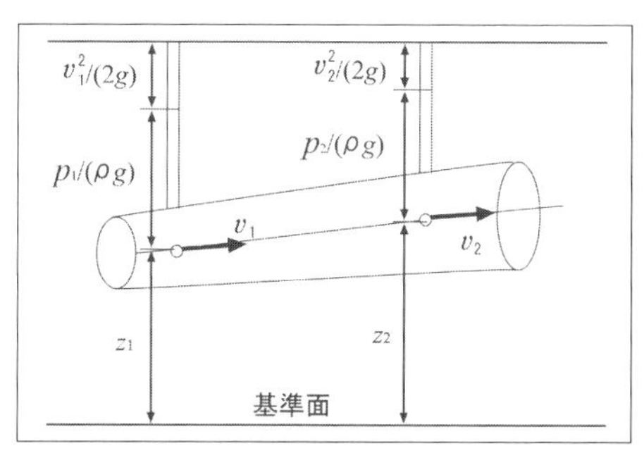

図5-3

連続の式から、質量流量 G 、体積流量 Q 、管内の断面積 A 、流速を v とすると、

$Q=Av=$一定　(5-7)

$G=\rho_1 Q_1=\rho_2 Q_2$　(5-8)

【例題5-5】

ある水平管系において、管内の内径が前流側で200 [mm] 、後流側で300 [mm] に広がっている場合で、この中を水が体積流量で0.3 [m^3/s] の流れを有している。この条件から、管内の質量流量、およびそれぞれの断面における平均流速を求めよ。
ただし、水の密度は1000 [kg / m^3] とする。

(解答)

ここで、(5-7)式から、

$$v = \frac{Q}{A} = \frac{0.3}{0.0314} \fallingdotseq 9.54\,[\mathrm{m/s}]$$

$$v = \frac{Q}{A} = \frac{0.3}{0.07} \fallingdotseq 4.29\,[\mathrm{m/s}]$$

(5-8)式から、質量流量 G は、

$$G = \rho Q = 0.3 \times 1000 = 300\,[\mathrm{kg/s}]$$

【例題5-6】

ある水平管系において、管内の内径が前流側で200[mm]、圧力が200[kPa]、平均流速9.56[m/s]、後流側で300[mm]、平均流速4.29[m/s]の流れを有している。この条件から、管内の後流側の圧力を求めよ。ただし、水の密度は1000[kg/m³]とする。

(解答)

ここで、(5-6)式から、水平管系であることにより高さ z が等しいので、次のように式を変換すると、

$$\rho = \frac{p_1}{\rho g} + \frac{v_1^2}{2g} = \frac{p_2}{\rho g} + \frac{v_2^2}{2g}$$

$$\frac{200 \times 10^3}{1000 \times 9.8} + \frac{9.56^2}{2 \times 9.8} = \frac{P_2}{1000 \times 9.8} + \frac{4.29^2}{2 \times 9.8}$$

$$P_2 = \left[\frac{200 \times 10^3}{1000 \times 9.8} + \frac{9.56^2}{2 \times 9.8} - \frac{4.29^2}{2 \times 9.8}\right] \times 1000 \times 9.8$$

$$= \left[200 \times 10^3 + \frac{9.56^2 \times 1000}{2} - \frac{4.29^2 \times 1000}{2}\right]$$

$$= 236495\,[\mathrm{Pa}] = 236\,[\mathrm{kPa}]$$

【例題5-7】

開放型の大型タンクで、水面から下方の側壁に小さいオリフィスを取り付け、$v = 30\,[\mathrm{m/s}]$ の割合で水を流出させるには、タンクの液面までの高さ H と、このときタンク上部にかける圧力は大気圧よりいくら大きくする必要があるか求めよ。

ただし、水の密度は1000[kg/m³]とする。また、タンクの底からオリフィスまでの高さを5[m]とする。

(解答)

液面までの高さ H は、$v=\sqrt{2gH}$ から、

$$H=\frac{v^2}{2g}=\frac{30^2}{2\times9.8}=45.92\,[\mathrm{m}]$$

タンク上部にかける圧力 p は、

$$\frac{p}{\rho g}=45.92\,[\mathrm{m}]-5\,[\mathrm{m}]=40.92\,[\mathrm{m}]$$

$$\therefore p=40.92\times1000\times9.8=401016\,[\mathrm{Pa}]$$

【例題5-8】

水平管系が $A_1=30\,[\mathrm{cm}^2]$ から $A_2=10\,[\mathrm{cm}^2]$ に絞られた管路がある。管内をある流体が 50 [l/min] で流れたとき、大径、小径部分の静圧を測るとその差圧は 200 [Pa] であった。その場合に流体の密度 ρ を求めよ。

(解答)

ここで、**(5-6)式**から、水平管系であることにより高さ z が等しいので、次のように式を変換すると、

$$\frac{p_1}{\rho g}+\frac{v_1^2}{2g}=\frac{p_2}{\rho g}+\frac{v_2^2}{2g} \qquad ①$$

A_1 の流速 v_1 は、

$$v_1=\frac{50000\,[\mathrm{cm}^3]}{30\,[\mathrm{cm}^2]\times60\,[\mathrm{s}]}=27.8\,[\mathrm{cm/s}]=0.278\,[\mathrm{m/s}]$$

A_2 の流速 v_2 は、

$$v_2=\frac{50000\,[\mathrm{cm}^3]}{10\,[\mathrm{cm}^2]\times60\,[\mathrm{s}]}=83.3\,[\mathrm{cm/s}]=0.833\,[\mathrm{m/s}]$$

題意より差圧は 200 [Pa] から、

$$p_1-p_2=-200\,[\mathrm{Pa}]$$

①より、

$$\rho=\frac{2\mathrm{g}(p_1-p_2)}{\mathrm{g}(v_1^2-v_2^2)}=\frac{2(p_1-p_2)}{(v_1^2-v_2^2)}$$

$$=\frac{2\times(-200)}{0.278^2-0.833^2}=649\,[\mathrm{kg/m^3}]$$

【例題5-9】

ピトー管に 20 [m/s] の速度の空気流の測定を得た、この場合のピトー管の先端全圧と側孔の静圧の差圧を求めよ。

(解答)

空気の密度を $\rho = 1.2\,[\mathrm{kg/m^3}]$ とすると、

$$p = p_1 - p_2 = \frac{1}{2}\rho v^2$$

差圧：
$$= \frac{1}{2} \times 1.2\,[\mathrm{kg/m^3}] \times 20^2\,[\mathrm{m/s}]$$
$$= 240\,[\mathrm{Pa}]$$

【例題5-10】

右図のように、容器に水が充満している。底には $A_s = 20\,[\mathrm{cm^2}]$ の丸い孔があいている。容器の面積は孔に比べて充分に大きく水面速度は無視できるものとして、底面から出る水の速度と流量を求めよ。

ただし、水の密度を $\rho = 1000\,[\mathrm{kg/m^3}]$ とし、$h_0 = 3\,[\mathrm{m}]$ とする。

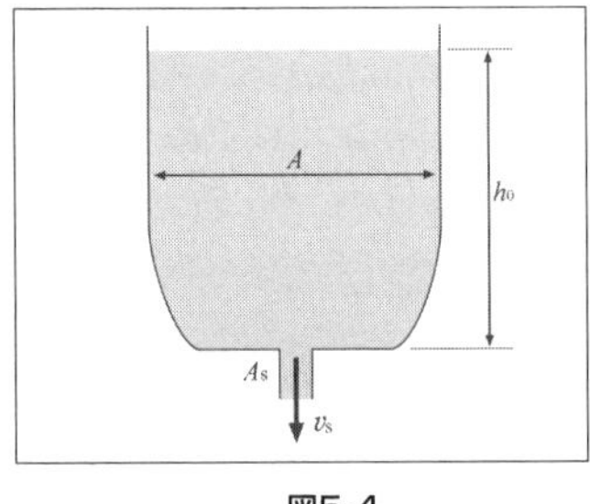

図5-4

(解答)

(5-6)式「ベルヌーイの式」より、

$$p_1 + \frac{1}{2}\rho v_1{}^2 + \rho g z_1 = p_2 + \frac{1}{2}\rho v_2{}^2 + \rho g z_2 = \text{一定}$$

① 静圧は外気と同じであるから、$p_1 = p_2$

② 水の深さは、$h_1 - h_2 = h_0$

③ 下部の出口断面に比べて水面は大きく、水面の下がる速度は無視することができ、水の深さも変化しないものとする。

したがって、ベルヌーイの式から、次の式が得られる。

$$\frac{1}{2}v_s^2 - \mathrm{g}h = 0$$

$$v_s = \sqrt{2\mathrm{g}h} = \sqrt{2 \times 9.8\,[\mathrm{m/s^2}] \times 3\,[\mathrm{m}]} = 7.67\,[\mathrm{m/s}]$$

求める流量 Q は、

$$Q = A_s v_s = 20\,[\mathrm{cm}^2] \times 7.67\,[\mathrm{m/s}]$$
$$= \frac{20\,[\mathrm{m}^2] \times 7.67\,[\mathrm{m/s}]}{10000} = 0.01534\,[\mathrm{m}^3/\mathrm{s}]$$
$$= 15.34\,[l/\mathrm{s}]$$

【例題5-11】

飛行機が駿河湾上を航行しているときの飛行機の前面に設けられたピトー管の差圧が25 [kPa] を示している場合の速度を時速で求めよ。

ただし、空気の密度を $\rho = 1.2\,[\mathrm{kg/m^3}]$ とする。

(解答)

差圧 $p = 25\,[\mathrm{kPa}]$ とすると、速度 v は、

$$v = \sqrt{\frac{2p}{\rho}} = \sqrt{\frac{2 \times 25 \times 10^3\,[\mathrm{Pa}]}{1.2\,[\mathrm{kg/m^3}]}} = 204\,[\mathrm{m/s}]$$
$$= 734.4\,[\mathrm{km/h}]$$

【例題5-12】

長さ l の水平管路が水を充満させたタンクの水面から h の深さの底部側面①に接続されている。管端②にバブルを設けた場合に、次の(1)(2)の問に答えよ。

ただし、水の密度を $\rho = 1000\,[\mathrm{kg/m^3}]$ とする。

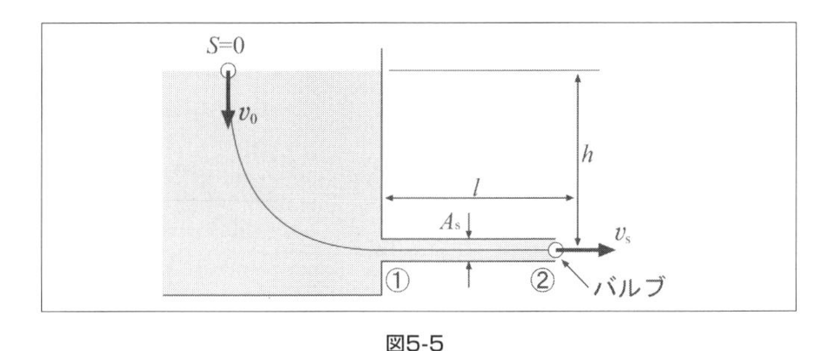

図5-5

問(1)

管端②のバブルを閉じたときの圧力計が $p = 0.12\,[\mathrm{MPa}]$ であった。このときのタンクの水の深さ h を求めよ。

(解答)

ベルヌーイの定理により、バブルを閉じているので、圧力に変化はない。

流体は停止しているために、圧力は一定であるから、

$$p_1 = p_2$$

$\rho gh = p$ より、

$$h = \frac{p}{\rho g} = \frac{0.12\times10^6}{1000\,[\mathrm{kg/m^3}]\times9.8\,[\mathrm{m/s^2}]} = 12.2\,[\mathrm{m}]$$

問(2)

バブルを開いた場合の速度および流量を求めよ。ただし、管の断面積 $A_s = 20\,[\mathrm{cm^2}]$ とする。

(解答)

管の出口までのパイプの長さは関係なく、ベルヌーイの定理により計算できる。

噴出する速度 v は、

$$v = \sqrt{2gh} = \sqrt{2\times9.8\,[\mathrm{m/s^2}]\times12.2\,[\mathrm{m}]} = 15.5\,[\mathrm{m/s}]$$

噴出する流量 Q は、

$$\begin{aligned} Q = A_s \cdot \boldsymbol{v}_s &= 20\,[\mathrm{cm^2}]\times15.5\,[\mathrm{m/s}] \\ &= 20\times10^{-4}\,[\mathrm{m^2}]\times15.5\,[\mathrm{m/s}] \\ &= 0.031\,[\mathrm{m^3/s}] \\ &= 31\,[l/\mathrm{s}] \end{aligned}$$

④ 非定常流れ

① 大きな水槽に取り付けた水平な管の出口弁を急に開いた場合の管出口での流速は、

$$v = v_0 \tanh\left[\frac{ght}{l v_0}\right] \qquad \text{(5-9)}$$

ただし、

v ：ヘッド差 h における定常状態での管出口での流速

損失がない場合は、 $v_0 = \sqrt{2gh}$

② 有限の大きさの水槽の底にあけた孔より流出する場合に、水槽の水面が h_0 より h_1 まで下がるに要する時間は、

$$t = \frac{1}{\alpha A_s \sqrt{2g}} \int_{h_1}^{h_0} \frac{A}{\sqrt{h}} dh \qquad \text{(5-10)}$$

ただし、

α ：孔の流量係数

A_s ：孔の面積

A ：水槽の任意の断面の面積で h の関数

③ 液柱の振動

断面が一様なU字管の中で流体が振動する場合、液面の振動の周期は、S を液柱の長さとすると、

$$T = 2\pi \sqrt{\frac{S}{g\left(\sin\theta_1 + \sin\theta_2\right)}} \qquad \text{(5-11)}$$

④ 流体中における物体の運動と見掛けの質量

静止した理想流体中で半径 a の円柱がその軸に垂直な方向に速度 u_0 で動く場合、円柱に働く力 F は、

$$F=\left(m+\pi\rho a\right)\frac{du_0}{dt} \tag{5-12}$$

ρ ：流体の密度

$\pi\rho a$ ：見掛けの質量

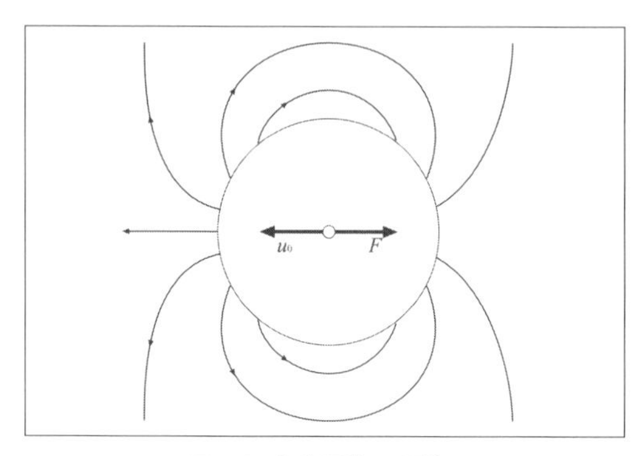

図5-6 加速運動する円柱

【例題5-13】

断面が一様なU字管の中で流体が振動する図のような場合で、液柱の長さ $S=1$[m]、角度 $\theta_1=\theta_2=60$[°] であるときの液面の振動の周期 T を求めよ。

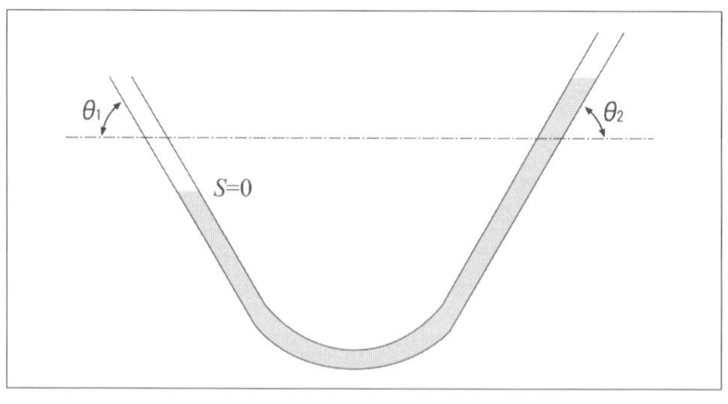

図5-7 液柱の振動

(解答)

式(5-11)により、

$$T = 2\pi\sqrt{\frac{S}{g\left(\sin\theta_1 + \sin\theta_2\right)}}$$

$$= 2\times3.14\sqrt{\frac{1}{9.8\times\left(\sin 60\,[°] + \sin 60\,[°]\right)}}$$

$$= 2\times3.14\times0.24 = 1.51\,[\mathrm{s}]$$

⑤ 粘性流体の流れ

① 円管内の流れ

速度分布が回転放物体の形状を与えるような円管内の流れ(図)をポアズイユの流れといい、壁面に作用するせん断応力 τ_w および流量をそれぞれ、

$$\tau_w = \frac{1}{2} a \frac{dp}{dx} \qquad (5\text{-}13)$$

$$Q = \frac{\pi a^4}{8\mu} \frac{dp}{dx} \qquad (5\text{-}14)$$

で与えられる。

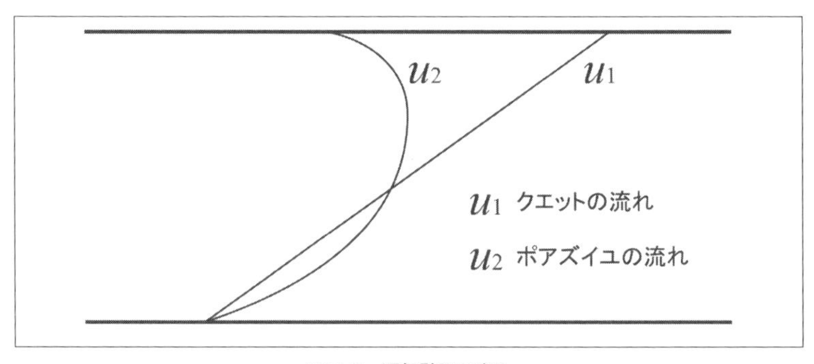

図5-8　平行壁間の流れ

また、管内の平均流速 $\bar{u}$ 、最大流速 u_{max} および圧力勾配の間には、次の関係が成り立つ。

$$\bar{u} = \frac{a^2}{8\mu} \frac{dp}{dx} = \frac{1}{2} u_{max} \qquad (5\text{-}15)$$

なお、この式より、区間 $x = l$ における圧力損失 Δp を、

$$\Delta p = \lambda \frac{l}{d} \frac{\rho}{2} \bar{u}^2 \qquad (d = 2a) \qquad (5\text{-}16)$$

の形に書くと、管摩擦係数 λ は、

$$\lambda = \frac{64}{R_e} \quad \text{(5-17)}$$

ここで、レイノルズ数 R_e は、

$$R_e = \frac{\bar{u}d}{\nu} \quad \text{(5-18)}$$

ただし、ν ：動粘性係数

$$\nu = \frac{\mu}{\rho} \quad \text{(5-19)}$$

【例題5-14】

管内の平均流速 $\bar{u} = 10$ [m/s]、管の直径 $d = 500$ [mm]、円管内を水が流れている場合に、このときのレイノルズ数および管摩擦係数を求めよ。

ただし、水の動粘性係数 ν は、$\nu = 1.01 \times 10^{-6}$ [m^2/s] とする。

(解答)

式(5-18)より、レイノルズ数 R_e は、

$$R_e = \frac{\bar{u}d}{\nu} = \frac{10 \times 0.5}{1.01 \times 10^{-6}} = \frac{10 \times 0.5 \times 10^6}{1.01} = 4.95 \times 10^6$$

また、**式(5-17)**より、管摩擦係数 λ は、

$$\lambda = \frac{64}{R_e} = \frac{64}{4.95 \times 10^6} = 0.0000129$$

【例題5-15】

自動車工場で新型車のモデルを決定するために、1/5の模型が完成し、工場内の風洞実験室で実験を試みた。実験室の高さは 5[m]、実際の風の速度を 20 [m/s] と想定したとき、風洞の速度をいくらにすればよいか。また、このときのレイノルズ数を求めよ。

ただし、空気の動粘性係数 ν は、$\nu = 15.01 \times 10^{-6}$ [m^2/s] とする。

(解答)

風洞の速度 $\overline{u'} = 5\bar{u} = 5 \times 20\,[\mathrm{m/s}] = 100\,[\mathrm{m/s}]$

したがって、風洞の速度 $\overline{u'} = 100\,[\mathrm{m/s}]$ と R_e は一致する。

式(5-18)より、レイノルズ数 R_e は、

$$R_e = \frac{\bar{u}d}{\nu} = \frac{20\,[\mathrm{m/s}] \times 5\mathrm{m}}{15.01 \times 10^{-6}\,[\mathrm{m^2/s}]} = \frac{20\,[\mathrm{m/s}] \times 5\mathrm{m} \times 10^{6}}{15.01\,[\mathrm{m^2/s}]} = 6.7 \times 10^{6}$$

② 油膜潤滑

ジャーナル軸受の場合、軸と軸受によって構成されるくさび状の油膜の狭まり部には、**図5-9**の場合と同様な圧力分布が生じ、その全圧力によって軸受荷重P(単位幅)が支持される。

軸直径をD、軸と軸受の直径すきまをC、軸の毎秒回転数をn、P/Dをpとする。pが小さくnが大きいときは、軸と軸受はほとんど同心となるが、そのときの単位幅当たりの摩擦トルクをMとすると、軸受幅が充分大きい場合、摩擦係数fは、「ペトロフの式」と呼ばれる。

$$f = \frac{M/(D/2)}{p} = 2\pi^2 \frac{D}{C}\frac{\mu n}{p} \tag{5-20}$$

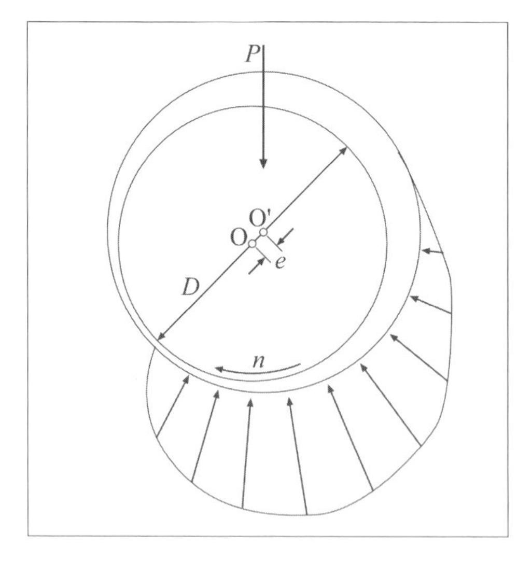

図5-9　ジャーナル軸受

図5-10はゾンマーフェルト数 S_0 と $f(D/C)$ の関係を示し、S_0 の減少によって $f(D/C)$ は同心のときよりも大きくなる。これは S_0 減少に伴って ε が大きくなるためである。

したがって、ε と S_0 の関係は、

$$S_0 = \frac{(2+\varepsilon^2)\sqrt{1-\varepsilon^2}}{12\pi^2\varepsilon} \quad \text{(5-21)}$$

図に示す、油膜の最小厚さを h とすると、$hc = 1-\varepsilon$ であるので図のように S_0 の減少に伴って hc が小さくなる。このときの摩擦係数 f は、

$$f = \frac{C}{3D}\frac{1+2\varepsilon^2}{\varepsilon} \quad \text{(5-22)}$$

となるので、$\varepsilon = \frac{1}{\sqrt{2}}$ のとき f は最小となり、そのときの f と M は、

$$f_{\min} = \frac{0.94C}{C} \quad 、\ M_{\min} = 0.47PC \quad \text{(5-23)}$$

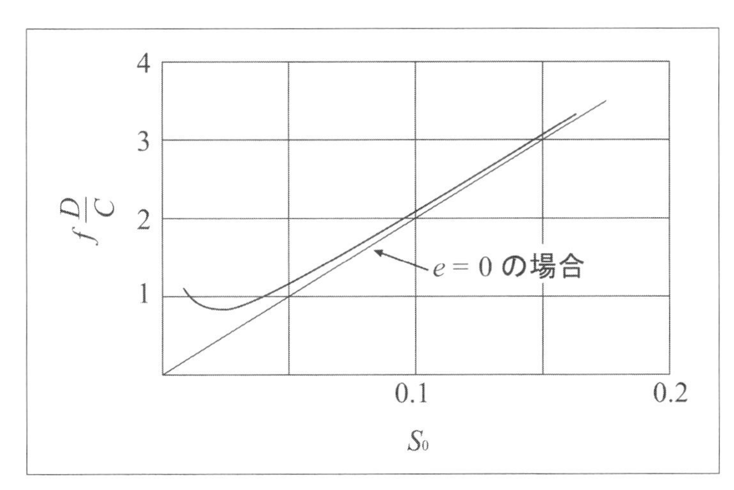

図5-10　S_0 と $f(D/C)$ の関係

【例題5-16】

ジャーナル軸受の場合、軸と軸受によって構成されるくさび状の油膜の狭まり部には、圧力分布が生じ、その全圧力によって軸受荷重 $P=20$ [kN] (単位幅) が支持される。軸直径を $D=100$ [mm] 、軸と軸受の直径すきまを $C=0.1$ [mm] 、軸の毎秒回転数を $n=20$ 、 P/D を p とする。 p が小さく n が大きいときは、軸と軸受はほとんど同心となるが、そのときの単位幅当たりの摩擦トルクを $M=2$ [kN·m] とすると、軸受幅が充分大きい場合、摩擦係数 f を求めよ。

(解答)

式(5-20)より、

$$f=\frac{M/(D/2)}{p}=\frac{2M}{P}=\frac{2\times2\times10^3}{20\times10^3}=0.2$$

⑥ 圧縮性流体の流れ

① 状態方程式

一般に流体では圧力が変化すれば体積が変化し、それに伴って密度も変化する。この性質を流体の圧縮性という。流体の圧縮性は、液体では圧力液を扱う以外は一般には無視されるが、気体において顕著に現われる。

気体の密度 ρ は状態方程式によって圧力 p と絶対温度 T に関係づけられる。完全気体の状態方程式、

$$p = \rho RT \tag{5-24}$$

が用いられる。ここに、R は気体定数である。

② 音速とマッハ数

流体の圧縮性は、定量的には圧縮率、あるいはその逆数の体積弾性係数によって表わされ、気体の圧縮または膨張過程における圧力と密度の変化の間の熱力学的関係に依存する。

気体の比熱比を κ とすれば、完全気体の音速 a は次の式で表わされる。

$$a = \sqrt{\frac{\kappa p}{\rho}} = \sqrt{\kappa RT} \tag{5-25}$$

すなわち、音速は絶対温度の平方根に比例する。温度は場所によって異なるから、音速も場所によって変化する。

ある点の流れの速度 v とその点における音速 a の比を「マッハ数 M」という。

$$M = \frac{v}{a} \tag{5-26}$$

【例題5-17】

温度が $27\,[^\circ\mathrm{C}]$、比熱比 $\kappa = 1.4$、一般のガス定数 $848\,[\mathrm{kgf \cdot m / (k\,mol \cdot K)}]$ のときの音速 a を求めよ。

ただし、空気の平均分子量を28.96とする。(工学単位)

(解答)

空気のガス定数が判明しない場合には、一般のガス定数と空気の平均分子量から計算することができる。

$$R = \frac{848}{28.96} = 29.3\,[\mathrm{kgf \cdot m / (kg \cdot K)}] = 29.3 \times 9.8 = 287.14\,[\mathrm{kg \cdot m / kg \cdot K}]$$

が得られる。

したがって、**式(5-25)**から、

$$a = \sqrt{\kappa R T} = \sqrt{1.4 \times 287.14 \times (273 + 27)} = 347.3\,[\mathrm{m/s}]$$

【例題5-18】

前問の条件で、ジェット飛行機がマッハ数$(12 > M > 5)$の超音速の範囲では、ほとんどの場合、衝撃波を発生させるという。この範囲のジェット飛行機の速度を求めよ。

(解答)

式(5-26)より、

$$v = Ma = 12 \times 347.3\,[\mathrm{m/s}] = 4167.6\,[\mathrm{m/s}]$$

$$v = Ma = 5 \times 347.3\,[\mathrm{m/s}] = 1736.5\,[\mathrm{m/s}]$$

よって、

$$4167.6\,[\mathrm{m/s}] > v > 1736.5\,[\mathrm{m/s}]$$

⑦ 運動量の法則

① 大きな静止平板に衝突する定常噴流

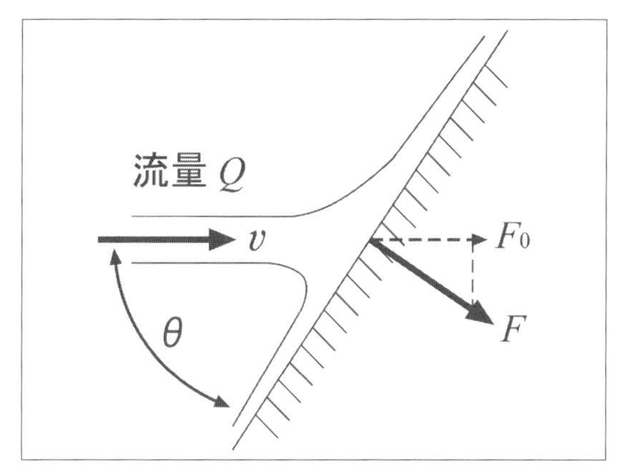

図5-11　平面に衝突する噴流

図のように、平板が噴流の方向と角度 θ をなすとき、平板に及ぼす力は、

$$F = \rho Q v \sin\theta \tag{5-27}$$

この力は平板に垂直である。噴流の方向の力 F_0 は、

$$F_0 = \rho Q v \sin^2\theta \tag{5-28}$$

上式の成立条件は(平板の直径)＞6・(噴流の直径)である。
平板が噴流に直角($\theta = 90°$)の場合は、

$$F = \rho Q v \tag{5-29}$$

この式の成立条件は、$D = \dfrac{5d}{\sqrt{n}}$ である。
ただし、

D ：流の方向を完全に変えるのに必要な板の最小直径
d ：噴流の直径
nd ：オリフィスと平板の距離

② 曲線壁に沿って曲がる二次元定常噴流

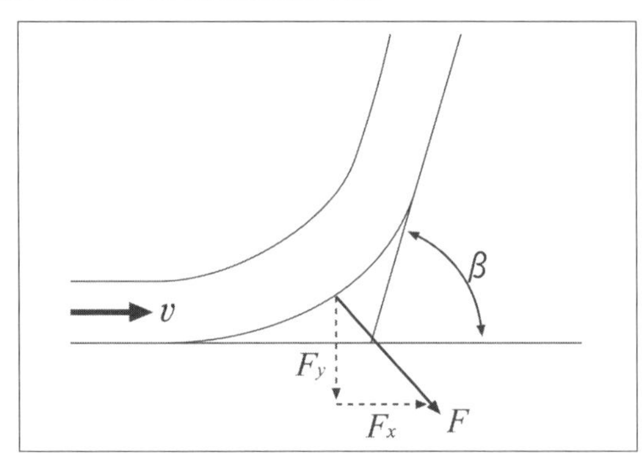

図5-12　曲線壁に沿う噴流

図のように、噴流が壁に及ぼす力のx軸方向およびy軸の負方向の分力をそれぞれ F_x および F_y とすれば、

$$F_x = \rho Qv(1-\cos\beta) \qquad (5\text{-}30)$$

$$F_y = \rho Qv\sin\beta \qquad (5\text{-}31)$$

【例題5-19】

上記図のように、大きな静止平板に衝突する定常噴流において、円形ノズルの直径 $d=20\,[\mathrm{cm}]$ で、 $v=100\,\mathrm{m/s}$ 、平板が噴流の方向と角度 $60[°]$ 、密度 $\rho=1000\,[\mathrm{kg/m^3}]$ ときに平板に及ぼす力を求めよ。

(解答)

まず、ノズルに流れる流量 Q を求めると、

$$Q=\frac{\pi}{4}d^2v=\frac{3.14}{4}\times 0.2^2\times 100=3.14\,[\mathrm{m^3/s}]$$

したがって、**式(5-27)**により、

$$F=\rho Qv\sin\theta=1000\times 3.14\times 100\times 0.866 \fallingdotseq 271924\,[\mathrm{Pa}]=0.27\,[\mathrm{MPa}]$$

【例題5-20】
左記図のように、曲線壁に沿って曲がる二次元定常噴流において、円形ノズルの直径 $d=20\,[\mathrm{cm}]$ で、 $v=100\,[\mathrm{m/s}]$ 、平板が噴流の方向と角度 $60\,[°]$ 、密度 $\rho=1000\,[\mathrm{kg/m^3}]$ ときに平板に及ぼす力を求めよ。

(解答)

まず、ノズルに流れる流量 Q を求めると、

$$Q=Av=\frac{\pi}{4}d^2v=\frac{3.14}{4}\times0.2^2\times100=3.14\,[\mathrm{m^3/s}]$$

したがって、**式(5-30)**により、

$$F_x=\rho Qv\left(1-\cos\beta\right)=1000\times3.15\times100\times\left(1-0.5\right)$$
$$=157000\,[\mathrm{Pa}]=0.157\,[\mathrm{MPa}]$$

式(5-31)により、

$$F_y=\rho Qv\sin\beta=1000\times3.15\times100\times0.866$$
$$=271924\,[\mathrm{Pa}]=0.27\,[\mathrm{MPa}]$$

よって、x軸方向とy軸方向の分力の合力 F は、

$$F=\sqrt{F_x^2+F_y^2}=\sqrt{0.157^2+0.27^2}=0.312\,[\mathrm{MPa}]$$

⑧ 微小すきまを通る流れ

① 平行2面間のすきま

図のような微小すきまhにおいて、圧力差$\Delta p \left(= p_1 - p_2\right)$によって流体が層流の状態で流れる場合、速度分布は次の式となる。

ただし、流体粘性係数μ、平行平面の長さlとする。

$$u = \frac{\Delta p}{2\mu l}\left(h - y\right) y \tag{5-32}$$

したがって、すきまの幅bについての流量Qは、

$$Q = \frac{bh^3}{12\mu l}\Delta p \tag{5-33}$$

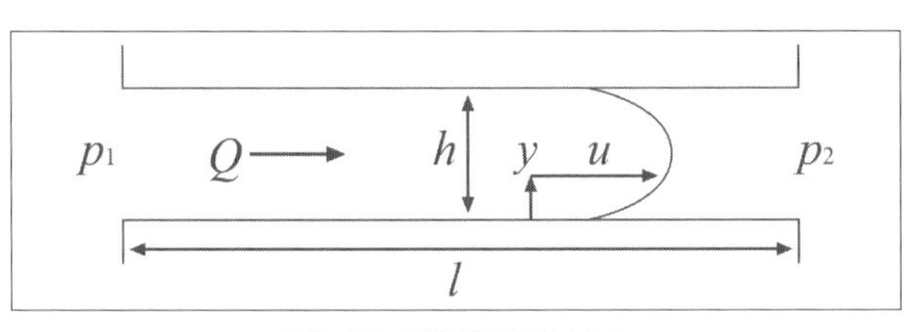

図5-13 平行2面間のすきま

② 平行2円板間のすきま

図のような平行2円板間の細げきを放射線に流れる流量Qは、

$$Q = \frac{\pi h^3}{6\mu \log_e\left(\dfrac{r_2}{r_1}\right)}\Delta p \tag{5-34}$$

$R_e = \dfrac{v_1 h}{\nu}$、$v = \dfrac{Q}{2\pi r_1}h$とすると、助走が終わる点の半径r_eは、

$$\frac{r_e}{r_1} \fallingdotseq 1 + \frac{1}{10}\sqrt{\frac{1}{5}R_e\frac{h}{r_1}} \tag{5-35}$$

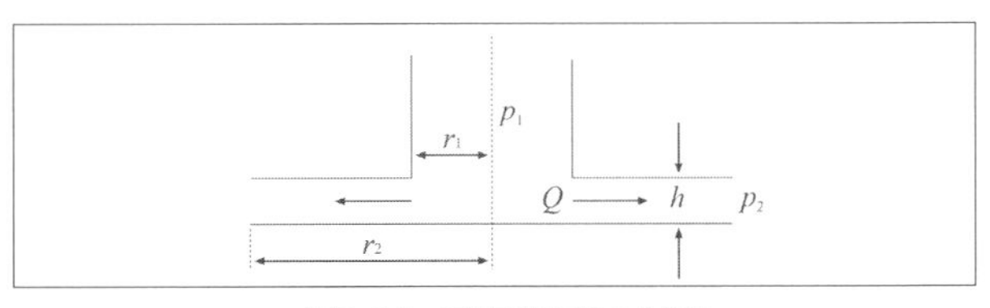

図5-14　平行2円板間のすきま

【例題5-21】

下記図のように平行2面間の微小すきま $h=10\,[\mathrm{cm}]$ 、幅 $b=50\,[\mathrm{cm}]$ 、流体が層流の状態で流れる場合の平均速度 $u=2\,[\mathrm{m/s}]$ 、最大速度 $y=\dfrac{h}{2}=5\,[\mathrm{cm}]$ 、$l=10\,[\mathrm{m}]$ 、この流体の粘性係数[水・20℃] $\mu=1.0\times10^{-3}\,[\mathrm{Pa\cdot s}]$ とすると、2点間の圧力差 $\Delta p\,(=p_1-p_2)$ を求めよ。

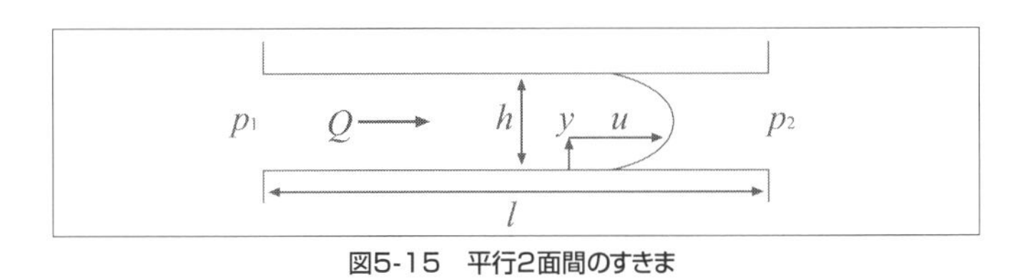

図5-15　平行2面間のすきま

(解答)

式(5-32)より、

$$u=\frac{\Delta p}{2\mu l}(h-y)y$$

式を変換すると、

$$\Delta p=\frac{u\times2\mu l}{(h-y)y}=\frac{2\times2\times1.0\times10^{-3}\times10}{(0.1-0.05)\times0.05}=16\,[\mathrm{Pa}]$$

【例題5-22】

前問の条件を用いて、平行2面間の微小すきまを流れる流量 Q を求めよ。

(解答)

式(5-33)より、

$$Q=\frac{bh^3}{12\mu l}\Delta p=\frac{0.5\times0.1^3\times16}{12\times1.0\times10^{-3}\times10}$$

$$=0.067\,[\mathrm{m^3/s}]$$

$$=67000\,[l/\mathrm{s}]=67\,[\mathrm{k}l/\mathrm{s}]$$

⑨ 直管の管摩擦係数

① 円管の管摩擦

内径 d の真っすぐな円管内を、密度 ρ の流体が平均流速 v で流れるとき、助走区間を終了し流れが充分発達した領域内において、管軸長さ l の区間の摩擦による圧力損失を p_1-p_2、損失ヘッドを h として、h を、

$$h=\frac{p_1-p_2}{\rho g}=\lambda\frac{l}{d}\frac{v^2}{2g} \quad (5\text{-}36)$$

また、λ：管摩擦係数と壁面せん断応力 τ_0 との間には次の関係がある。

$$\tau_0=\frac{\lambda\rho v^2}{8} \quad (5\text{-}37)$$

② 滑らかな円管の管摩擦係数

(1) 層流の場合　流量を Q とすれば、「ポアズイユの法則」が成り立つ。

$$Q=\frac{\pi a^4(p_1-p_2)}{8\mu l} \quad (5\text{-}38)$$

管摩擦係数 λ は、R_e をレイノルズ数とすると、

$$\lambda=\frac{64}{R_e} \quad (5\text{-}39)$$

(2) 乱流の場合　滑らかな円管の乱流の管摩擦係数は、$R_e \leq 10^5$ において次の式が実験式で与えられる。

$$\lambda=0.3164R_e \quad (5\text{-}40)$$

③ 実用管の管摩擦係数

$$\frac{1}{\sqrt{\lambda}}=-2\log\left[\frac{\varepsilon}{3.71d}+\frac{2.51}{R_e\sqrt{\lambda}}\right] \quad (5\text{-}41)$$

【例題5-23】

内径 $d=50\,[\mathrm{cm}]$ の真っすぐな円管内を、密度 ρ の流体が平均流速 $v=20\,[\mathrm{m/s}]$ で流れているとき、助走区間を終了し流れが充分発達した領域内において、管軸長さ $l=10\,[\mathrm{m}]$ の区間の摩擦による圧力損失 $\Delta p(=p_1-p_2)=100\,[\mathrm{Pa}]$ のときに、損失ヘッド h および管摩擦係数 λ を求めよ。

ただし、水の密度 $\rho=1000\,[\mathrm{kg/m^3}]$ とする。

(解答)

損失ヘッド h は、**式(5-36)**より、

$$h=\frac{p_1-p_2}{\rho g}=\frac{100}{1000\times 9.8}=0.01\,[\mathrm{m}]=10\,[\mathrm{cm}]$$

さらに、管摩擦係数 λ は、**式(5-36)**より、

$$\lambda=\frac{h\times d\times 2g}{l\times v^2}=\frac{0.01\times 0.5\times 2\times 9.8}{10\times 20^2}$$
$$=0.0000245=2.45\times 10^{-5}$$

【例題5-24】

前問の条件から、この真っすぐな円管内の壁面せん断応力 τ_0 を求めよ。

(解答)

壁面せん断応力 τ_0 は、**式(5-37)**より、

$$\tau_0=\frac{\lambda\rho v^2}{8}=\frac{2.45\times 10^{-5}\times 1000\times 20^2}{8}=1.225\,[\mathrm{Pa}]$$

【例題5-25】

滑らかな円管内を水が層流で流れている場合、内径 $d=50\,[\mathrm{cm}]$ 、管軸長さ $l=10\,[\mathrm{m}]$ 、摩擦による圧力損失 $\Delta p(=p_1-p_2)=100\,[\mathrm{Pa}]$ のときに、ポアズイユの法則が成り立つとして、この円管内の流量 Q を求めよ。

ただし、水の粘性係数は、$0.890\times 10^{-3}\,[\mathrm{Pa\cdot S}]$ とする。

(解答)

式(5-38)より、

$$Q=\frac{\pi a^4(p_1-p_2)}{8\mu l}=\frac{\pi\times\left(\dfrac{d}{2}\right)^4\times\Delta p}{8\times\mu\times l}$$

$$=\frac{3.14\times\left(\dfrac{0.5}{2}\right)^4\times 100}{8\times 0.890\times 10^{-3}\times 10}=\frac{3.14\times 0.0039\times 100\times 10^3}{8\times 0.890\times 10}$$
$$=17.20\,[\mathrm{m^3/s}]$$

⑩ 管路の諸損失

① 管路における損失ヘッド

管内に流体が充満して流れる場合を管路というが、管路内の流れでは管摩擦による損失ヘッドのほかに、流路断面積の大きさ、形または流れの方向の変化がある場合にもヘッド(head)の損失が生ずる。このような原因による損失ヘッドは一般に次の式で表わされる。

$$h_S = \zeta_1 \left(v_1^{\ 2}/2g \right) \quad (v_1 > v_2 \text{ の場合})$$
$$h_S = \zeta_2 \left(v_2^{\ 2}/2g \right) \quad (v_1 < v_2 \text{ の場合}) \qquad (5\text{-}42)$$

ただし、

- v_1 は抵抗の生ずる場所の影響を受け始める管断面における平均流速(m/s)
- v_2 はその影響を受け終わり、流れが常態に復帰した管断面における平均流速(m/s)
- ζは損失係数で、一般に形状を表わすパラメータとレイノルズ数 R_e の関数

である。

② 助走区間における損失ヘッド

流れが充分発達した層流あるいは乱流の速度分布をもつようになるまでには管入口より一定の距離 L を必要とする。

この距離を助走距離あるいは入口長さといい、この区間を通常、助走区間という。

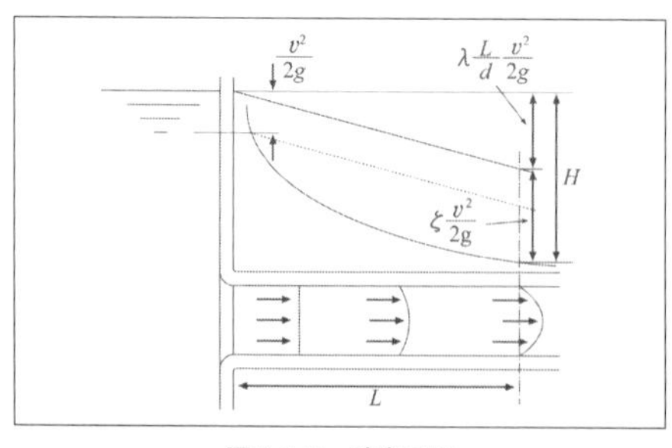

図5-16　助走区間

助走距離の L の値は、図に示すような、ラッパ型入口をもった円形断面の管路に流入する場合、層流では $L=0.0566R_e\ d$ 、乱流では $L=0.5d$ である。ただし、レイノルズ数： $R_e=vd/\nu$ である。

管入口から助走区間を終了するまでの圧力低下を H とすると、

$$H=\lambda\frac{L}{d}\frac{v^2}{2g}+\xi\frac{v^2}{2g} \tag{5-43}$$

ただし、

λ：管摩擦係数

ξ：乱流の場合は、2.25～2.33

ξ：層流の場合は、1.06～1.09

③ 管路の入口の形状による損失

管路が壁面に対して垂直に取り付けた場合の損失係数を ζ とすると、その値は入口の形状によって異なり、図に示すようになる。

ζ の値は一般にはレイノルズ数： R_e が大きくなると減少する傾向がある。

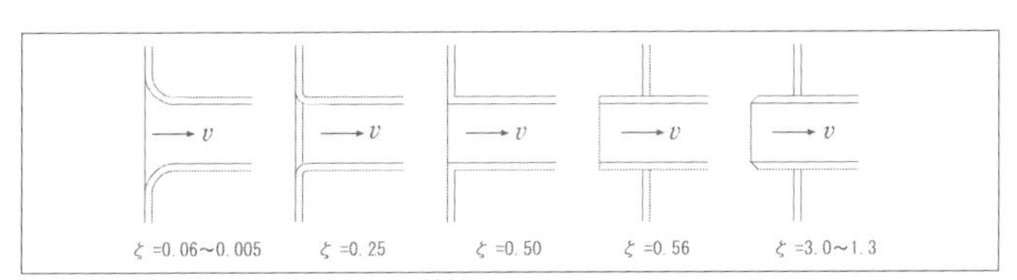

図5-17　種々なる管路の入口の形状

また、図に示すように、管が壁面に対して角度 θ の傾きをもって取り付けてある場合、θ が 90 [°] 以下での $\zeta\ (=\zeta_\theta)$ は管を壁面に垂直に取り付けた場合よりも ζ' だけ大きな値となる。

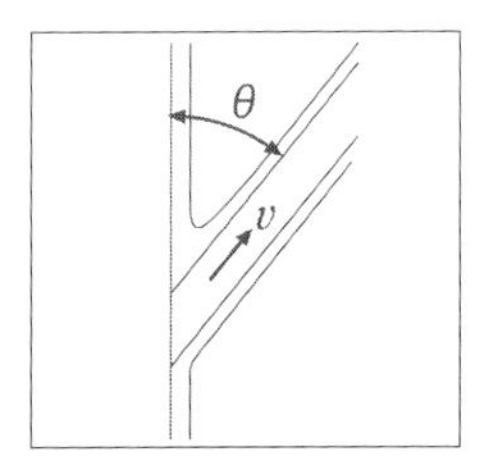

図5-18　管が壁面に対して傾きをもって取り付けてある場合

$$\left.\begin{aligned}\zeta_\theta &= \zeta + \zeta' \\ \zeta &= 0.3\cos\theta + 0.2\sin^2\theta\end{aligned}\right] \qquad (5\text{-}44)$$

【例題5-26】

図に示すようなラッパ型入口をもった内径 $d = 0.5\,[\mathrm{m}]$ の円形断面の管路に液体が平均流速 $v = 20\,[\mathrm{m/s}]$ で流入する場合、層流のときの助走距離 L および乱流のときの助走距離 L を求めよ。

ただし、20℃の水の動粘性係数 $\nu = 1.004\times10^{-6}\,[\mathrm{m^2/s}]$ とする。

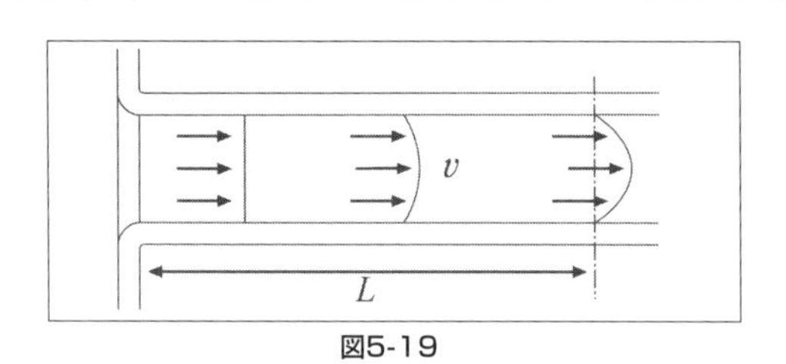

図5-19

(解答)

層流のときの助走距離 L は、

$$\text{レイノルズ数：}\ R_e = \frac{vd}{\nu} = \frac{20\,[\mathrm{m/s}]\times0.5\,[\mathrm{m}]}{1.004\times10^{-6}\,[\mathrm{m^2/s}]} = 9.96\times10^6$$

したがって、

$$L = 0.0566R_e d = 0.0566\times9.96\times10^6\times0.5\,[\mathrm{m}] = 281868\,[\mathrm{m}]$$

乱流のときの助走距離 L は、

$$L = 0.5\times d = 0.5\times0.5 = 0.25\,[\mathrm{m}]$$

【例題5-27】

前問の図に示すようなラッパ型入口をもった内径 $d = 0.2\,[\mathrm{m}]$ の円形断面の管路に液体が平均流速 $v{=}10\,[\mathrm{m/s}]$ で流入する場合、層流のときの助走距離 $L{=}1000\,[\mathrm{m}]$ で、管摩擦係数 $\lambda = 0.02$ 、$\xi = 0.5$ とするとき、圧力損失 H を求めよ。

(解答)

式(5-43)より、管入口から助走区間を終了するまでの圧力低下を H とすると、

$$H = \lambda \frac{L}{d} \frac{v^2}{2g} + \xi \frac{v^2}{2g}$$
$$= 0.02 \times \frac{1000}{0.2} \times \frac{10^2}{2 \times 9.8} + 0.5 \times \frac{10^2}{2 \times 9.8}$$
$$= 510.2 + 2.55 = 512.8\,[\mathrm{Pa}]$$

【例題5-28】

管路内の流れでは管摩擦による損失ヘッドのほかに、流路断面積の大きさ、形または流れの方向の変化がある場合にもヘッド(head)の損失が生ずる。ここで、v_1 は抵抗の生ずる場所の影響を受け始める管断面における平均流速10 [m/s]、v_2 はその影響を受け終わり、流れが常態に復帰した管断面における平均流速 5 [m/s] とすると、管摩擦による損失ヘッドを求めよ。

ただし、損失係数 $\zeta = 0.15$ とする。

(解答)

式(5-42)により、$v_1 > v_2$ の場合であるから、

$$h_S = \zeta\left(v^2/2g\right) = \frac{0.15 \times 10^2}{2 \times 9.8} \fallingdotseq 0.77\ [\mathrm{m}]$$

【例題5-29】

図のように、角度 $\theta = 60\,[°]$ の傾きをもって取り付けてある場合に、損失係数 ζ を求めよ。

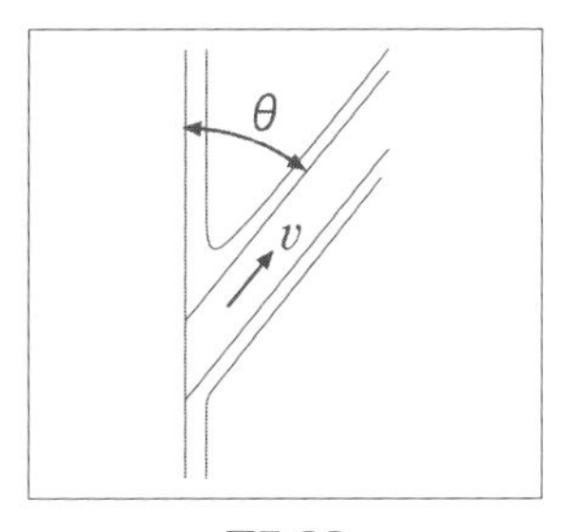

図5-20

(解答)

式(5-44)により、

$$\zeta = 0.3\cos 60\,[°] + 0.2\sin^2 60\,[°] = 0.3 \times 0.5 + 0.2 \times 0.866^2 = 0.299 \fallingdotseq 0.3$$

● **広がり管と細まり管**

① 広がり管

(イ) 断面積が急激に広がる場合

上流側の直管の断面積を A_1、管内平均流速を v_1、下流側の直管の断面積を A_2、管内平均流速を v_2とすると、損失ヘッド h_S は、

$$h_S = \xi \frac{(v_1 - v_2)^2}{2g} = \zeta_1 \frac{v_1^2}{2g} \quad (5\text{-}45)$$

ただし、$\zeta_1 = \xi \left(1 - \frac{A_1}{A_2}\right)^2$、$\xi \fallingdotseq 1$とする。

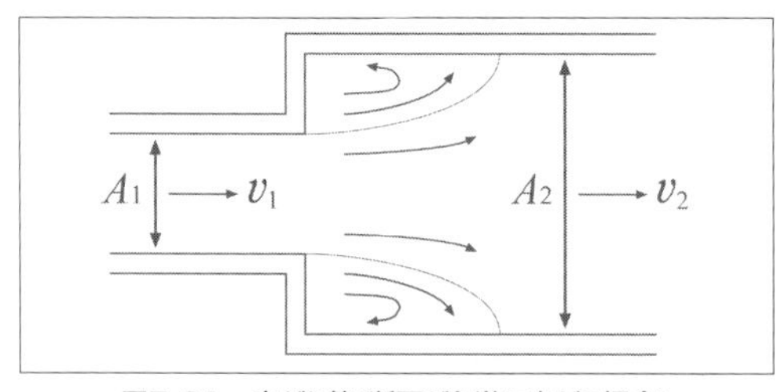

図5-21　広がり管(断面が急激に広がる場合)

(ロ) 断面がゆるやかに広くなる場合

図に示すように断面がゆるやかに広くなる広がり管で、流れの方向の圧力上昇が大きくなると逆流を生ずる。

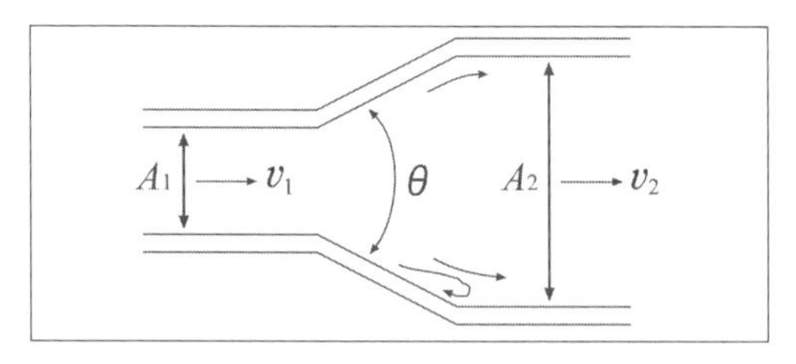

図5-22　広がり管(断面がゆるやかに広くなる場合)

下図はニクラゼによる二次元拡大流路の主流方向の速度実験結果を示したもので、流路中心軸よりの距離を y、流路出口の半幅を b とし、x 軸方向の速度 v と中心軸上の最大速度 v_m との比 v/v_m と y/b との関係を図示している。

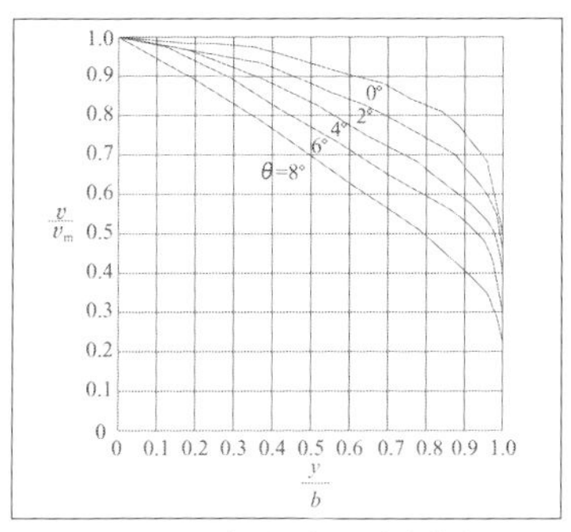

図5-23　広がり流れの速度分布

上図のパラメータは流路の広がり角 θ を表わしている。θ が 8[°]～10[°] の間ではく離が生ずることが明らかにされている。

この場合の損失ヘッド h_S は、急激に広がる場合と同様に次の式が成り立つ。

$$h_S = \xi \frac{(v_1 - v_2)^2}{2g} = \zeta_1 \frac{v_1^{\,2}}{2g} \tag{5-46}$$

ここで、$\zeta_1 = \xi \left(1 - \frac{A_1}{A_2}\right)^2$ とする。

ただし、ξ の値は図に示すように、円形広がり管では θ が約 5°30′ で最小値をとり、その値は約0.135である。

正方形断面広がり管では θ が約 6[°] で最小になり、約0.145、長方形断面広がり管では θ が約 10[°] で最小になり、約0.175となる。

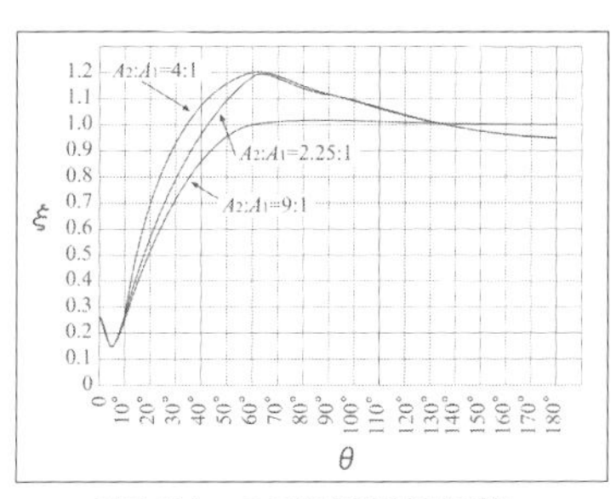

図5-24　ξ の値(円形広がり管)

② 細まり管

(イ) 断面積が急激に狭くなる場合

図5-25に示すような細まり管における損失ヘッド h_S は、下流側の管内平均流速 v_2 を用いて、

$$h_S = \zeta_s \frac{{v_2}^2}{2g} \tag{5-47}$$

で表わされる。

ただし、$\zeta_2 = \left(\frac{1}{C_c} - 1\right)^2$、収縮係数：$C_c = \frac{A_0}{A_2}$、$\frac{A_2}{A_1}$ に対して、C_c および ζ_2 は**図5-26**のように変化する。

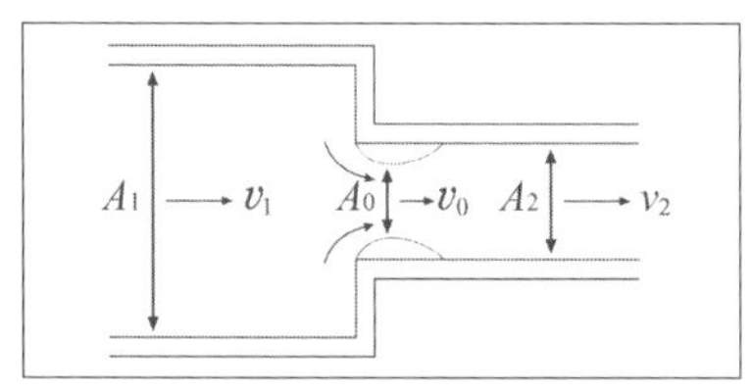

図5-25　細まり管(断面が急激に狭くなる場合)

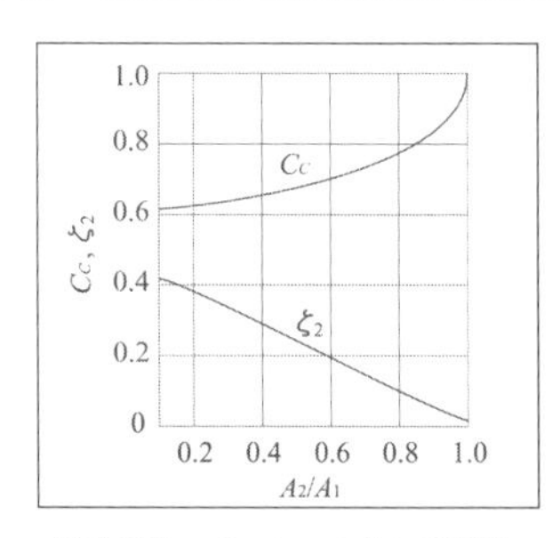

図5-26　$C_C, \zeta - A_2/A_1$ **の関係**

(ロ) 断面積がゆるやかに狭くなる場合

狭まり角が小さい場合には、壁面摩擦による損失ヘッドのみで、渦流れによる損失ヘッドは無視できる。断面積がゆるやかに狭くなる場合として、円錐形の消防用ホースのノズルが挙げられ、$\zeta_2 = 0.03 \sim 0.05$ となる。

【例題5-30】
断面がゆるやかに広くなる場合で図のように、広がり管で断面積の比を$\dfrac{A_1}{A_2}=\dfrac{1}{4}$、$\xi=0.135$、$v_1=10\,[\mathrm{m/s}]$とするときの損失ヘッド$h_S$を求めよ。

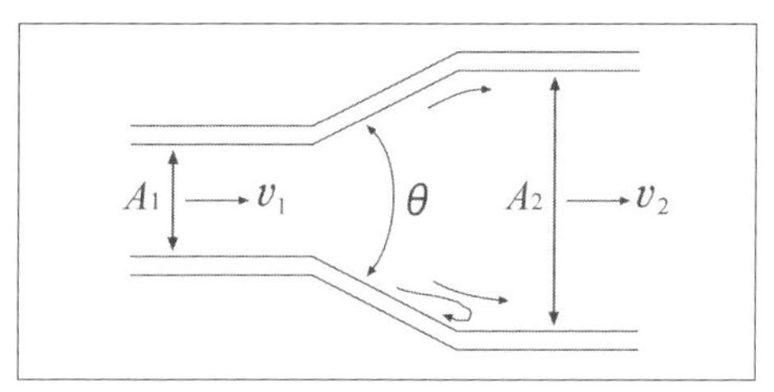

図5-27　広がり管(断面がゆるやかに広がる場合)

(解答)
式(5-46)により、
ここで、

$$\zeta_1=\xi\left(1-\frac{A_1}{A_2}\right)^2$$

$$=0.135\times\left(1-\frac{1}{4}\right)^2=0.135\times\left(\frac{3}{4}\right)^2=0.135\times\frac{9}{16}=0.076$$

$$h_S=\xi\frac{(v_1-v_2)^2}{2g}$$

$$=\zeta_1\frac{{v_1}^2}{2g}$$

$$=0.076\frac{10^2}{2\times 9.8}=0.39\,[\mathrm{m}]$$

● **ベンドとエルボ**
図に示したような曲がり部の流路断面では二次流れが生じ、損失が大きくなる。図のベンド(bend)による損失ヘッドh_bは、

$$h_b=\zeta_b\frac{v^2}{2g} \tag{5-48}$$

で表わされる。

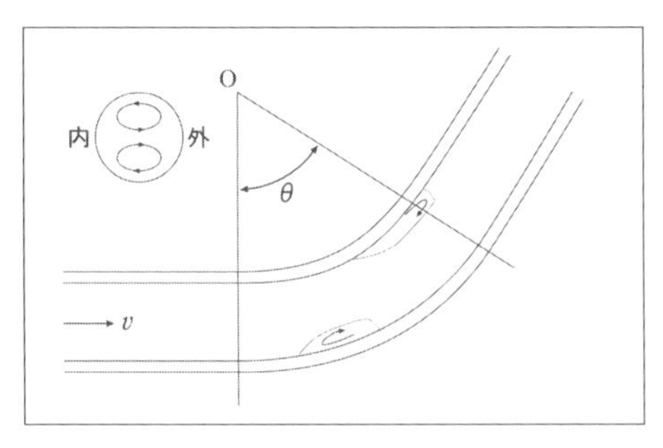

図5-28　ベント

図に示すエルボ(elbow)における損失ヘッド h_e は、

$$h_e = \zeta_e \frac{v^2}{2g} \tag{5-49}$$

で表わされ、曲がり角 θ に対して、損失係数 ζ_e は次の近似式で与えられる。

$$\zeta_e = 0.946 \sin^2\left(\frac{\theta}{2}\right) + 2.05 \sin^4\left(\frac{\theta}{2}\right) \tag{5-50}$$

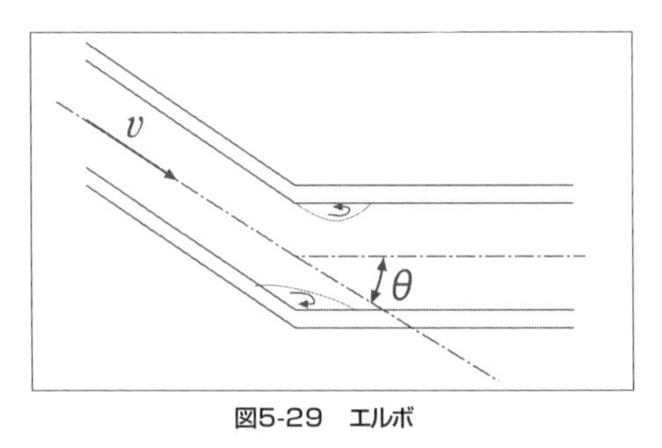

図5-29　エルボ

【例題5-31】

図に示すエルボにおける曲がり角 $\theta = 30$ [°] のときの損失ヘッド h_e を求めよ。
ただし、平均流速 $v = 10$ [m/s] とする。

(解答)

式(5-50)より、損失係数 ζ_e の近似値を求めると、

$$\zeta_e = 0.946\sin^2\left(\frac{\theta}{2}\right) + 2.05\sin^4\left(\frac{\theta}{2}\right)$$
$$= 0.946\sin^2\left(\frac{30}{2}\right) + 2.05\sin^4\left(\frac{30}{2}\right)$$
$$= 0.946\times 0.259^2 + 2.05\times 0.259^4$$
$$= 0.063 + 0.0092 = 0.0722$$

したがって、損失ヘッド h_e は、式(5-49)より、

$$h_e = \zeta_e \frac{v^2}{2g} = 0.0722\frac{10^2}{2\times 9.8} = 0.368\,[\mathrm{m}]$$

⑪ 翼および翼列

速度 v の一様な流れの中に平板ABが置かれ、その前後縁から流れがはがれて、自由表面AC、BDを造るものとする。

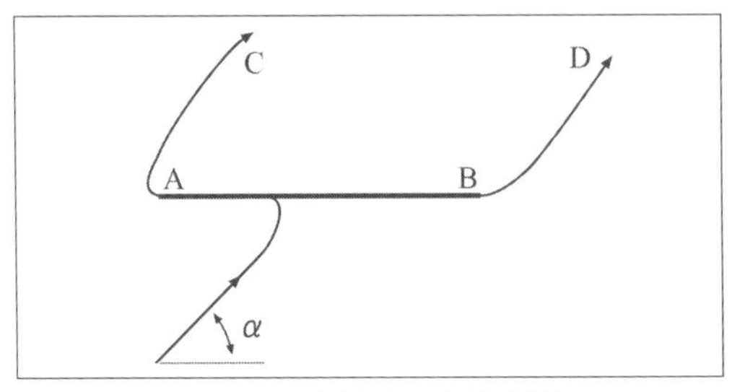

図5-30　平板まわりの不連続流れ

図のように、後流の外側の流れは二次元ポテンシャル流れ、後流内部では流体を静止した圧力は一定であるとみなす(実際は複雑な渦をもつ流れである)。

後流内部の圧力が無限遠での圧力と等しいとすると、自由表面に沿う流速は v で、自由表面は無限下流では開いた平行な流線となり、平板には垂直な力(揚力) F が働く、

$$F=\frac{1}{2}C_N S\rho v^2 \quad (5\text{-}51)$$

ここで、

$$C_N=\frac{2\pi\sin\alpha}{(4+\pi\sin\alpha)}$$

S ：平板の面積

α ：迎え角

ρ ：流体の密度

v ：流速

式(5-51)は、後流が空洞である場合は比較的実際に近い値を与えるが、後流が同じ流体である場合は実際より低い値を与える。

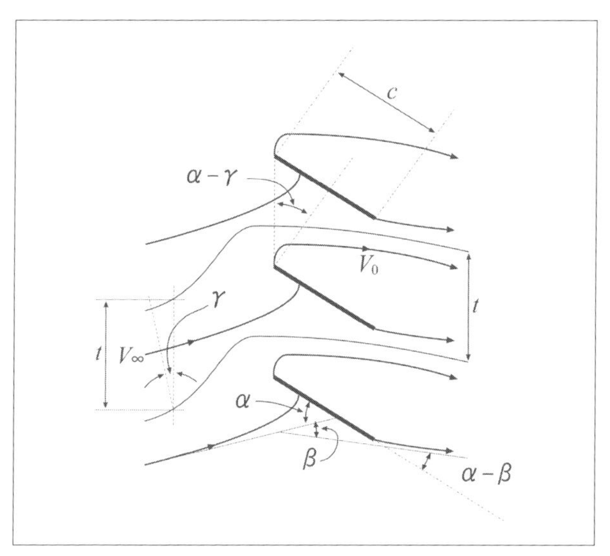

図5-31　平板翼列まわりの不連続流れ

平板翼列の場合には、さらに複雑な公式となる。

$$F=\frac{1}{2}C_N S\rho V_0{}^2 c \tag{5-52}$$

ここで、

$$C_N=2\frac{t}{c}\frac{V_\infty}{V_0}\frac{\cos\gamma}{\cos(\alpha-\gamma)}\left[\frac{V_\infty}{V_0}\sin\gamma+\sin(\beta-\gamma)\right]$$

t ：翼列のピッチ
c ：翼弦長さ
V_∞：流入流速
γ：流入角
α ：流入流れと翼となす角
β ：転向角
V_0：後流の自由表面での流速
F ：翼に垂直に働く力(揚力)

【例題5-32】

軽飛行機のセスナ機の流速 $v=360\,[\mathrm{km/h}]$、セスナ機の質量を 3000 [kg] とすると、使用に耐え得る翼の面積を求めよ。

ただし、流入流れと翼となす角(迎え角) $\alpha=15\,[°]$、空気の密度 $\rho=1.2\,[\mathrm{kg/m^3}]$ とし、計算の便宜上、平板には垂直な力(揚力) F が働きを求める式を使用すること。

(解答)

式(5-51)より、

$$C_N=\frac{2\pi\sin\alpha}{(4+\pi\sin\alpha)}=\frac{2\times3.14\times\sin15\,[°]}{4+3.14\times\sin15\,[°]}$$

$$=\frac{2\times3.14\times0.26}{4+3.14\times0.26}$$

$$=0.34$$

$F=\dfrac{1}{2}C_N S\rho v^2$ により、

式の変換をして、翼の面積(平板の面積) S は、

$$S=\frac{2F}{C_N\rho v^2}=\frac{2\times3000\times9.8\,[\mathrm{N}]}{0.34\times1.2\,[\mathrm{kg/m^3}]\times\left(\dfrac{360\times10^3\,[\mathrm{m}]}{3600\,[\mathrm{s}]}\right)^2}$$

$$=\frac{2\times3000\times9.8}{4080}=14.4\,[\mathrm{m^2}]\fallingdotseq15\,[\mathrm{m^2}]$$

⑫ 物体の抵抗

流れの中に物体が置かれたとき、物体に作用する力の流れの方向の成分を、その物体の流体抵抗といい、流体抵抗は物体表面における流体の圧力と、流体の粘性によるせん断圧力が生じる。この場合に、流体の密度を ρ 、流体と物体の相対速度を V 、物体の流れ方向に垂直な投影面積を S とすれば、次の式となる。

$$F = \frac{1}{2} C S \rho V^2 \tag{5-53}$$

ただし、

F ：流体の圧力および流体の粘性によるせん断圧力

ρ ：流体の密度

V ：流体と物体の相対速度

S ：物体の流れ方向に垂直な投影面積

C ：抵抗係数(物体の形状とレイノルズ数 R_e により定まる無次元数)

【例題5-33】

三次元の物体である高層ビル(高さ $100\,[\mathrm{m}]$ 、幅 $30\,[\mathrm{m}]$)に台風により最大風速 $60\,[\mathrm{m/s}]$ の風が真横に吹き付けるとき、この高層ビルが受ける力を求めよ。

ただし、抵抗係数 $C = 1.15$ 、空気の密度 $\rho = 1.2\,[\mathrm{kg/m^3}]$ とする。

(解答)

式(5-53)より、

$$F = \frac{1}{2} C S \rho V^2 = \frac{1}{2} \times 1.15 \times (100 \times 30) \times 1.2 \times 60^2$$

$$= 7452 \times 10^3\,[\mathrm{N}] = 7452\,[\mathrm{kN}]$$

【例題5-34】

直径 $10\,[\mathrm{m}]$ の円板が風速 $10\,[\mathrm{m/s}]$ の風を受ける力を求めよ。

ただし、抵抗係数 $C = 1.2$ 、空気の密度 $\rho = 1.2\,[\mathrm{kg/m^3}]$ とする。

(解答)

式(5-53)より、

$$F=\frac{1}{2}CS\rho V^2=\frac{1}{2}\times 1.2\times\frac{\pi}{4}\times 10^2\times 1.2\times 10^2$$
$$=5652\,[\mathrm{N}]$$

⑬油圧シリンダの推力

油圧シリンダの推力(理論的計算値 F)は、次の式で求められる。

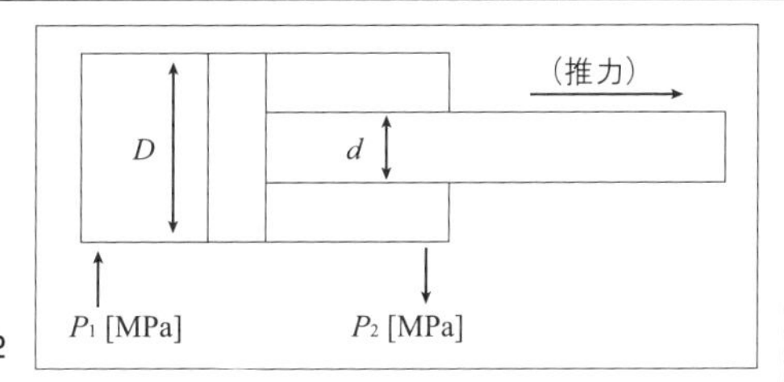

図5-32

①前進時(押し出し時)の理論推力 F

$$F = \frac{\pi \cdot D^2}{4} \cdot P \qquad (5\text{-}54)$$

②後進時(引き込み時)の理論推力 F

$$F = \left(\frac{\pi \cdot D^2}{4} \cdot P \right) - \left(\frac{\pi \cdot d^2}{4} \cdot P \right) \qquad (5\text{-}55)$$

【例題5-35】

下図の回路において、シリンダの推力値として、最も近いものを選びなさい。ただし、圧力 P_1 : 6 [MPa] 、ピストン径 50 [mm] 、ロッド径 22 [mm] とする。

なお、パッキン、配管などのエネルギー損失はないものとする。

イ　2,600 [N]
ロ　9,600 [N]
ハ　11,800 [N]
ニ　30,000 [N]

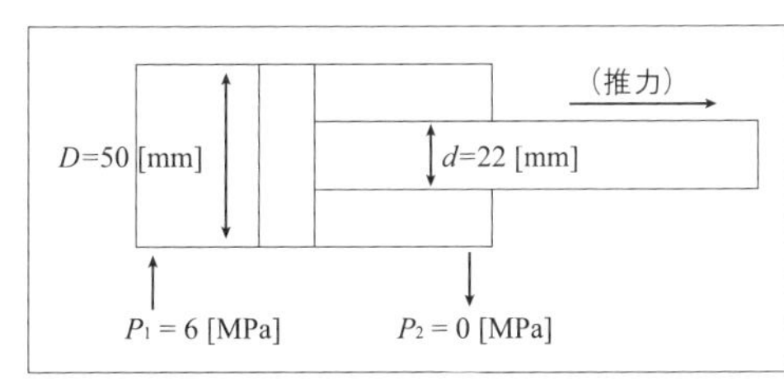

図5-33

(解答)

$$F = \frac{\pi \cdot D^2}{4} \times P$$

より、

推力値： $F = \frac{\pi}{4} \times 0.05^2 \times 6 \times 10^6 = 11775\,[\mathrm{N}]$

したがって、正解は（ハ）である。

⑭空気の比重

空気は、圧力、温度および湿度によって、単位体積当たりの重量、つまり比重量が変わる。送風機や圧縮機の必要動力は、空気の比重量によって変わるので、これらの送風量や吐き出し圧を論じる場合には、それがどういう空気の状態におけるものであるかを把握しておかなければならない。

湿り空気の比重量は、次式のように表わされる。

$$\gamma = 12.68 \times \frac{273}{T} \times \frac{P - 0.378\psi h_s}{101.3} \text{[SI]}$$

$$\left(\gamma = 1.293 \times \frac{273}{273+t} \times \frac{P - 0.378\psi h_s}{760} \text{[CGS]} \right) \quad (5\text{-}56)$$

γ ：湿り空気の比重量　$N/m^3 \left(kgf/m^3 \right)$

T ：温度　K（t ：温度℃）

P ：絶対圧力　$kPa\left(mmHg\right)$

ψ ：相対湿度　%/100

h_s ：$t\,K\left(°C\right)$における飽和水蒸気の圧力　$kPa\left(mmHg\right)$　(表5-1)

表5-1　飽和蒸気圧

温度 K(℃)	飽和水蒸気圧 kPa(mmHg)	温度 K(℃)	飽和水蒸気圧 kPa(mmHg)
255(-18)	0.125(0.94)	315(42)	8.202(61.52)
257(-16)	0.151(1.13)	317(44)	9.105(68.29)
259(-14)	0.181(1.36)	319(46)	10.090(75.68)
261(-12)	0.217(1.63)	321(48)	11.166(83.75)
263(-10)	0.260(1.95)	323(50)	12.340(92.56)
265(-8)	0.309(2.32)	325(52)	13.612(102.1)
267(-6)	0.368(2.76)	327(54)	15.012(112.6)
269(-4)	0.437(3.28)	329(56)	16.519(123.9)
271(-2)	0.517(3.88)	331(58)	18.158(136.2)
273(0)	0.611(4.58)	333(60)	19.932(149.5)
275(2)	0.705(5.29)	335(62)	21.838(163.8)
277(4)	0.813(6.10)	337(64)	23.931(179.5)
279(6)	0.935(7.01)	339(66)	26.158(196.2)

281(8)	1.072(8.04)	341(68)	28.571(214.3)
283(10)	1.228(9.21)	343(70)	31.173(233.8)
285(12)	1.401(10.51)	345(72)	33.970(254.8)
287(14)	1.597(11.98)	347(74)	36.970(277.3)
289(16)	1.815(13.61)	349(76)	40.196(301.5)
291(18)	2.062(15.47)	351(78)	43.663(327.5)
293(20)	2.337(17.53)	353(80)	47.369(355.3)
295(22)	2.642(19.82)	355(82)	51.342(385.1)
297(24)	2.984(22.38)	357(84)	55.582(416.9)
299(26)	3.361(25.21)	359(86)	60.115(450.9)
301(28)	3.780(28.35)	361(88)	64.954(487.2)
303(30)	4.244(31.83)	363(90)	70.114(525.5)
305(32)	4.756(35.67)	365(92)	75.607(567.1)
307(34)	5.320(39.90)	367(94)	81.460(601.0)
309(36)	5.942(44.57)	369(96)	87.686(657.2)
311(38)	6.626(49.70)	371(98)	94.299(707.3)
313(40)	7.378(55.34)	373(100)	101.325(760.0)

【例題5-36】

大気圧 101.3 [kPa] (760 [mmHg]) 、空気温度 303 [K] (30 [°C]) 、湿度 60 [%] における空気の比重量を求めよ。

(解答)

303 [K] (30 [°C]) における飽和水蒸気圧は、**表5-1** より 4.244 [kPa] (31.83 [mmHg]) である。**(5-56)式** より、

$$\gamma = 12.68 \times \frac{273}{303} \times \frac{101.3 - 0.378 \times 0.60 \times 4.244}{101.3} \text{[SI]}$$

$$\left(\gamma = 1.293 \times \frac{273}{273 + 30} \times \frac{760 - 0.378 \times 0.60 \times 31.83}{760} \text{[CGS]}\right)$$

$$= 11.3\,[\mathrm{N/m^3}]\left(1.154\,[\mathrm{kgf/m^3}]\right)$$

⑮温度および圧力と体積の関係

完全ガスにおいては、気体の温度、圧力および体積との間には次の関係がある。

$$\frac{P_1V_1}{T_1}=\frac{P_2V_2}{T_2} \quad (5\text{-}57)$$

T_1, T_2 ：絶対温度　K

P_1, P_2 ：絶対圧力　$\mathrm{kPa}\left(\mathrm{kgf/cm^2}\right)$

V_1, V_2 ：体積　$\mathrm{m^3}$ など

【例題5-37】

293[K](20[°C])、101.3[kPa](760[mmHg])で1[m³]の空気は、303[K](30[°C])、106.7[kPa](800[mmHg])で体積はいくらになるか求めよ。

ただし、空気(燃焼ガスを含めて)は、常温、常圧の範囲で、完全ガスと見なす。

(解答)

完全ガスと見なされるので、**(5-57)式**を用いて、次のように変形し、計算すると、次のように求めることができる。

$$V_2=\frac{P_1V_1}{T_1}\cdot\frac{T_2}{P_2}$$

$$=\frac{101.3\times1}{293}\times\frac{303}{106.7}\,[\mathrm{SI}]$$

$$\left(=\frac{760\times1}{273+20}\times\frac{273+30}{800}\,[\mathrm{CGS}]\right)$$

$$=0.982\,[\mathrm{m^3}]$$

⑯全圧と静圧、動圧

図5-34に示すように、ピトー管で、全圧、静圧、動圧を測定することができる。気体の流れてくる方向に開口した全圧口の受ける圧力が全圧であり、気体の流れる方向と直角に開口した静圧口の受ける圧力が静圧である。全圧と静圧の差が動圧となる。

これを式で表わすと、次のようになる。

$$p_t = p_s + p_d \tag{5-58}$$

p_t：全圧

p_s：静圧

p_d：動圧

また、動圧は次のように表わすことができる。

$$p_d = \gamma \cdot v^2 / 2g \tag{5-59}$$

p_d：動圧　$\mathrm{N/m^2}\left(\mathrm{kgf/m^2}\right)$

γ：管内の気体の比重量　$\mathrm{N/m^3}\left(\mathrm{kgf/m^3}\right)$

v：管内の気体の流速　$\mathrm{m/s}$

g：重力の加速度　$9.8\,[\mathrm{m/s^2}]$

(5-58)式を書き直して、次のように表わすこともできる。

$$v = \sqrt{\frac{2gp_d}{\gamma}} \tag{5-59}$$

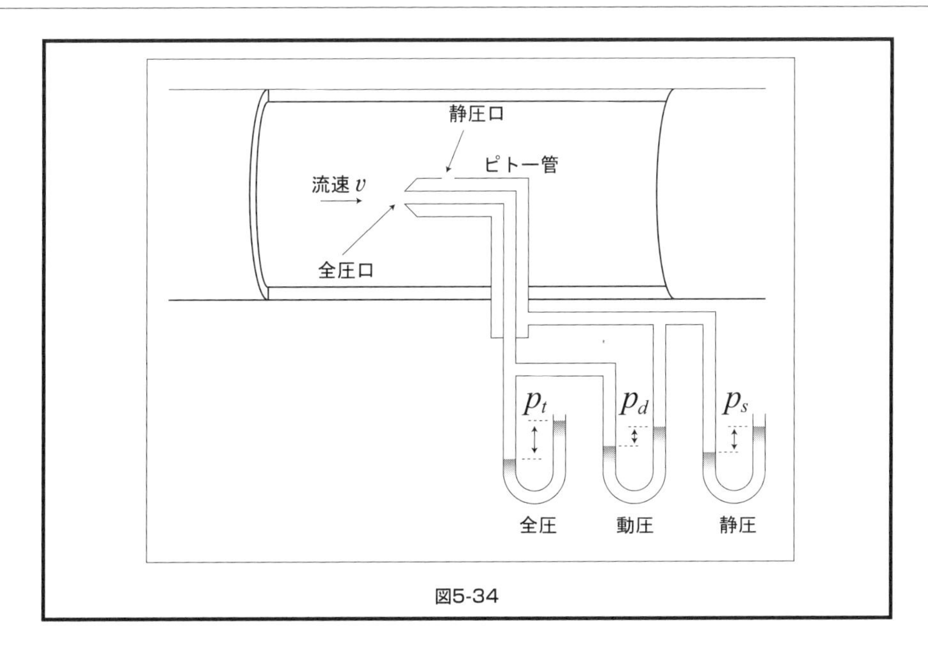

図5-34

【例題5-38】

管内を比重量 $11.3\,[\mathrm{N/m^3}]\left(1.154\,[\mathrm{kgf/m^3}]\right)$ の空気が流れている。動圧は $196\,[\mathrm{Pa}]\left(20\,[\mathrm{mmAq}]\right)$ である。流速および流量はいくらか。

ただし、配管径は $500\,[\mathrm{mm}]$ とする。

(解答)

(5-59)式より、

$$v=\sqrt{\frac{2\times 9.8\times 196}{11.3}}=18.4\,[\mathrm{m/s}] \qquad [\mathrm{SI}]$$

$$\left(v=\sqrt{\frac{2\times 9.8\times 20}{1.154}}=18.4\,[\mathrm{m/s}] \qquad [\mathrm{CGS}]\right)$$

ここで、配管径 $500\,[\mathrm{mm}]$ であるから、その断面積は、

$$\text{断面積 } A=\frac{\pi D^2}{4}=0.785\times 0.5^2=0.196\,[\mathrm{m^2}]$$

したがって、求める流量 Q は、

$$Q=Av=0.196\times 18.4=3.6\,[\mathrm{m^3/s}]=216\,[\mathrm{m^3/min}]$$

⑰空気動力

送風機・圧縮機が、空気に与える単位時間当たりの有効エネルギーを、空気動力という。

吐き出し側における絶対静圧と、吸入側における絶対静圧の差が1.2以下の場合において、断熱圧縮が行なわれると考えると、空気動力は次式で表わされる。

$$L_{ad}=\frac{Q}{60000(6120)}\left\{\left(P_{s2}-P_{s1}\right)\times\left(1-\frac{P_{s2}-P_{s1}}{2KP_{s1}}\right)+\left(P_{d2}-P_{d1}\right)\right\} \quad (5\text{-}60)$$

※(6120)はCGSの場合。

また、P_{s2}/P_{s1}が1.03以下の場合には、次の近似式を使うことができる。

$$L_{ad}=\frac{Q}{60000(6120)}\left(P_{t2}-P_{t1}\right) \quad (5\text{-}61)$$

L_{ad}：空気動力　kW

Q：吸い込み空気量　$\mathrm{m^3/min}$

P_{s1},P_{s2}：吸い込み側および吐き出し側の絶対静圧　$\mathrm{Pa}\left(\mathrm{kgf/m^2}\right)$

P_{d1},P_{d2}：吸い込み側および吐き出し側の動圧　$\mathrm{Pa}\left(\mathrm{kgf/m^2}\right)$

P_{t1},P_{t2}：吸い込み側および吐き出し側の絶対全圧　$\mathrm{Pa}\left(\mathrm{kgf/m^2}\right)$

K：比熱比　空気の場合は1.4

【例題5-39】

ある送風機の吸い込み側の静圧、および動圧は、$-147\,[\mathrm{Pa}](-15\,[\mathrm{mmAq}])$、$+147\,[\mathrm{Pa}](+15\,[\mathrm{mmAq}])$であり、吐き出し側においては、$1960\,[\mathrm{Pa}](200\,[\mathrm{mmAq}])$、$196\,[\mathrm{Pa}](20\,[\mathrm{mmAq}])$であった。送風量が$216\,[\mathrm{m^3/min}]$であったとすると、空気動力はいくらか。

(解答)

吐き出し側と吸い込み側の絶対静圧の比は、

$$(101325+1960)/(101325-147)=1.02\ \text{[SI]}$$

$$\left((10330+200)/(10330-15)=1.02\ \text{[CGS]}\right)$$

で、1.03より小であるから、**(5-61)式**を用いる。

(5-58)式より、

$$P_{t1}=(101325-147)+147=101325\,[\text{Pa}]\qquad \text{[SI]}$$

$$\left(P_{t1}=(10330-15)+15=10330\,[\text{mmAq}]=10330\,[\text{kgf/m}^2]\quad \text{[CGS]}\right)$$

$$P_{t2}=(101325+1960)+196=103481\,[\text{Pa}]\qquad \text{[SI]}$$

$$\left(P_{t2}=(10330+200)+20=10550\,[\text{mmAq}]=10550\,[\text{kgf/m}^2]\,\text{[CGS]}\right)$$

$$L_{ad}=\frac{216}{60000}(103481-101325)=7.8\,[\text{kW}]\qquad \text{[SI]}$$

$$\left(L_{ad}=\frac{216}{6120}(10550-10330)=7.8\,[\text{kW}]\quad \text{[CGS]}\right)$$

⑱送風機の効率

送風機の効率は、次式で表わされる。

$$\eta = \frac{L_{ad}}{L} \times 100 \tag{5-62}$$

η ：送風機の効率　%

L_{ad} ：(5-60)式または(5-61)式で表わされる空気動力　kW

L ：軸動力　kW

【例題5-40】

軸動力10[kW]のときに、空気動力が7.8[kW]であった。この送風機の効率いくらか。

(解答)

(5-62)式より、

$$\eta = \frac{7.8}{10} \times 100 = 78\,[\%]$$

6
機械加工法

① 切削速度

旋盤の切削速度 V は、次の式で求められる。

$$V = \frac{\pi dn}{1000} \text{[m/ min]} \qquad (6\text{-}1)$$

ただし、

d = 工作物の直径 [mm]

n = 毎分の回転数 [rpm]

【例題6-1】

主軸の回転数 1500 [rpm]、被削材の外径 ϕ 100で、外径切削を行なう場合、このときの切削速度を求めよ。

(解答)

式(6-1)により、

$$V = \frac{\pi dn}{1000} = \frac{3.14 \times 100 \times 1500}{1000} = 471 \text{[m/min]}$$

【例題6-2】

ϕ 80の軟鋼を、切削速度 300 [m/min] 程度で切削したい。この場合の旋盤主軸の回転数を求めよ。

(解答)

式(6-1)により、

$$n = \frac{1000V}{\pi d} = \frac{1000 \times 300}{3.14 \times 80} = 1194.2 \fallingdotseq 1195 \text{[rpm]}$$

② 切り込み・送り

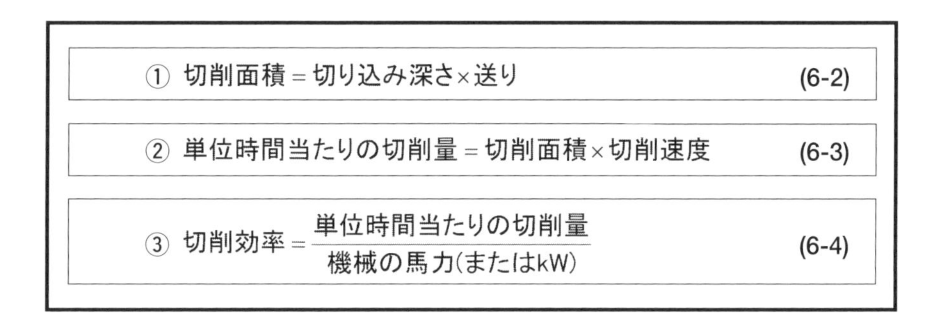

① 切削面積＝切り込み深さ×送り (6-2)

② 単位時間当たりの切削量＝切削面積×切削速度 (6-3)

③ $\text{切削効率} = \dfrac{\text{単位時間当たりの切削量}}{\text{機械の馬力(または kW)}}$ (6-4)

【例題6-3】

次の図のように、切削条件を加味して加工時間を求めよ。

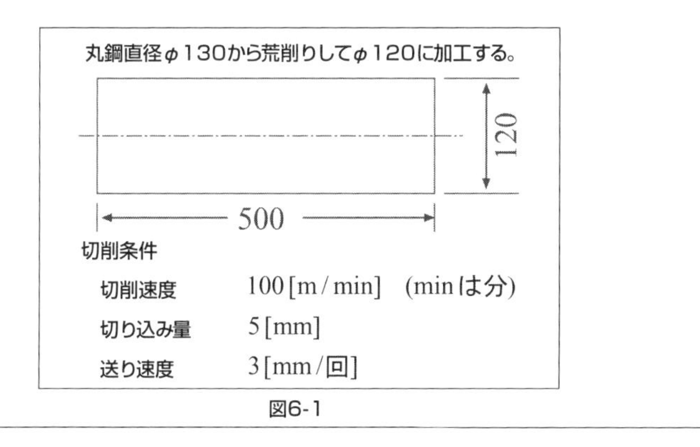

図6-1

(解答)

丸鋼の直径 ϕ 130の円周 S は、

$$S = \pi d = \pi \times 130 = 408.4\,[\text{mm}]$$

切削速度に達する回転数 n は、**式(6-1)**より、

$$n = \frac{100 \times 1000}{408.4} = 244.9 \fallingdotseq 240\,[\text{rpm}]$$

この回転数で丸鋼長さに送りをかけると、切削長さ 500[mm] により、

$$\frac{500/3}{240} \fallingdotseq 0.69(\text{分}) = 41(\text{秒})$$

したがって、41(秒)で加工が終了する。

③ 工具寿命と切削条件

① 切削速度

工具寿命は、切削速度が増すと急激に短くなる。両者の間には次のような関係が成立する。

$$VT^n = C \quad (6\text{-}5)$$

V：切削速度
T：工具寿命
C：加工物および切削面積とその形、切削油剤の有無によって決まる定数
n：加工物、刃物の材質により決まる定数($n=\frac{1}{5}\sim\frac{1}{10}$)

② 切削温度

$$\theta T^x = C \quad (6\text{-}6)$$

θ：切削温度
T：工具寿命
C：刃物材料による定数
x：刃物材料および切削厚さによって決まる定数(約 $\frac{1}{10}\sim\frac{1}{25}$)

④ テーパ削り

① 複式刃物台を傾けて削る方法

$$\tan\theta = \frac{D-d}{2l} \tag{6-7}$$

ただし、

D ：大径

d ：小径

l ：テーパ長さ

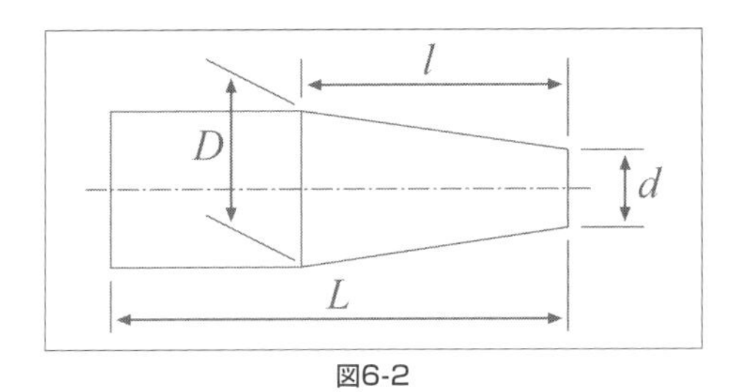

図6-2

② 両センタを偏位させる方法

$$X = \frac{D-d}{2} \times \frac{L}{l} \tag{6-8}$$

ただし、

L ：工作物の全長

l ：テーパ長さ

【例題6-4】

大径が 20 [cm]、小径が 10 [cm]、テーパ長さ 40 [cm] のテーパを削りたい。刃物台を傾ける角度を求めよ。

(解答)

$$\tan\theta = \frac{D-d}{2l} = \frac{20-10}{2\times 40} = 0.125$$

$$\theta = 7.12\,[°]$$

【例題6-5】

図のような丸棒のテーパ加工を両センタ作業で行なう場合、心押し台を移動させる距離を求めよ。

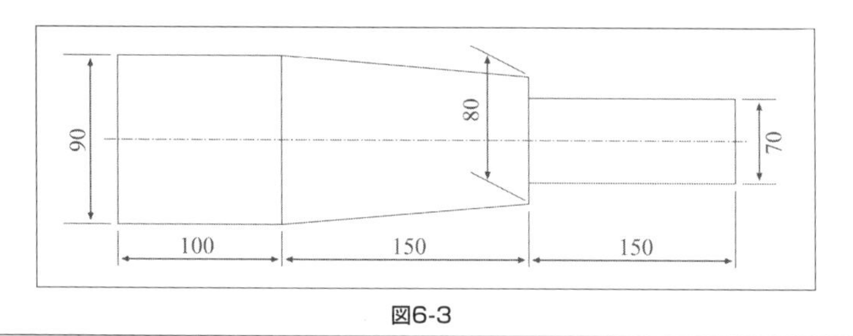

図6-3

(解答)

式(6-8)により、

$$X = \frac{D-d}{2}\times\frac{L}{l} = \frac{90-80}{2}\times\frac{400}{150}$$

$$= 5\times 2.67 = 13.35\,[\mathrm{mm}]$$

⑤ ねじ切の原理

① 2段掛けの場合

$$\frac{p}{P}=\frac{n}{N} \tag{6-9}$$

② 4段掛けの場合

$$\frac{p}{P}=\frac{A}{B}\times\frac{C}{D} \tag{6-10}$$

ただし、

n ：主軸歯車の歯数

P ：親ねじのピッチ

N ：親ねじ歯車の歯数

p ：主軸(加工物のピッチ)

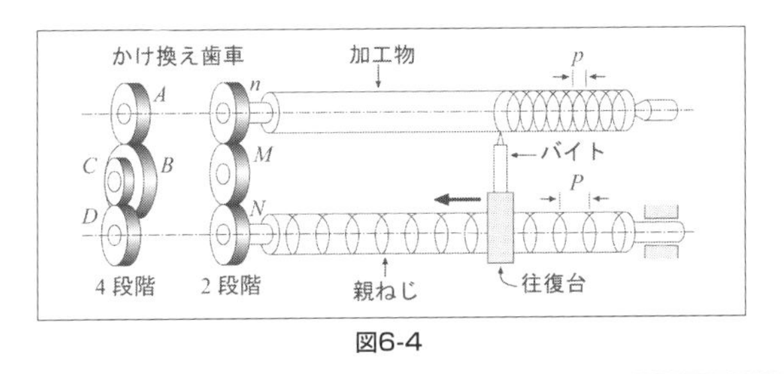

図6-4

【例題6-6】

親ねじのピッチ10[mm]の旋盤で、インチ4山のねじを切る場合、換え歯車の歯数を求めよ。

(解答)

式(6-9)により、

$$\frac{p}{P}=\frac{n}{N}=\frac{\frac{25.4}{4}}{10}=\frac{25.4}{40}=\frac{127}{200}$$

換え歯車には、英式(親ねじがインチ)と米式(親ねじがmm)がある。

英式では、歯数が20から5枚おきに120までと127の計22枚の歯車であり、米式では、歯数が20から4枚おきに64までと、78、80、127の計15枚の歯車がある。

したがって、計算上はこれらの方式を把握して置かなければならい。

本問では、歯数が200の換え歯車の歯数はないから、4段掛けとして英式換え歯車で割り切れる歯数の数をかける。

$$\therefore\frac{127}{200}=\frac{127\times25}{200\times25}=\frac{127\times25}{100\times50}$$

(答)　4段掛けで $A=127$ 枚、$B=100$ 枚、$C=25$ 枚、$D=50$ 枚

【例題6-7】

1インチ4山の親ねじの旋盤で、ピッチ 2.5 [mm] のねじを切りたい。換え歯車をいくらにすればよいか。

(解答)

式(6-9)により、

$$\frac{p}{P}=\frac{2.5}{\frac{25.4}{4}}=\frac{10}{25.4}=\frac{50}{127}$$

(答)　主軸歯車歯数50枚、親ねじ歯車歯数127枚

【例題6-8】

親ねじのピッチ 4 [mm] で、インチ4山の親ねじを切りたい。2段掛けの場合と4段掛けの場合の歯数を求めよ。

ただし、換え歯車は英式および米式のものとする。

(解答)

式(6-9)により、

① 英式の場合

$$\frac{p}{P}=\frac{\frac{25.4}{4}}{4}=\frac{25.4}{4\times4}=\frac{25.4\times5}{16\times5}=\frac{127}{80}$$
$$=\frac{127\times30}{80\times30}=\frac{127\times30}{60\times40}$$

2段掛けの場合、主軸歯車歯数127枚、親ねじ歯車歯数80枚

4段掛けの場合、$A=127$ 枚、$B=60$ 枚、$C=30$ 枚、$D=40$ 枚

② 米式の場合

$$\frac{127\times32}{80\times32}=\frac{127\times32}{64\times40}$$

2段掛けの場合、英式と同様に、主軸歯車歯数127枚、親ねじ歯車歯数80枚

4段掛けの場合、$A=127$ 枚、$B=64$ 枚、$C=32$ 枚、$D=40$ 枚

⑥ 割り出し作業

$$n = \frac{40}{N} \quad （ミルウォーキ形は N = \frac{5}{n}） \qquad (6\text{-}11)$$

【例題6-9】
15等分に割り出すには、ハンドルを何回転すればよいか。

(解答)
式(6-11)により、

$$n = \frac{40}{15} = 2\frac{10}{15}$$

したがって、ハンドル2回転と$\frac{10}{15}$回転する。

【例題6-10】
8等分に割り出すには、ハンドルを何回転すればよいか。

(解答)
式(6-11)により、

$$n = \frac{40}{8} = 5$$

したがって、ハンドル5回転する。

⑦ 切削抵抗と動力

① 比切削抵抗 ks と切りくず断面積 q から、主切削力 F を求める式

$$F = ks \times q = ks \times t \times f \tag{6-12}$$

ただし、
t ：切り込み
f ：送り量

② 単位時間当たりの切削エネルギ U を求める式

$$U = FV \tag{6-13}$$

ただし、
F ：主切削力
V ：切削速度

③ 比切削エネルギ u を求める式

$$u = \frac{U}{twV} = \frac{F}{tw} \tag{6-14}$$

ただし、
F ：主切削力
V ：切削速度
t ：切り込み
w ：切削幅

【例題6-11】

切削作業において、切り込み1.2 [mm] 、送り 0.6 [mm/rev] とするとき、主切削力 F を求めよ。

ただし、被削材の比切削抵抗 ks は 2000 [N/mm^2] とする。

(解答)

式(6-12)より、

$$F = ks \times q = ks \times t \times f$$
$$= 2000\,[\mathrm{N/mm^2}] \times 1.2\,[\mathrm{mm}] \times 0.6\,[\mathrm{mm}]$$
$$= 1440\,[\mathrm{N}]$$

【例題6-12】

切削作業において、主切削力 $F = 2500\,[\mathrm{N}]$ 、切削速度 $V = 150\,[\mathrm{m/min}]$ とすると、単位時間当たりの切削エネルギ U を求めよ。

(解答)

式(6-13)より、

$$U = FV = 2500 \times 150/60\,[\mathrm{m/s}]$$
$$= 6250\,[\mathrm{N \cdot m/S}] = 6250\,[\mathrm{J/S}]$$
$$= 6250\,[\mathrm{W}]$$

【例題6-13】

切削作業において、主切削力 $F = 2500\,[\mathrm{N}]$ 、切り込み $t = 1.2\,[\mathrm{mm}]$ 、切削幅 $w = 2\,[\mathrm{mm}]$ とすると、比切削エネルギ u を求めよ。

(解答)

式(6-14)より、

$$u = \frac{U}{twV} = \frac{F}{tw} = \frac{2500\,[\mathrm{N}]}{1.2\,[\mathrm{mm}] \times 2\,[\mathrm{mm}]}$$
$$= 1042\,[\mathrm{N/mm^2}] = 1042 \times 10^6\,[\mathrm{N/m^2}]$$
$$= 1042\,[\mathrm{MPa}]$$

【例題6-14】

切削作業において、主切削力 $F = 2500\,[\mathrm{N}]$ 、切り込み1.2 [mm]、被削材の比切削抵抗 ks は $2000\,[\mathrm{N/mm^2}]$ とするとき、送り量 f を求めよ。

(解答)

式(6-12)より、

$$F = ks \times q = ks \times t \times f$$

式を変換すると、送り量 f は、

$$f = \frac{F}{ks \times t} = \frac{2500\,[\mathrm{N}]}{2000\,[\mathrm{N/mm^2}] \times 1.2\,[\mathrm{mm}]}$$
$$= 1.04\,[\mathrm{mm}]$$

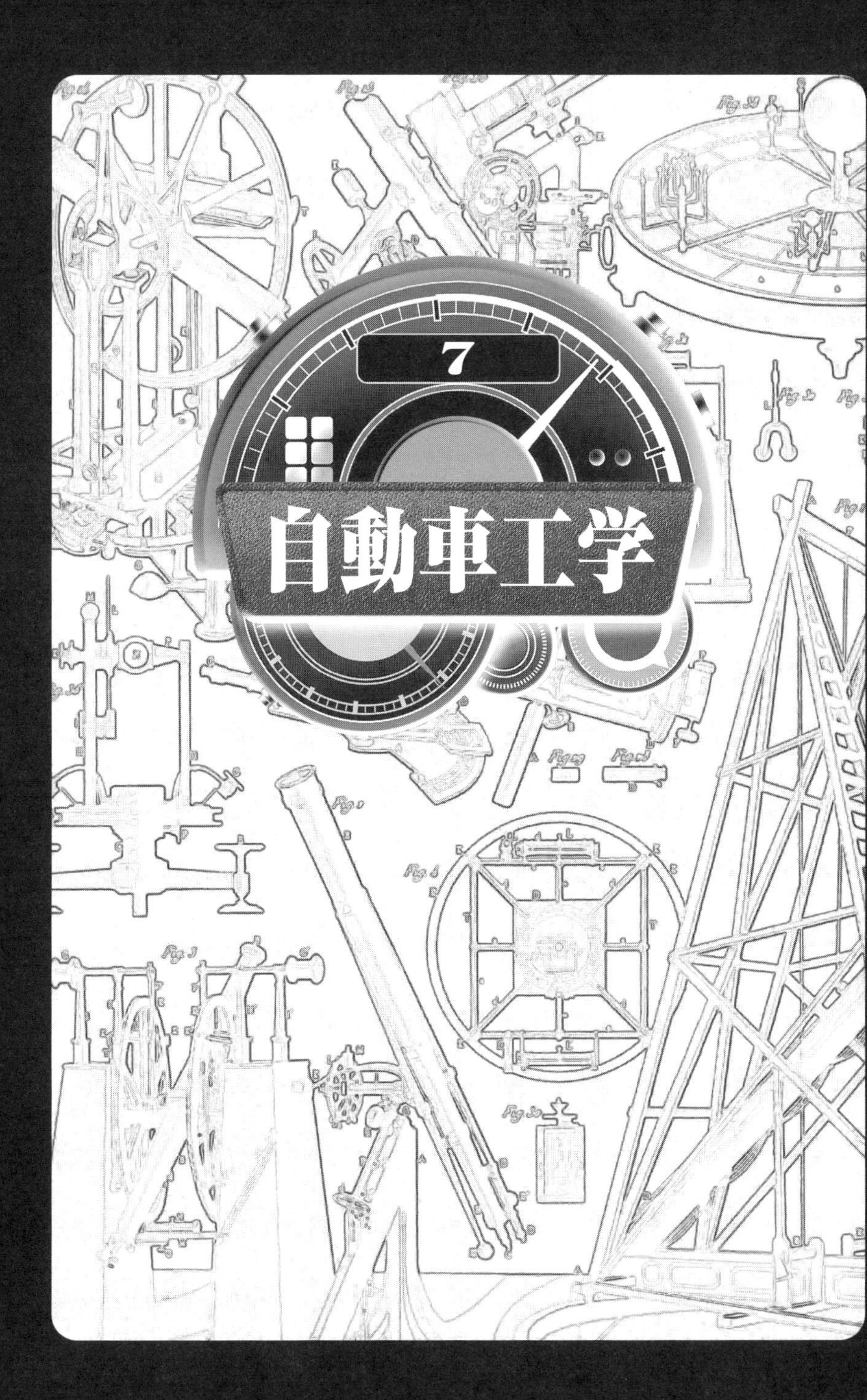
7
自動車工学

① 速度と加速度

時間 t の間に、距離 s だけ走行したとき、その間の平均の速さを v とすると、v は次の式で表わされる。

$$v=\frac{s}{t} \quad (7\text{-}1)$$

自動車が等加速度直線運動をしているとする。地点Aでの自動車の速度を v_0 [m/s] とし、時間 t [s] が経過して地点Bに達したときの速度を v [m/s] とする。このときの速度の変化は $v-v_0$ [m/s] であるから、加速度 a は、次の式で求められる。

$$a=\frac{v-v_0}{t}\,[\mathrm{m/s^2}] \quad (7\text{-}2)$$

したがって、初速度 v_0、加速度 a が分かっているときには、t 秒たったのちの速度 v は、次のように表わされる。

$$v=v_0+at \quad (7\text{-}3)$$

また、時間 t の間での平均速度は $\frac{v_0+v}{2}$ であることから、この間に走った距離 S は、次のようになる。

$$S=\frac{v_0+v}{2}t \quad (7\text{-}4)$$

【例題7-1】

平均の速さ10[m/s]で走る自動車は、1時間に何km走行するか。

(解答)

$$1\,[\mathrm{s}] = \frac{1}{3600}\,[\mathrm{h}]$$

$$10\,[\mathrm{m/s}] = \frac{10\,[\mathrm{m}] \times 3600}{1\,[\mathrm{h}]} = 36\,[\mathrm{km/h}]$$

【例題7-2】

時速 60 [km/h] で走っていた自動車にブレーキをかけ、6秒後に停車させた。この間は、一定の負の加速度であったものとして、その加速度 $a\,[\mathrm{m/s^2}]$ を求めよ。また、この間に走った距離 $S\,[\mathrm{m}]$ も求めよ。

(解答)

時速を秒速に換算すると、

$$\text{時速 } 60\,[\mathrm{km/h}] = \frac{60 \times 10^3\,[\mathrm{m}]}{3600\,[\mathrm{s}]} = 16.67\,[\mathrm{m/s}]$$

式(7-2)に、$v = 0$ 、$v_0 = 16.67\,[\mathrm{m/s}]$ 、$t = 6\,[\mathrm{s}]$ を代入して、

$$a = \frac{v - v_0}{t} = \frac{0 - 16.67}{6} = -2.778\,[\mathrm{m/s}]$$

なお、走った距離 S は、

$$S = \frac{v_0 + v}{2} \times t = \frac{16.67 + 0}{2} \times 6 = 50.01\,[\mathrm{m}]$$

【例題7-3】

自動車が走り初めてから、10秒後に時速 50 [km/h] になった。この間の加速度と走行距離を求めよ。

(解答)

時速を秒速に換算すると、

$$\text{時速 } 50\,[\mathrm{km/h}] = \frac{50 \times 10^3\,[\mathrm{m}]}{3600\,[\mathrm{s}]} = 13.9\,[\mathrm{m/s}]$$

式(7-2)に、$v = 13.9\,[\mathrm{m/s}]$ 、$v_0 = 0$ 、$t = 10\,[\mathrm{s}]$ を代入して、

$$a = \frac{v - v_0}{t} = \frac{13.9 - 0}{10} = 1.39\,[\mathrm{m/s^2}]$$

なお、走った距離 S は、

$$S = \frac{v_0 + v}{2} \times t = \frac{0 + 13.9}{2} \times 10 = 69.5\,[\mathrm{m}]$$

【例題7-4】

時速 40 [km/h] で走行していた自動車を加速させ、10秒後に時速 80 [km/h] になった。この間の加速度を求めよ。また、加速している間の走行距離も求めよ。

(解答)

時速を秒速に換算すると、

$$\text{時速 } 40\,[\text{km/h}] = \frac{40\times 10^3}{3600\,[\text{s}]} = 11.1\,[\text{m/s}]$$

$$\text{時速 } 80\,[\text{km/h}] = \frac{80\times 10^3}{3600\,[\text{s}]} = 22.2\,[\text{m/s}]$$

式(7-2)に、$v = 22.2\,[\text{m/s}]$、$v_0 = 11.1\,[\text{m/s}]$、$t = 10\,[\text{s}]$ を代入して、

$$a = \frac{v - v_0}{t} = \frac{22.2 - 11.1}{10} = 1.11\,[\text{m/s}^2]$$

なお、走った距離 S は、

$$S = \frac{v_0 + v}{2}\times t = \frac{11.1 + 22.2}{2}\times 10 = 166.5\,[\text{m}]$$

② 円運動と力

① 周速度

$$v = \frac{2\pi r}{T} \qquad (7\text{-}5)$$

② 角速度

$$\omega = \frac{\theta}{t} = \frac{2\pi}{T} \qquad (7\text{-}6)$$

③ 周速度と角速度との関係式

$$v = \omega r \qquad (7\text{-}7)$$

④ 力を F 、加速度を a、質量を m とすれば、

$$F = ma \qquad (7\text{-}8)$$

⑤ 運動方程式

$$F = \frac{W}{g} a \qquad (7\text{-}9)$$

【例題7-5】

速度 8 [m/s] で運動している質量 1500 [kg] の物体に、一定の力を、運動していた向きに10秒間連続して働かせたところ、速度が 15 [m/s] になった。このとき、働かせていた力 F は何Nか。

(解答)

加速度 a は、

$$a = \frac{v - v_0}{t} = \frac{15 - 8}{10} = 0.7\,[\mathrm{m/s^2}]$$

働かせていた力 F は、**式(7-8)**から、

$$\therefore F = ma = 1500 \times 0.7 = 1050\,[\mathrm{N}]$$

【例題7-6】

1 [rad] は何度か。

(解答)

360 [°] = 2π [rad] であるから、

$$1\,[°] = \frac{2\pi}{360}\,[\mathrm{rad}]、\quad 1\,[\mathrm{rad}] = \frac{180\,[°]}{\pi} = \frac{180\,[°]}{3.14} \fallingdotseq 57.3\,[°]$$

> **【例題7-7】**
> 車輪の直径 800 [mm] の自動車がある。この自動車が車輪の回転数 360 [rpm] で走行しているときの、1回転に要する時間 [s] 、周速度 [m/s] 、角速度 [rad/s] 、車速 [km/h] を求めよ。

(解答)

車輪の回転速度 360 [rpm] であるから、$\dfrac{360}{60} = 6$ により、車輪は1秒間に6回転する。

したがって、1回転に要する時間 T [s] は、

$$T = \frac{1}{6}\,[\mathrm{s}]$$

車輪の直径 800 [mm] = 0.8 [m] であるから、周速度 v [m/s] は、

$$v = \frac{2\pi r}{T} = \frac{\pi d}{T} = \frac{3.14 \times 0.8}{1/6} = 3.14 \times 0.8 \times 6 = 15.07\,[\mathrm{m/s}]$$

角速度 ω [rad/s] は、**式(7-6)**から、

$$\omega = \frac{2\pi}{T} = \frac{2\pi}{\frac{1}{6}} = 2\pi \times 6 = 37.7\,[\mathrm{rad/s}]$$

滑りがないとすれば、周速度 v [m/s] と走行速度は同じと見られるので、自動車の車速 V [km/h] は、1 [m/s] = 3.6 [km/h] の関係から、

$$\therefore v \times 3.6 = 15.07 \times 3.6 = 54.252 \fallingdotseq 54.3\,[\mathrm{km/h}]$$

③ 仕事とエネルギー

加えた力の大きさ F と、物体が力の向きに動いた距離を s とすると、

$$\text{仕事：}\ A = Fs\,[\mathrm{J}] \qquad (7\text{-}10)$$

加える力の向きと、物体の動く向きが違う場合、

$$\text{仕事：}\ A = F_1 s = (F\cos\theta)\cdot s = Fs\cos\theta \qquad (7\text{-}11)$$

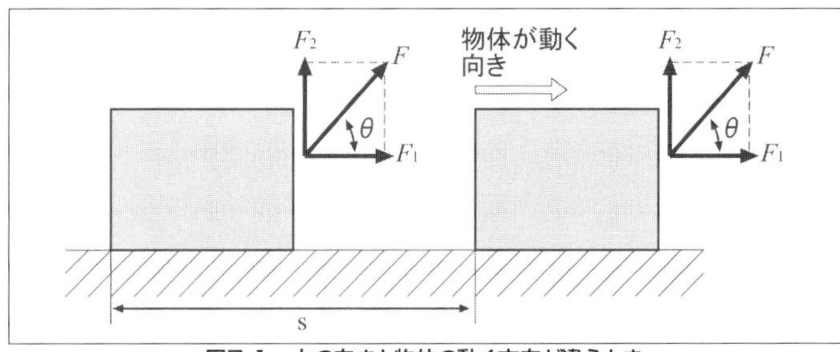

図7-1　力の向きと物体の動く方向が違うとき

動力の単位は、1秒間に $1\,[\mathrm{J}]$ の仕事をする動力を1ワット(W)とすると、動力 $P\,[\mathrm{W}]$ は、

$$P = \frac{A}{t} \qquad (7\text{-}12)$$

式(7-10)から、 $A = Fs$ であるから、式(7-12)により、

$$P = Fv \qquad (7\text{-}13)$$

【例題7-8】

物体に1000 [N] の力が働いて、力の向きに5 [m] 移動させた。このときの仕事を求めよ。

また、$F = 1000\,[\mathrm{N}]$ が水平面に対して $\theta = 30\,[°]$ で斜め上向きに作用しているときの仕事を求めよ。

(解答)

式(7-10)から、

$$A = Fs = 1000\,[\mathrm{N}] \times 5\,[\mathrm{m}] = 5000\,[\mathrm{N \cdot m}] = 5000\,[\mathrm{J}]$$

また、力が斜め上向きに作用しているときの仕事 A は、**式(7-11)**から、

$$A = Fs\cos 30\,[°] = 1000\,[\mathrm{N}] \times 5\,[\mathrm{m}] \times 0.866 = 4330\,[\mathrm{N \cdot m}] = 4330\,[\mathrm{J}]$$

【例題7-9】

質量 2000 [kg] の物体を20秒間に 20 [m] 釣り上げるのに必要な動力を求めよ。

(解答)

式(7-13)から、

物体を釣り上げるのに必要な力 F は、

$$F = mg = 2000 \times 9.8 = 19600\,[\mathrm{N}]$$

釣り上げ速度 v は、

$$v = \frac{20}{20} = 1\,[\mathrm{m/s}]$$

したがって、

$$P = Fv = 19600 \times 1 = 19600\,[\mathrm{N \cdot m/s}]$$
$$= 19600\,[\mathrm{J/s}] = 19600\,[\mathrm{W}] = 19.6\,[\mathrm{kW}]$$

④ 回転運動と仕事

加わる力 F [N]、回転軸中心から距離 r [m] とすると、

トルク： $T = Fr$ (7-14)

回転運動する物体の仕事と動力

仕事： $A = Fr\theta = T\theta$ (7-15)

動力： $P = T\omega$ (7-16)

物体が n [rpm] で回転しているとすれば、角速度 ω [rad/s] は、

$\omega = \dfrac{2\pi n}{60}$ であるから、動力 P [W] は、

$$P = T\omega = T\frac{2\pi n}{60} = \frac{2\pi nT}{60} \quad (7\text{-}17)$$

【例題7-10】
回転速度 8000 [rpm] で、トルク 150 [N·m] のときの自動車用ガソリン・エンジンの出力を求めよ。

(解答)
式(7-17)を書き換えて、

$$P = \frac{2\pi nT}{1000 \times 60} = \frac{2\pi \times 8000 \times 150}{1000 \times 60} = 125.6\,[\mathrm{kW}]$$

【例題7-11】
回転速度 4000 [rpm] のとき、ガソリン・エンジンの乗用車の出力が 80 [kW] であった。このときの自動車用ガソリン・エンジンのトルク [N·m] を求めよ。

(解答)

式(7-17)を書き換えて、

$$T=\frac{1000\times 60\times P}{2\pi n}=\frac{1000\times 60\times 80}{2\times 3.14\times 4000}=191\,[\mathrm{N\cdot m}]$$

⑤ 弾性エネルギーと運動エネルギー

ばねを自然の状態から、長さ x だけ引き伸ばすとき、ばね定数 k 、ばねを伸ばすための力を F とすると、

$$F = kx \qquad (7\text{-}18)$$

弾性エネルギーは、ばねに x の伸ばす(縮み)を生じる間に力が行なった仕事に等しく、弾性エネルギーを E_e [J] とすると、

$$E_e = \frac{1}{2}Fx = \frac{1}{2}kx^2 \qquad (7\text{-}19)$$

運動エネルギーは、質量 m [kg] 、速度 v [m/s] の物体のもつ運動エネルギー E_k [J] で表わすと、

$$E_k = \frac{1}{2}mv^2 \qquad (7\text{-}20)$$

【例題7-12】

ばね定数 30 [N/mm] のコイルばねを 12 [kN] の力で押し付けると、ばねは何mm縮むか。また、ばねにはどれほどの弾性エネルギーが蓄えられるか。

(解答)

式(7-18)から、

$$F = kx \text{、} x = \frac{F}{k} = \frac{12\times10^3}{30} = 400\,[\text{mm}]$$

弾性エネルギーの蓄えは、**式(7-19)**から、

$$E = \frac{1}{2}Fx = \frac{1}{2}kx^2 = \frac{1}{2}\times30\times0.4^2 = 2.4\,[\text{N}\cdot\text{m}] = 2.4\,[\text{J}]$$

【例題7-13】

バネばかりで質量10[kg]の物体を釣り下げたところ、バネは120[mm]伸びた。このバネのばね定数を求めよ。

(解答)

式(7-18)から、

$$F = kx \text{、} k = \frac{F}{x} = \frac{10 \times 9.8}{120} = 0.82\,[\mathrm{N/mm}]$$

【例題7-14】

質量1200[kg]の自動車が速度72[km/h]で走っているときの運動エネルギーを求めよ。

(解答)

式(7-20)から、

$$1\,[\mathrm{km/h}] = \frac{1}{3.6}\,[\mathrm{m/s}] \text{ であるから、} 72\,[\mathrm{km/h}] = 20\,[\mathrm{m/s}]$$

とすると、

$$E = \frac{1}{2}mv^2 = \frac{1}{2} \times 1200 \times 20^2 = 240000\,[\mathrm{J}] = 240\,[\mathrm{kJ}]$$

【例題7-15】

質量1200[kg]の自動車が、時速54[km/h]で走行していたとき、ブレーキをかけて停車した。走行中の運動エネルギーがすべてドラムに吸収されて熱に変わったとすれば、何Jに相当するが。

(解答)

式(7-20)から、

$$1\,[\mathrm{km/h}] = \frac{1}{3.6}\,[\mathrm{m/s}] \text{ であるから、} 54\,[\mathrm{km/h}] = 15\,[\mathrm{m/s}]$$

とすると、

$$E = \frac{1}{2}mv^2 = \frac{1}{2} \times 1200 \times 15^2 = 135000\,[\mathrm{J}] = 135\,[\mathrm{kJ}]$$

このエネルギー E がすべて熱量 Q に変わったのであるから、

$$Q = 135\,[\mathrm{kJ}]$$

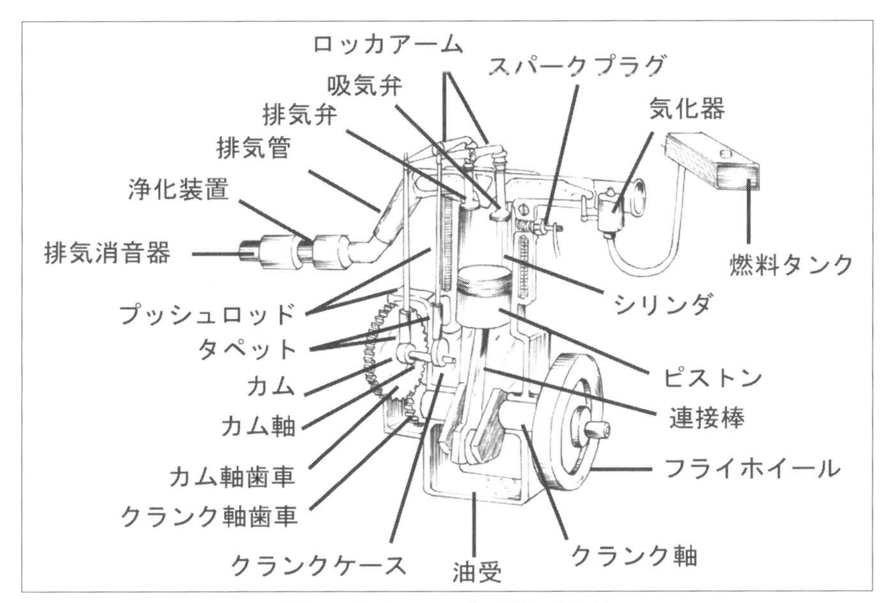

図7-2　ガソリン・エンジンの構造のあらまし

⑥ ガソリン・エンジン

ピストンが1行程したときに押しのける容積を「行程容積」といい、この容積でエンジンの大きさを表わすことがある。

シリンダ内径を d [mm]、行程を S [mm]、総行程容積を V [cm^3]、シリンダ数を N とおくと、次の式で求める。

$$V = V_S N = \frac{\pi}{4}\left(\frac{d}{10}\right)^2 \cdot \frac{S}{10} N = \frac{\pi d^2 SN}{4000} \qquad (7\text{-}21)$$

シリンダ容積 V_c は、

$$V_c = \text{すきま容積} + \text{行程容積} \qquad (7\text{-}22)$$

$$\text{圧縮比}: \varepsilon = \frac{\text{シリンダ容積}}{\text{すきま容積}} \qquad (7\text{-}23)$$

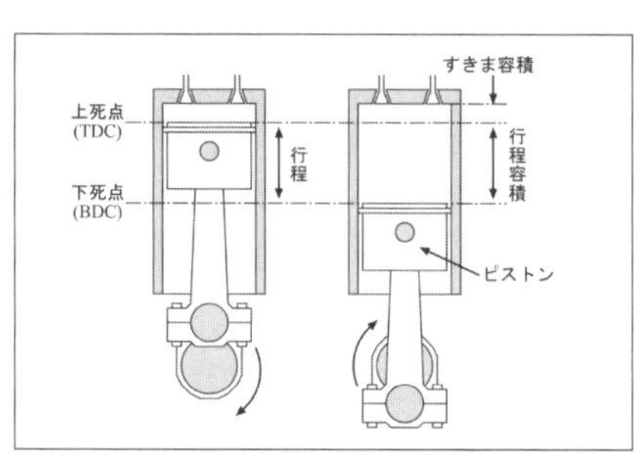

図7-3

【例題7-16】

シリンダ内径 90 [mm]、行程 85 [mm] の4シリンダ・エンジンの総行程容積を求めよ。

(解答)

式(7-21)から、

$$V = \frac{\pi d^2 SN}{4000} = \frac{3.14 \times 90^2 \times 85 \times 4}{4000} = 2161.89 \fallingdotseq 2162\ [\mathrm{cm^3}]$$

【例題7-17】
行程容積が400[cm^3]で、圧縮比が$\varepsilon=10$のガソリン・エンジンのすきま容積を求めよ。

(解答)

式(7-23)から、行程容積をV_s、すきま容積をV_c、圧縮比をεとすると、

$$\varepsilon=\frac{V_c+V_s}{V_c}=1+\frac{V_s}{V_c}$$

の関係から、次の式が成立する。

$$V_c=\frac{V_s}{\varepsilon-1}=\frac{400}{10-1}=44.4\,[\mathrm{cm^3}]$$

【例題7-18】
シリンダ内径85[mm]、総行程容積を2000[cm^3]の4シリンダ・エンジンにするために、行程を何mmにするかを求めよ。

(解答)

式(7-21) $V=\frac{\pi d^2SN}{4000}$ を変換すると、

$$\therefore S=\frac{4000V}{\pi d^2N}=\frac{4000\times2000}{3.14\times85^2\times4}=88.158\,[\mathrm{mm}]\fallingdotseq88.2\,[\mathrm{mm}]$$

【例題7-19】
行程容積を500[cm^3]、すきま容積80[cm^3]のガソリン・エンジンの圧縮比を求めよ。

(解答)

式(7-23)から、変換すると、

$$\varepsilon=\frac{V_c+V_s}{V_c}=1+\frac{V_s}{V_c}=1+\frac{500}{80}=7.25$$

⑦ 変速比とトルクの変換

動力を伝える摩擦車の**図7-4**より、n_A、n_B をそれぞれ原動軸、従動軸の回転数[rpm]、D_A、D_B を原動車、従動車の直径[mm]とすると、

$$v = \frac{\pi D_A n_A}{1000 \times 60} = \frac{\pi D_B n_B}{1000 \times 60} \tag{7-24}$$

上式から、

$$D_A n_A = D_B n_B \tag{7-25}$$

$$\text{速度伝達比：} i_{AB} = \frac{n_A}{n_B} = \frac{D_B}{D_A} \tag{7-26}$$

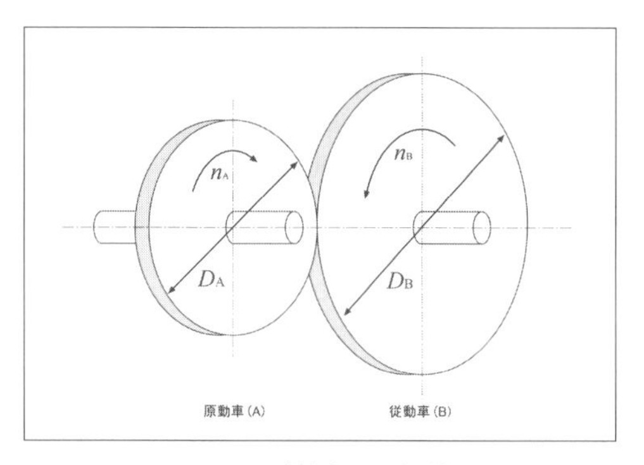

図7-4　摩擦車による伝道

図のように、クランク軸とクラッチ軸の回転速度は等しいから、クランク軸(原動軸)の回転数を n_e、プロペラ・シャフト(従動軸)の回転数を n_p、変速比 i_m とすると、

$$i_m = \frac{n_e}{n_p} \tag{7-27}$$

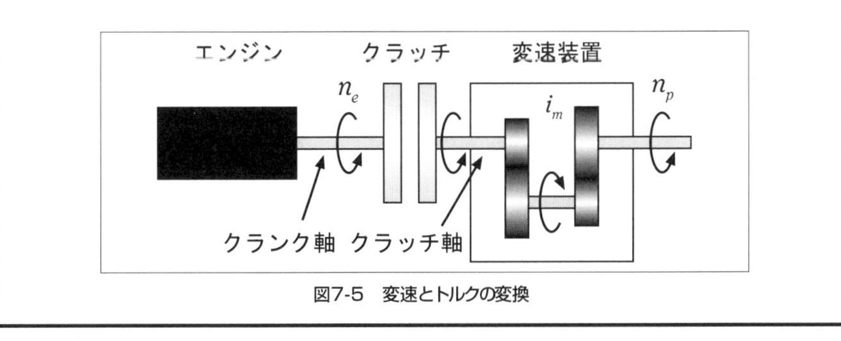

図7-5　変速とトルクの変換

【例題7-20】

ある自動車の変速比が表のとおりである場合、クランク軸(原動軸)の回転数を $n_e = 4200\,[\mathrm{rpm}]$ のとき、1速から後退までのプロペラ・シャフト(従動軸)の回転数 n_p はいくらになるか。

変速レバー	変速比
1速	3.6
2速	2.0
3速	1.4
4速	1.0
後退	4.2

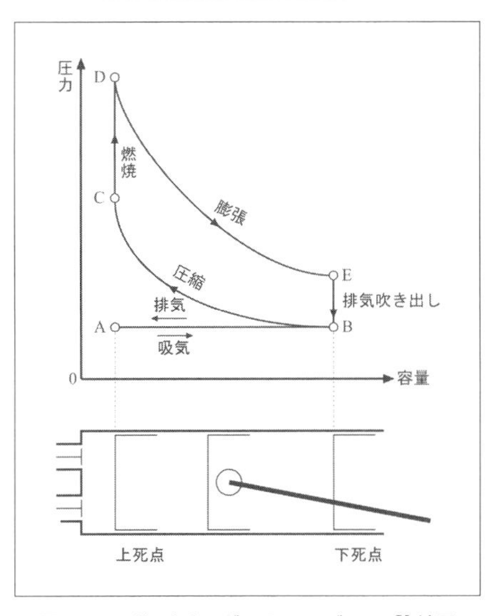

図7-6　4サイクル・ガソリンエンジンの pV 線図

(解答)

式(7-27)から、

① 第1速の場合

$i_m = 3.6$ 、 $n_e = 4200\,[\text{rpm}]$ から、

$$n_p = \frac{n_e}{i_m} = \frac{4200}{3.6} = 1167\,[\text{rpm}]$$

② 第2速の場合

$i_m = 2.0$ 、 $n_e = 4200\,[\text{rpm}]$ から、

$$n_p = \frac{n_e}{i_m} = \frac{4200}{2.0} = 2100\,[\text{rpm}]$$

③ 第3速の場合

$i_m = 1.4$ 、 $n_e = 4200\,[\text{rpm}]$ から、

$$n_p = \frac{n_e}{i_m} = \frac{4200}{1.4} = 3000\,[\text{rpm}]$$

④ 第4速の場合

$i_m = 1.0$ 、 $n_e = 4200\,[\text{rpm}]$ から、

$$n_p = \frac{n_e}{i_m} = \frac{4200}{1.0} = 4200\,[\text{rpm}]$$

⑤ 後退の場合

$i_m = 4.2$ 、 $n_e = 4200\,[\text{rpm}]$ から、

$$n_p = \frac{n_e}{i_m} = \frac{4200}{4.2} = 1000\,[\text{rpm}]$$

⑧ 歯車列

図のような歯車列において、歯車AとCは駆動歯車であり、歯車BとDは被動歯車である。

$$i_{\text{AD}} = \frac{n_{\text{A}}}{n_{\text{D}}} = \frac{n_{\text{A}}}{n_{\text{B}}} \times \frac{n_{\text{C}}}{n_{\text{D}}} = \frac{Z_{\text{B}}}{Z_{\text{A}}} \times \frac{Z_{\text{D}}}{Z_{\text{C}}} \qquad (n_{\text{B}} = n_{\text{C}}) \qquad \text{(7-28)}$$

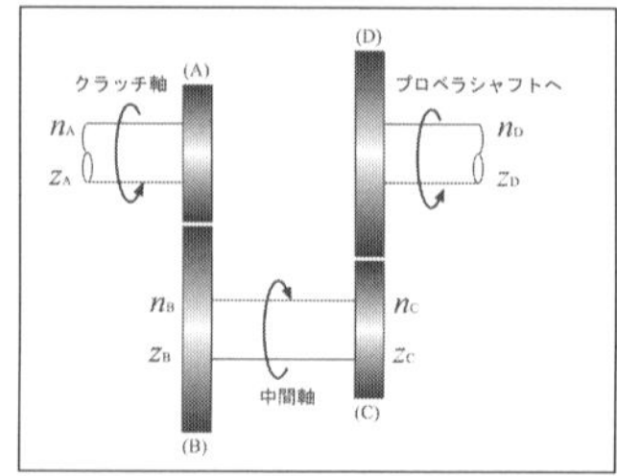

図7-7

【例題7-21】
図7-7の歯車列において、$z_A - 40$ 、$z_B = 64$ 、$z_C = 30$ 、$z_D = 75$ で、クラッチ軸の歯車Aの回転数が2000 [rpm] のとき、プロペラ・シャフト側の歯車Dの回転数はいくらか。

(解答)

式(7-28)から、

$$i_m = \frac{z_B z_D}{z_A z_C} = \frac{64 \times 75}{40 \times 30} = \frac{4800}{1200} = 4.0$$

また、$i_m = \frac{n_A}{n_D}$ から $n_D = \frac{n_A}{i_m}$ 、$n_A = 2000$ [rpm] であるから、

$$n_D = \frac{2000}{4.0} = 500 \text{ [rpm]}$$

【例題7-22】
図7-7の歯車列において、$z_A = 18$ 、$z_B = 54$ 、$z_C = 24$ 、$z_D = 48$ で、クラッチ軸の歯車Aの回転数が3600 [rpm] のとき、プロペラ・シャフト側の歯車Dの回転数はいくらか。

(解答)

式(7-28)から、

$$i_m = \frac{z_B z_D}{z_A z_C} = \frac{54 \times 48}{18 \times 24} = \frac{2592}{432} = 6$$

また、$i_m = \frac{n_A}{n_D}$ から $n_D = \frac{n_A}{i_m}$ 、$n_A = 3600$ [rpm] であるから、

$$n_D = \frac{3600}{6} = 600 \text{ [rpm]}$$

⑨ 終減速装置

$$終減速比: i_f = \frac{n_p:減速小歯車の回転速度}{n_f:減速大歯車の回転速度} \qquad (7\text{-}29)$$

$$n_f = \frac{n_p}{i_f} \qquad (7\text{-}30)$$

クランク軸のトルクを T_e、減速大歯車のトルクを T_f、総減速比を i_t とすれば、

$$T_f = i_f T_p = i_t T_e \left(i_t = i_m \times i_f \right) \qquad (7\text{-}31)$$

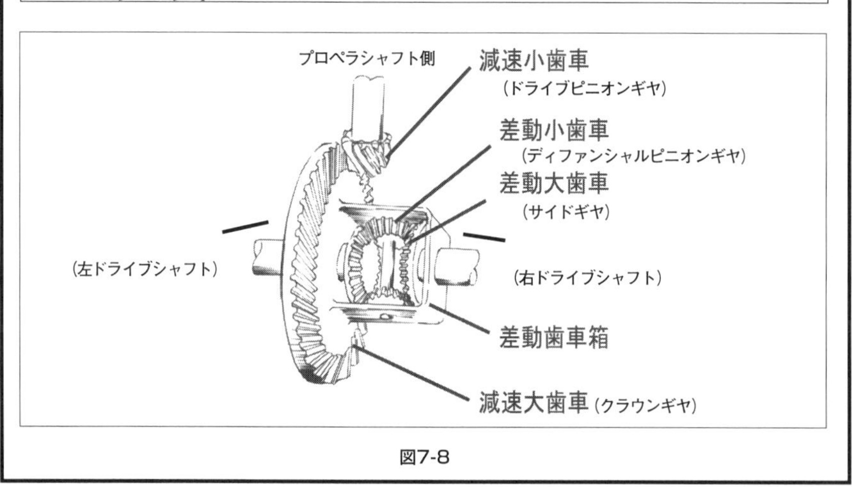

図7-8

【例題7-23】

減速歯車の終減速比が4.3で、プロペラ・シャフトの回転速度が 2150 [rpm] のとき、減速大歯車の回転速度を求めよ。

(解答)

式(7-29)から、

$$n_f = \frac{n_p}{i_f} \frac{2150}{4.3} = 500\,[\text{rpm}]$$

【例題7-24】

変速装置と減速歯車を備えた自動車で、クランク軸のトルクが回転速度 3000 [rpm] のとき 100 [N·m] であった。変速レバーの位置を1速および4速にして走行するとき、減速大歯車の回転速度とトルクを求めよ。

ただし、1速の変速レバーの位置は、$i_m = 3.684$ 、$i_f = 4.300$ 、$i_t = 15.841$ 、4速の変速レバーの位置は、$i_m = 1.000$ 、$i_f = 4.300$ 、$i_t = 4.300$ とする。

(解答)

式(7-30)から、

1速の場合、題意から $n_e = 3000\,[\text{rpm}]$ 、$T_e = 100\,[\text{N·m}]$ であるから、

$$n_f = \frac{n_e}{i_t} = \frac{3000}{4.300} = 698\,[\text{rpm}]$$

式(7-31)から、

$$T_f = i_t T_e = 4.300 \times 100 = 430\,[\text{N·m}]$$

4速の場合、題意から $n_e = 3000\,[\text{rpm}]$ 、$T_e = 100\,[\text{N·m}]$ であるから、

$$N_f = \frac{n_e}{u_t} = \frac{3000}{15.841} = 190\,[\text{rpm}]$$

式(7-31)から、

$$T_f = i_t T_e = 15.841 \times 100 = 1584.1\,[\text{N·m}]$$

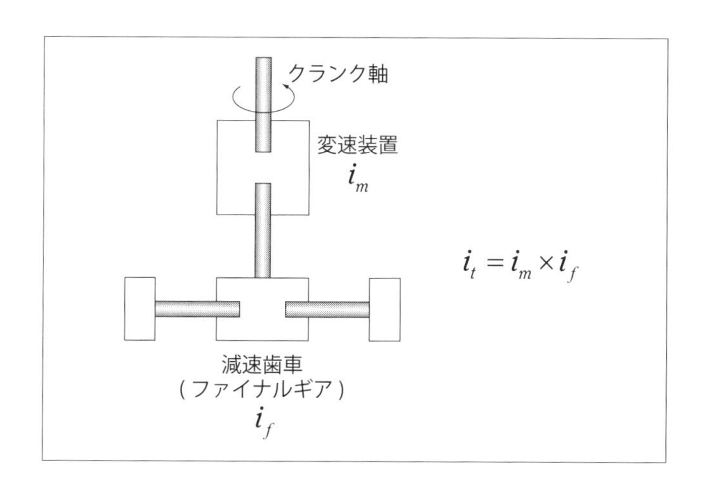

⑩ 熱効率と正味仕事

① 正味熱効率 η_e は、

$$\eta_e = \frac{3.6P_e}{BH_u} \tag{7-32}$$

ただし、

P_e ：軸出力 [W]
B ：燃料消費量 [kg/h]
H_u ：燃料の低発熱量 [kJ/kg]

② 図示熱効率 η_i は、

$$\eta_i = \frac{3.6P_i}{BH_u} \tag{7-33}$$

ただし、

P_i ：図示出力 [W]
B ：燃料消費量 [kg/h]
H_u ：燃料の低発熱量 [kJ/kg]

③ 燃料消費率 b は、

$$b = \frac{B \times 10^6}{P_e} \text{ [g/kW·h]} \tag{7-34}$$

④ 正味平均有効圧 P_{me} は、

$$P_{me} = \frac{60P_e}{nVi} \tag{7-35}$$

ただし、

P_e ：軸出力 [W]
n ：回転速度 [rpm]

V ：総行程容積 [m^3]

i ：仕事回数(2サイクル $i=1$ 、4サイクル $i=0.5$)

⑤ 機械効率 η_m は、

$$\eta_m = \frac{P_e}{P_i} \qquad (7\text{-}36)$$

ただし、

P_e ：軸出力 [W]

P_i ：図示出力 [W]

【例題7-25】

総行程容積 1000 [cm^3] 、回転速度 4000 [rpm] のとき、軸出力 60 [kW] の2サイクル・ガソリンエンジンの正味平均有効圧を求めよ。

(解答)

式(7-35)から、

$$P_{me} = \frac{60P_e}{nVi} = \frac{60\times60\times1000}{4000\times1000\times10^{-6}\times1} = 900000\,[\mathrm{Pa}] = 0.9\,[\mathrm{MPa}]$$

【例題7-26】

軸出力 50 [kW]、燃料消費率 400 [g/kW·h] であるとき、正味熱効率はいくらになるか。

ただし、燃料の発熱量を 44500 [kJ/kg] とする。

(解答)

式(7-34)から、式を変換すると、

$$b = \frac{B\times10^6}{P_e} \text{ から、 } B = \frac{P_e b}{10^6}$$

この式を**式(7-32)**に代入すると、

$$\eta_e = \frac{3.6P_e}{\frac{P_e b}{10^6}H_u} = \frac{3.6\times10^6}{bH_u} = \frac{3.6\times10^6}{400\times44500} = 0.2$$

【例題7-27】

シリンダ内径 92[mm]、ピストンの行程 96[mm]、圧縮比25、回転速度 5000[rpm] のとき、軸出力 100[kW] の4サイクル4シンリダのディーゼル・エンジンがある。この回転速度のとき正味平均有効圧と図示平均有効圧を求めよ。

ただし、機械効率を88%とする。

(解答)

総行程容積 V を求めると、

$$V = \frac{\pi}{4} \times 9.2^2 \times 9.6 \times 4 = 2552\,[\mathrm{cm}^3]$$

式を**式(7-35)**に代入すると、

$$P_{me} = \frac{60P_e}{nVi} = \frac{60 \times 100 \times 1000}{5000 \times 2552 \times 10^{-6} \times 0.5} = 0.94\,[\mathrm{MPa}]$$

式を**式(7-36)**から、

$$P_i = \frac{P_e}{\eta_m} = \frac{0.94}{0.88} = 1.07\,[\mathrm{MPa}]$$

【例題7-28】

シリンダ内径 90[mm]、ピストンの行程 92[mm]、圧縮比25、回転速度 6000[rpm] のとき、軸出力 120[kW] の4サイクル4シンリダのガソリン・エンジンがある。この回転速度のとき正味平均有効圧と図示平均有効圧を求めよ。

ただし、機械効率を88%とする。

(解答)

総行程容積 V を求めると、

$$V = \frac{\pi}{4} \times 9^2 \times 9.2 \times 4 = 2340\,[\mathrm{cm}^3]$$

式を**式(7-35)**に代入すると、

$$P_{me} = \frac{60P_e}{nVi} = \frac{60 \times 120 \times 1000}{6000 \times 2340 \times 10^{-6} \times 0.5} = 1.03\,[\mathrm{MPa}]$$

式を**式(7-36)**から、

$$P_i = \frac{P_e}{\eta_m} = \frac{1.03}{0.88} = 1.17\,[\mathrm{MPa}]$$

【例題7-29】

軸出力 7120[kW]、回転速度 160[rpm]、9シリンダ(シリンダ内径 800[mm]、行程 1600[mm])の2サイクル・ディーゼルエンジンの燃料消費量が毎時1800 kg であった。なお、燃料は重油で、発熱量は 42800[kJ/kg] である。このエンジンの正味平均有効圧、燃料消費率、正味熱効率を求めよ。

(解答)

総行程容積 V を求めると、

$$V=\frac{\pi}{4}\times 80^2\times 160\times 9=7234560\,[\mathrm{cm^3}]$$

式を**式(7-35)**に代入すると、

$$P_{me}=\frac{60P_e}{nVi}=\frac{60\times 7120\times 1000}{160\times 7234560\times 10^{-6}\times 1}=0.37\,[\mathrm{MPa}]$$

式を**式(7-34)**から、

$$b=\frac{B\times 10^6}{P_e}=\frac{1800\times 10^6}{7120\times 10^3}=252.8\,[\mathrm{g/kW\cdot h}]$$

式を**式(7-32)**から、

$$\eta_e=\frac{3.6\times P_e}{BH_u}=\frac{3.6\times 7120\times 10^3}{1800\times 42800}=0.33$$

【例題7-30】

密度 850 [kg/m³]、発熱量 45000 [kJ/kg] の燃料を用いて、エンジンを60秒間運転したとき、消費した燃料が 200 [*ml*] で、この間のエンジンの軸出力が 50 [kW] であった。この条件からこのエンジンの正味熱効率および燃料消費率を求めよ。

(解答)

題意から、燃料消費量を求めると、60秒を時間に換算すると、60秒 $=\dfrac{1}{60}\,[\mathrm{h}]$ 。

このことから、毎時消費する燃料消費量は、$0.2\times 60=12\,[l]$ 。

したがって、

$$\text{燃料消費量}=850\times\frac{12}{1000}=10.2\,[\mathrm{kg/h}]$$

式を**式(7-34)**から、

$$\text{燃料消費率}\ b=\frac{B\times 10^6}{P_e}=\frac{10.2\times 10^6}{50\times 10^3}=204\,[\mathrm{g/kW\cdot h}]$$

式を**式(7-32)**から、

$$\text{正味熱効率}\ \eta_e=\frac{3.6\times P_e}{BH_u}=\frac{3.6\times 50\times 10^3}{10.2\times 45000}=0.39$$

【例題7-31】

オットーサイクルを行なうガソリン機関において、圧縮始めの圧力 0.08[MPa] (0.816[kgf/cm^2]) 、圧縮終わりの圧力1.6[MPa] (16.32[kgf/cm^2]) 、最高圧力 6[MPa] (61.2[kgf/cm^2])のとき、このサイクルの「圧縮比」、「理論熱効率」、「平均有効圧」を求めよ。

ただし、$\kappa = 1.4$ として計算せよ。

(解答)

オットーサイクルは、図のように二つの断熱変化と二つの等容変化とで構成されている。

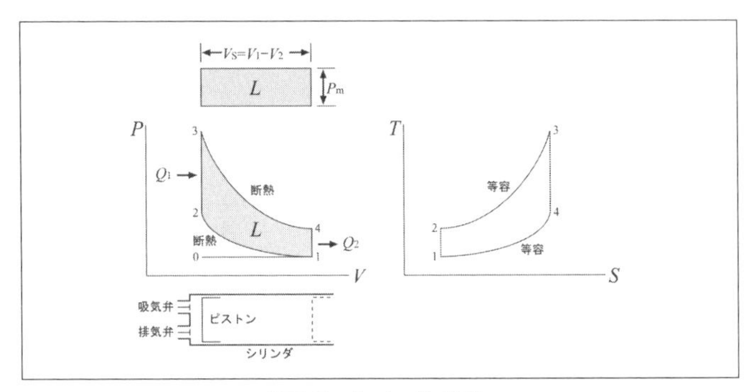

図7-9 オットーサイクル

1→2の変化は断熱変化で、そこにおける容積をそれぞれV_1 、V_2 とすれば、圧縮比 ε は、

$$\varepsilon = \frac{V_1}{V_2}$$

となる。また、断熱変化では、

$$P_1 V_1^{\kappa} = P_2 V_2^{\kappa}$$

より、

$$\frac{P_2}{P_1} = \left(\frac{V_1}{V_2}\right)^{\kappa} = \varepsilon^{\kappa}$$

$$\varepsilon = \left(\frac{P_2}{P_1}\right)^{\frac{1}{\kappa}} = \left(\frac{1.6}{0.08}\right)^{\frac{1}{1.4}}$$

となる。これを解いて、

$$\varepsilon = 8.50 \text{ (圧縮比)}$$

となる。

このサイクルの理論熱効率を η とすれば、

$$\eta = 1 - \frac{Q_2}{Q_1} = 1 - \frac{T_4 - T_1}{T_3 - T_2} = 1 - \frac{T_4 - T_1}{(T_4 - T_1)\varepsilon^{\kappa - 1}}$$

$$= 1 - \left(\frac{1}{\varepsilon}\right)^{\kappa - 1} = 1 - \left(\frac{1}{8.5}\right)^{0.4}$$

$$= 0.575 = 57.5\% \text{ (理論熱効率)}$$

となる。

次に、平均有効圧を P_m とし、$\xi = \dfrac{P_3}{P_2}$ とすれば、

$$P_m = \frac{Q_1 - Q_2}{V_1 - V_2} = P_1 \frac{(\xi - 1)(\varepsilon^{\kappa} - \varepsilon)}{(\kappa - 1)(\varepsilon - 1)}$$

$$= 0.08 \times \frac{\left(\dfrac{6}{1.6} - 1\right)(8.5^{1.4} - 8.5)}{(1.4 - 1)(8.5 - 1)}$$

$$= 0.844\,[\text{MPa}] \text{ (平均有効圧)}$$

8
構造力学

① 簡単なトラスの解法

① トラス(truss)の支点反力を求める。
・力の釣り合い条件
・モーメントの釣り合い条件
② トラスの部材の未知の軸力が2個以下の節点を探す。
③ 節点での「力の多角形」を図式して、既知の数値から節点に作用する未知の部材の軸力を求める。「図式解法」
④ 各部材の軸力を「作用反作用の関係」により求める。

【例題8-1】
図のようなトラスの各部材に作用する軸力を求めよ。

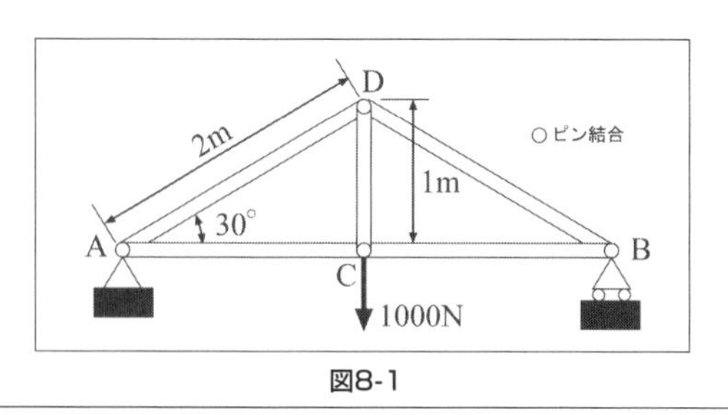

図8-1

(解答)

支点A、Bの反力をそれぞれ R_A 、R_B とし、トラス全体は力が釣り合っていること、すなわち、荷重 W と反力の和は0となることから、

$$R_A + R_B - W = 0$$

$$R_A + R_B - 1000\text{ N} = 0 \qquad ①$$

A点を中心としたモーメントを考えると、釣り合っていることから、

部材ACの長さ $\sqrt{3}$ [m]

全長ABの長さ $2\sqrt{3}$ [m]

より、モーメントの条件から、時計の針の進行方向のモーメントを「＋」、時計の針の進行と逆の方向のモーメントを「－」とすると、

$$\sqrt{3} \times 1000 - 2\sqrt{3} \times R_B = 0 \qquad ②$$

したがって、①と②の式を連立方程式として解くと、

$$R_A = 500\,[\text{N}]\text{、}R_B = 500\,[\text{N}]$$

ここで、$R_A=500$[N] が判明したので、A点を中心とした部材の多角形を図式すると、節点Aの部分において、

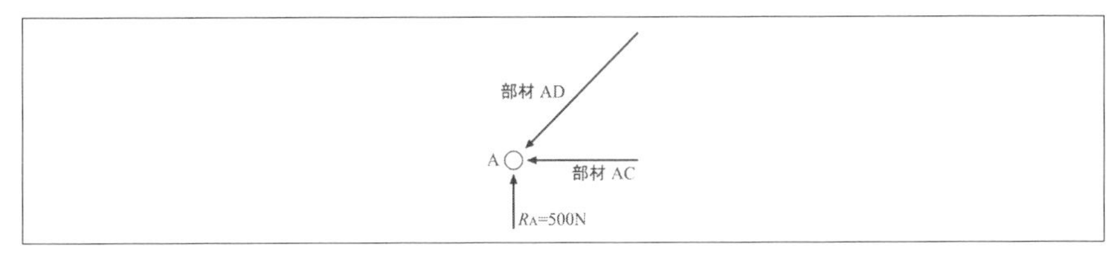

図8-2

Aにかかわる3部材から三角形となるから、

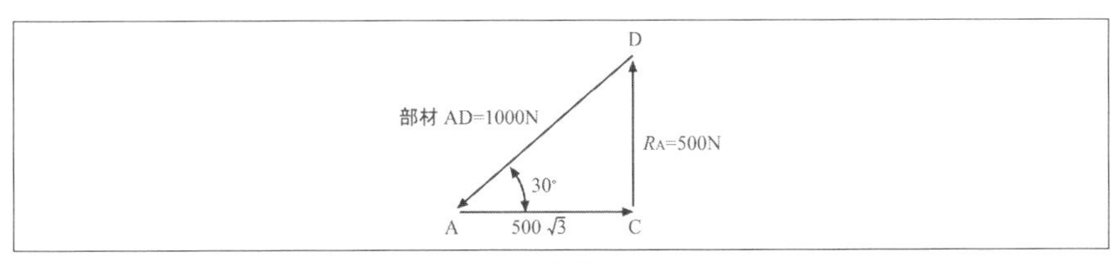

図8-3

節点Cの部分において、

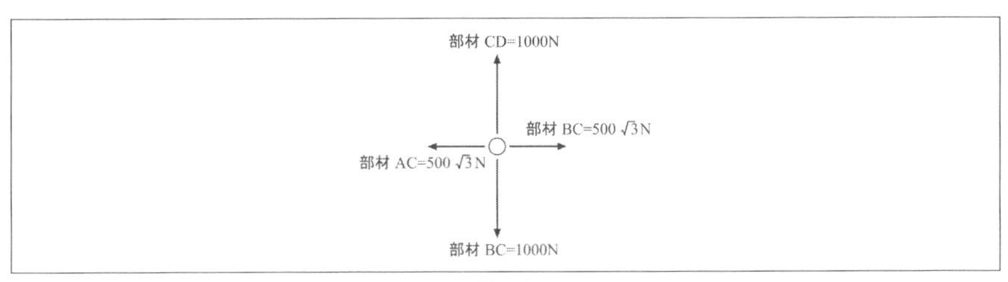

図8-4

トラス全体のそれぞれの部材に働く軸力

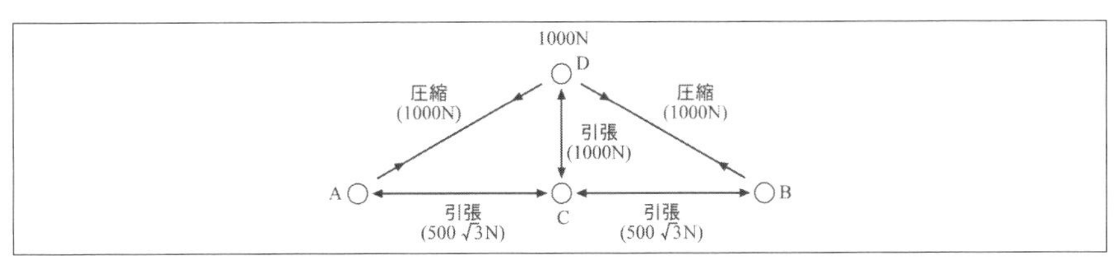

図8-5

【例題8-2】

図のように、荷重 $W=1000$ [N] を吊した部材ABと水平に対して、60 [°] 傾いた長さ 2 [m] の部材ACとからなる骨組み構造において部材が受ける力を求めよ。

ただし、部材の自重を無視するものとする。

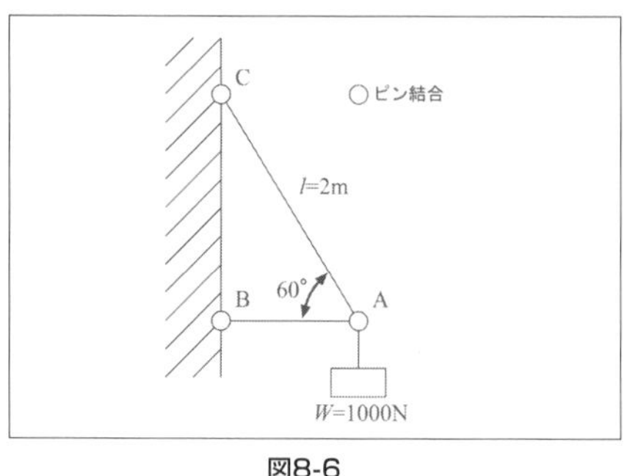

図8-6

(解答)

節点Aに作用している力は1000 [N] となり、部材AB、部材ACに作用する力は、未知であるが、部材の方向は判明しているので、力の多角形(この場合は三角形)によって図式により求める。

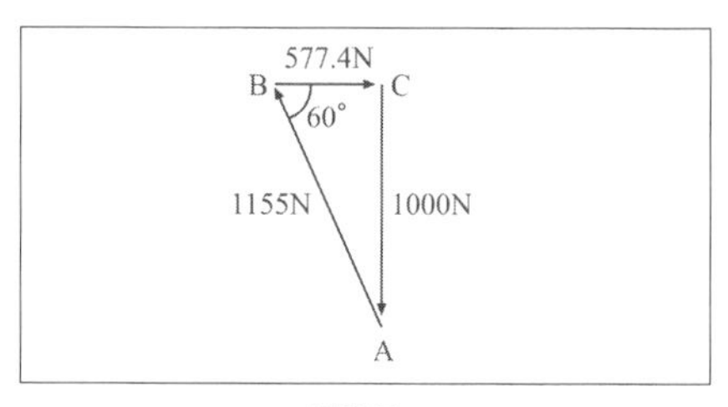

図8-7

未知の部材の軸力を求めると、

$$\text{部材 AB}\sin 60\,[°]=1000\,[\mathrm{N}]\text{、}\therefore \text{部材 AB}=\frac{1000\,[\mathrm{N}]}{\sin 60\,[°]} \fallingdotseq 1155\,[\mathrm{N}]$$

$$\text{部材 BC}\tan 60\,[°]=1000\,[\mathrm{N}]\text{、}\therefore \text{部材 BC}=\frac{1000\,[\mathrm{N}]}{\tan 60\,[°]} \fallingdotseq 577.4\,[\mathrm{N}]$$

【例題8-3】

図のような荷重を受ける静定トラスにおいて、部材1に生じる軸方向力を求めよ。

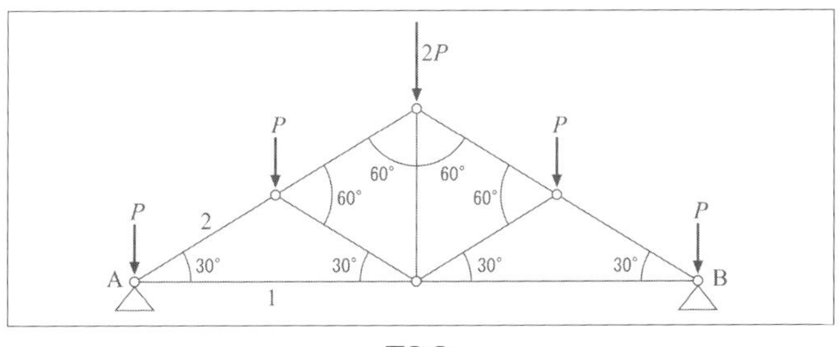

図8-8

(解答)

トラスに掛かる荷重の反力は左右対称であるから、

$$R_A = R_B = \frac{6P}{2} = 3P$$

支点Aについて節点法で解くと、

① 垂直方向の力の釣り合いより、$\sum Y = 0$

$$\frac{N_2}{2} + 3P - P = 0$$

$$N_2 = -4P \text{ (圧縮材)}$$

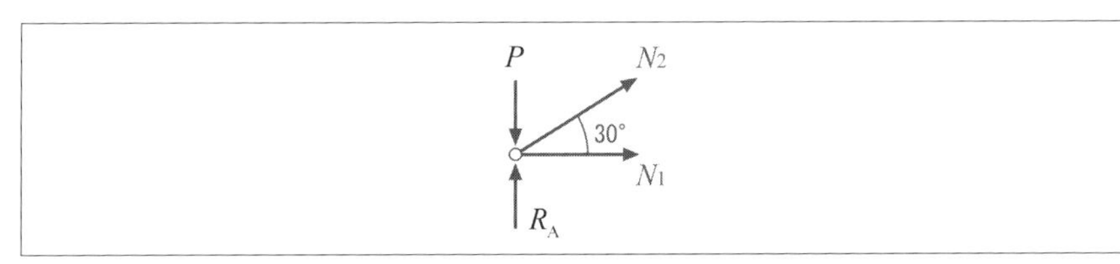

図8-9

② 水平方向の力の釣り合いより、$\sum X = 0$

$$N_1 + \frac{\sqrt{3}N_2}{2} = 0$$

$$N_1 = -\frac{\sqrt{3}N_2}{2} = -\frac{\sqrt{3}(-4P)}{2} = 2\sqrt{3}P$$

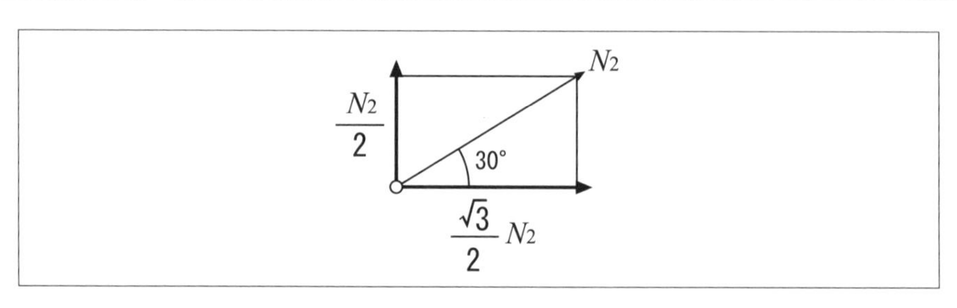

図8-10

② 代数的解法

部材の集合体で外力に耐えるものを構造物といい、構造物の部材の内力や変形などを解析する学問の分野を「構造力学」という。

普通、トラスの変形は微小で部材の長さは不変と仮定し、荷重、支持条件を与えて各部材の引張、圧縮の内力を求めることを、「トラスを解く」という。

トラスに加わる荷重を与え、支持条件から反力を求めるとき、静力学的平衡条件式のみで求められるものを、「外部静定」という。それ以外を「外部不静定」という。

$$\left.\begin{array}{ll}\text{水平力のつりあい} & \sum H = 0 \\ \text{垂直力のつりあい} & \sum V = 0 \\ \text{任意モーメントのつりあい} & \sum M = 0\end{array}\right] \quad (8\text{-}1)$$

図においてトラスの任意の節点0に交わる部材の内力を、T_1、T_2、……、外力を P とするとき、平衡条件式は、**式(8-1)**から、

$$\left.\begin{array}{l}V = T_1 \sin\alpha_1 + T_2 \sin\alpha_2 + \cdots\cdots + P\sin\alpha = 0 \\ H = T_1 \cos\alpha_1 + T_2 \cos\alpha_2 + \cdots\cdots + P\cos\alpha = 0\end{array}\right] \quad (8\text{-}2)$$

となり、これより弾性変形部材内力が求まる。

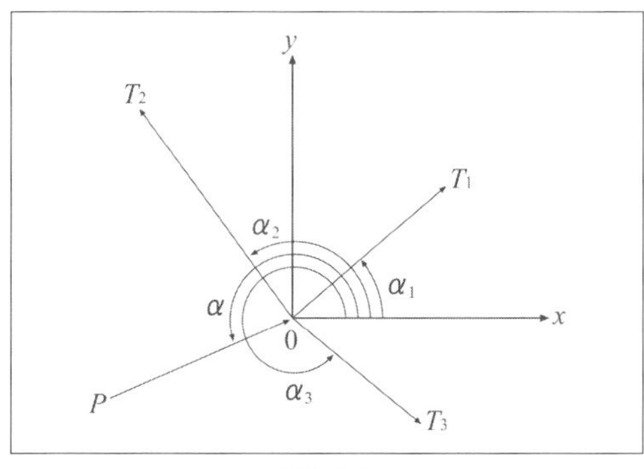

図8-11

部材の内力を T 、長さを l 、断面積を A 、材料の縦弾性係数を E とすると、部材の伸縮は λ は、

$$\lambda = \frac{Tl}{AE} \qquad \text{(8-3)}$$

【例題8-4】

図に示すワーレン・トラスの荷重点のたわみを求めよ。

ただし、各部材の縦弾性係数を E 、長さを l 、断面積を A とし、すべて等しいものとする。

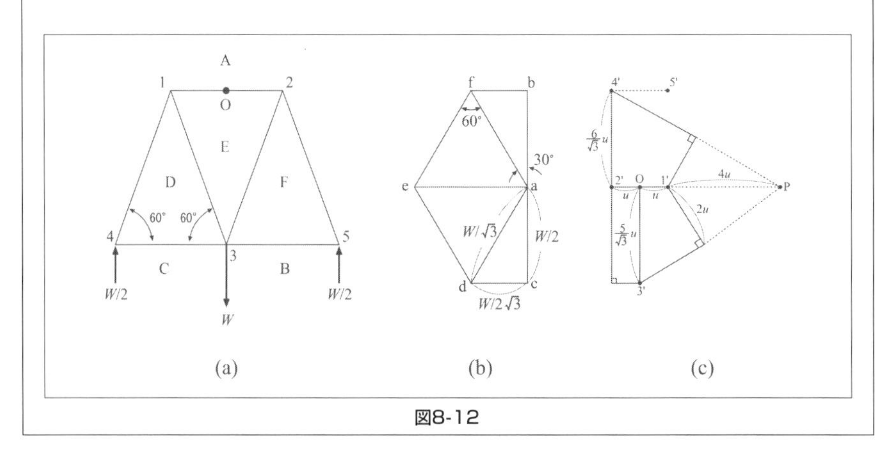

図8-12

(解答)

このトラスは左右対称で、反力はいずれも $\frac{W}{2}$ である。

両端からはじめて、クレモナの方法で、示力図(b)を画き、各部材の内力を決める。ウィリオの変位図によって解くと、

① 部材AD、AE、AF、DF、EFの伸縮を λ とすると、**式(8-3)**から、

$$2u = \frac{Wl}{\sqrt{3}\mathrm{AE}} \text{、ゆえに、} u = \frac{Wl}{\mathrm{AE}} \times \frac{1}{2\sqrt{3}} \qquad \text{(イ)}$$

部材CD、BFの伸びは、

$$u=\frac{W}{2\sqrt{3}}\frac{l}{\mathrm{AE}}$$

② 部材ADの中点Oを不動点とし、全節点のウィリオの変位図を求めると図(C)のようになる。したがって、トラスの荷重点のたわみは図(C)の 4′ と 3′ 間の垂直距離で、これを δ とすれば、図中 $\mathrm{P}'=4u$ であるから、$\Delta\mathrm{P}2'4'$ と $\Delta\mathrm{PO}3'$ を考えて、

$$\delta=\frac{6}{\sqrt{3}}u+\frac{5}{\sqrt{3}}u=\frac{11}{\sqrt{3}}u \qquad (ロ)$$

式(ロ)に**式(イ)**を代入して、

$$\delta=\frac{11}{6}\frac{Wl}{\mathrm{AE}}$$

【例題8-5】

図に示すキングポスト・トラスを解け。

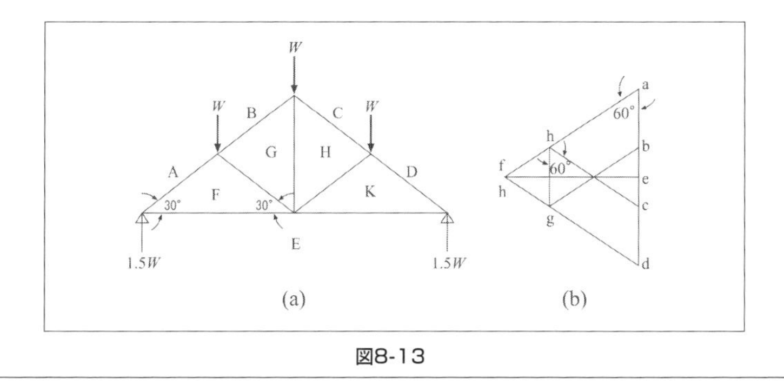

図8-13

(解答)

代数的解法による各節点で**式(8-2)**を適用する(上から下、左から右向きの力を正とする)と、

① このトラスは左右対称であるから、反力 AE =1.5W 、反力 DE =1.5W で、外力はすべて定まる。

② 次に、左端の節点、AEFに着目し、この節点での力の三角形を図(b)の示力図上に画き、反力の向きが下から上に向いていることから、この三角形がeafeの順に閉じることが分かる。

したがって、部材AFの内力は $3W$ の大きさをもち、節点AEFを右上から左下におしているから、AFが圧縮材であることが分かる。

同様にして、部材FEの内力は、$1.5\times\sqrt{3}W \fallingdotseq 2.6W$ で、引張材であることが分かる。

代数的解法によると、節点AEFにより、

$$V = \mathrm{AF}\sin 30[°] - 1.5W = 0$$ 、ゆえに、 $\mathrm{AF} = 3W$ (圧縮材)

$$H = \mathrm{FE} - \mathrm{AF}\cos 30[°] = 0$$ 、ゆえに、 $\mathrm{FE} = 2.6W$ (引張材)

節点AFGBにより、

$$V = -\mathrm{AF}\sin 30[°] - \mathrm{FG}\sin 30[°] + \mathrm{BG}\sin 30[°] + W = 0$$

$$H = \mathrm{AF}\cos 30[°] - \mathrm{FG}\cos 30[°] - \mathrm{BG}\cos 30[°] = 0$$

したがって、

$\mathrm{BG} = 2W$ (圧縮材)

$\mathrm{FG} = W$ (圧縮材)

となる。

③ ラーメン構造の解法

① ひずみエネルギ法

ラーメン構造では曲げ変形のみを考えるのであるから、全ひずみエネルギーUは、はりの弾性エネルギーの式より、

$$d\overline{U} = \frac{M^2 dx}{2EI_Z} \text{ から、} \sum_i U = \int_0^{l_i} \frac{M_i^{\ 2}}{2EI_i} dx_i \qquad (8\text{-}4)$$

ただし、

・任意の部材iについての長さをl

・曲げ剛性を$E_i I_i$

・曲げモーメントを$M_i(x_i)$

とする。

② カスティリアノの定理

はりの外力W_1、W_2、W_3……が作用して物体に貯えられる弾性エネルギを$f(W_1,W_2,W_3\cdots\cdots)$で表わせば、荷重$W_i$の作用点の荷重方向の変位$\lambda_i$は次の式で表わされる。

$$\lambda_i = \frac{\partial f}{\partial W_i} \qquad (8\text{-}5)$$

から、

$$\lambda_i = \frac{\partial U}{\partial R_i} \qquad (8\text{-}6)$$

これを外部から作用するモーメントMと、その作用点での回転θに拡張すると、

$$\theta_i = \frac{\partial U}{\partial M_i} \qquad (8\text{-}7)$$

が成立し、さらに、— 極小仕事の定理が次の式が成立する。

$$\frac{\partial U}{\partial t_i} = \frac{\partial U}{\partial m_i} = 0 \qquad (8\text{-}8)$$

【例題8-6】

図のような荷重を受ける骨組みの曲げモーメント図を描け。

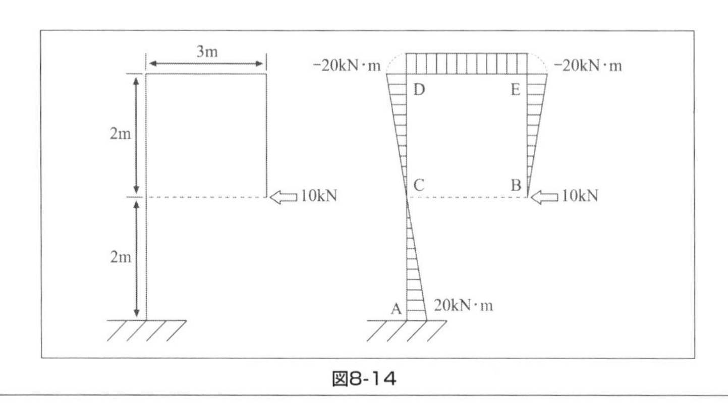

図8-14

(解答)

ラーメン構造に作用する荷重が集中負荷の場合には、節点、荷重点、支点などで曲げモーメントを求めて、それぞれを結んで曲げモーメント図を描く。

① 集中荷重の作用線上の曲げモーメントは、$M = 0$ 。
したがって、

$$M_{\mathrm{B}} = 0$$
$$M_{\mathrm{C}} = 0$$

② 節点での曲げモーメントは、「作用する力×作用する力までの距離」で求められる。

$$M_{\mathrm{E}} = -10\,[\mathrm{kN}] \times 2\,[\mathrm{m}] = -20\,[\mathrm{kN \cdot m}]$$
$$M_{\mathrm{D}} = -10\,[\mathrm{kN}] \times 2\,[\mathrm{m}] = -20\,[\mathrm{kN \cdot m}]$$
$$M_{\mathrm{A}} = 10\,[\mathrm{kN}] \times 2\,[\mathrm{m}] = 20\,[\mathrm{kN \cdot m}]$$

【例題8-7】

図に示すように、長方形ラーメンABCDのうち、はりAD、BCの中心に $W=2$[kN] の荷重が作用し、$b=0.5$[m] 、$h=1$[m] とすると、このラーメンにかかる最大応力を求めよ。

ただし、この各部材は30[mm]の正方形断面である。

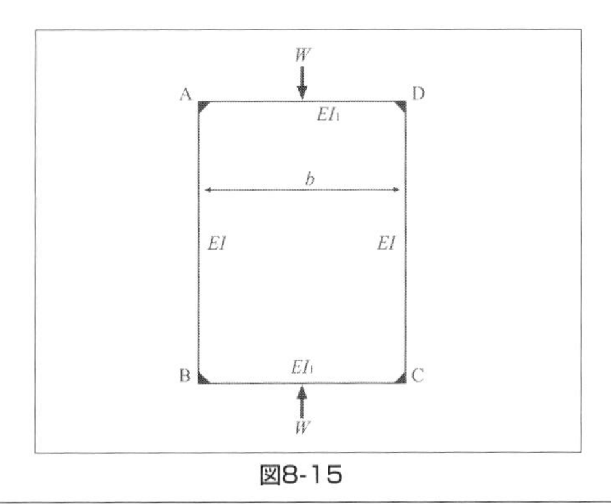

図8-15

(解答)

節点Aに作用する曲げモーメントを M_A とおくと、部材ADは、

$$\frac{d^2y}{dx^2}=-\frac{1}{EI_1}\left[\frac{Wx}{2}-M_A\right]$$

$$\therefore\frac{dy}{dx}=-\frac{1}{EI_1}\left[\frac{Wx^2}{4}-M_Ax+A\right]$$

ここで、$x=\frac{b}{2}$ において、$\frac{dy}{dx}=0$ により、

$$A=-\frac{Wb^2}{16}+\frac{M_Ab}{2}$$

したがって、節点Aの傾き角 θ_{AD} は、

$$\theta_{AD}=\frac{1}{EI_1}\left[\frac{Wb^2}{16}-\frac{M_Ab}{2}\right]$$

である。

部材ABに作用する軸応力を無視すると、部材ABでは、

$$\frac{d^2y}{dx^2}=-\frac{M_A}{EI}$$

$$\therefore\frac{dy}{dx}=-\frac{M_A}{EI}(x+B)$$

さらに、

$$y=-\frac{M_A}{EI}\left(\frac{x^2}{2}+Bx+C\right)$$

ここで、部材ABにおいて、$x=0$ で $y=0$ により $C=0$ 、

$x=0$ で $y=0$ または $x=\frac{h}{2}$ で $\frac{dy}{dx}=0$ により、$B=-\frac{h}{2}$ となる。

したがって、部材ABの傾き角 θ_{AB} は、$\theta_{AB}=M_A h/2EI$ である。

ここで、$\theta_{AD}=\theta_{AB}$ であるから、

$$\frac{1}{EI_1}\left[\frac{Wb^2}{16}-\frac{M_A b}{2}\right]=\frac{M_A h}{2EI}$$

$$\therefore M_A=\frac{Wb^2}{8\left(b+hI_1/I\right)}$$

部材AD上ではAの応力は断面係数を Z と置くと、

$$\sigma=\frac{M_A}{Z}=\frac{Wb^2}{8Z\left(b+hI_1/I\right)}$$

ADの中央での応力は、

$$\sigma=\frac{1}{Z}\left[\frac{Wb^2}{4}-M_A\right]=\frac{Wb^2\left(b+2hI_1\right)}{8Z\left(b+hI_1/I\right)}$$

であるから、両者のうち中央の応力が最大である。

しかし、部材ABの断面係数を Z と置くと、部材AB上ではモーメントが等しいから応力も等しくなる。したがって、題意より与えられた数値を代入すると、$I_1=I$ より、

$$\sigma_{max}=\frac{Wb^2}{8Z\left(b+h\right)}=\frac{20\times10^3\times0.5^2}{8\times\left(\frac{0.03^3}{6}\right)(0.51)}$$

$$=92.6\times10^6\ [\mathrm{N/m^2}]$$

$$=92.6\times10^6\ [\mathrm{Pa}]$$

$$=92.6\,[\mathrm{MPa}]$$

【例題8-8】

図に示すようなラーメン構造において、$L=1\,[\mathrm{m}]$、角度 $\alpha=30\,[°]$、3部材(直径 30 [mm] の軟鋼の丸棒とする)とも同時に座屈させる荷重を求めよ。

ただし、この材料の縦弾性係数 $E=206\,[\mathrm{GPa}]$ とする。

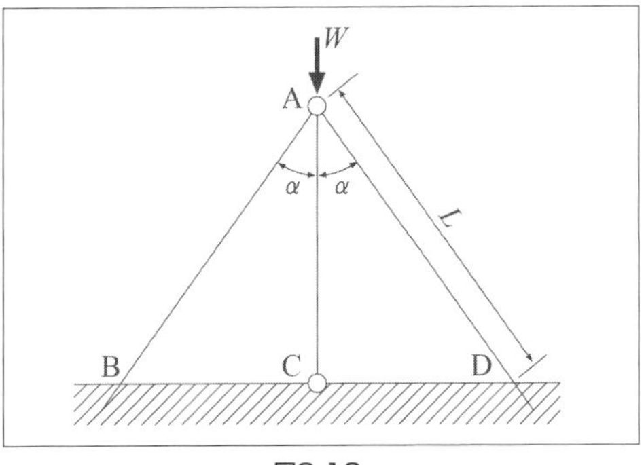

図8-16

(解答)

図から部材ACは両端支持、部材ABおよびADは一端固定、他端支持のラーメン構造である。オイラーの公式を用いるためには、端末条件係数 n は部材ACは両端支持であるから $n=1$、部材ABおよびADは一端固定、他端支持であるから、$n=2.046 \fallingdotseq 2$とし、部材 $\overline{\mathrm{AC}}$ の長さ $L\cos\alpha$ である。

ここで、部材ACの座屈荷重を P_1、部材ABおよびADの座屈荷重を P_2 とすると、

$$P_1=\frac{\pi^2 EI}{(L\cos\alpha)^2}$$

$$P_2=\frac{2\pi^2 EI}{L^2}$$

3部材とも同時に座屈される荷重 W は、

$$W=P_1+2P_2\cos\alpha=\frac{\pi^2 EI}{L^2}\left[\frac{1}{\cos^2\alpha}+2\times2\times\cos\alpha\right]$$

$$=\frac{3.14^2\times206\times10^9\times\left(3.14\times0.03^4/64\right)}{1}\left[\frac{1}{0.866^2+4\times0.866}\right]$$

$$=3872.3\,[\mathrm{N}]$$

④ たわみ角法によるラーメンの解法(消去法)

ラーメンを解くということは、ラーメンを構成している各部材の曲げモーメントを求めるということである。たわみ角法によって解くには、まず、釣り合い方程式である節点方程式と層方程式とを連立方程式として立て、これを解いて未知数であるたわみ角と部材の回転角とを求め、次にこれを材端モーメントの基本式に代入し、材端モーメントの値を求める。

材端モーメントの値が求まれば、ラーメンの支点に生ずる反力はいうまでもなく、各部材に生ずる曲げモーメントを求めるためには、まず材端モーメントを求めることであると考えてよい。

そこで、未知数であるたわみ角ならびに部材の回転角を求める方法としては、連立方程式を消去法で解くのが最も分かりやすいが、未知数の数が多くなると消去法では煩雑となって簡単には求め難くなる。

【例題8-9】

図において、$P=5000\,[\mathrm{kN}]$、$l=3\,[\mathrm{m}]$、$a=2\,[\mathrm{m}]$、$\theta_{\mathrm{A}}=+0.0001$、$\theta_{\mathrm{B}}=-0.0003$、$d=0.6\,[\mathrm{mm}]$とすると、$M_{\mathrm{AB}}$と$M_{\mathrm{BA}}$の値を求めよ。

ただし、材料の縦弾性係数$E=206\,[\mathrm{GPa}]$、断面二次モーメント$I=0.006\,[\mathrm{m}^4]$とする。

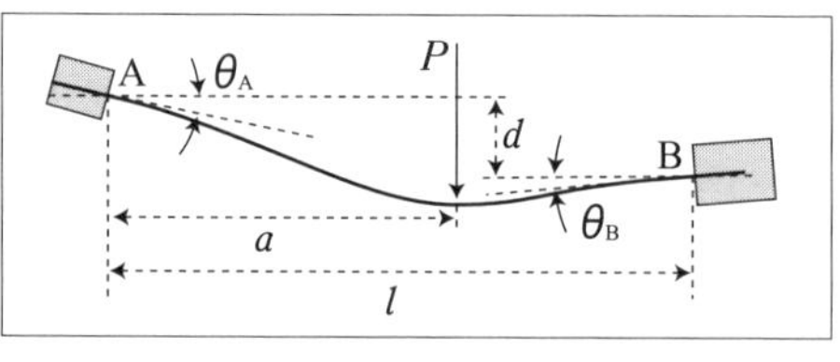

図8-17

(解答)

$$k=2E\frac{I}{l}=2\times206\times10^9\times\frac{0.006}{3}=824\times10^6\ [\mathrm{N\cdot m}]$$

$$R=\frac{d}{l}=\frac{0.0006}{3}=0.0002$$

$$b=l-a=3-2=1\,[\mathrm{m}]$$

$$C_{AB}=\frac{Pab^2}{l^2}=\frac{5000\times2\times1^2}{3^2}=1111\,[\mathrm{kN\cdot m}]$$
$$=1111\times10^3\,[\mathrm{N\cdot m}]$$

$$\begin{aligned}M_{AB}&=k\left(2\theta_A+\theta_B-3R\right)-C_{AB}\\&=824\times10^6\times\left(2\times0.0001-0.0003-3\times0.0002\right)-1111\times10^3\\&=824\times10^6\times\left(-0.0007\right)-1111\times10^3\\&=-576800-1111\times10^3\\&=-1687800\,[\mathrm{N\cdot m}]\\&=-1687.8\,[\mathrm{kN\cdot m}]\end{aligned}$$

$$C_{BA}=\frac{Pa^2b}{l^2}=\frac{5000\times2^2\times1}{3^2}=2222\,[\mathrm{kN\cdot m}]$$
$$=2222\times10^3\,[\mathrm{N\cdot m}]$$

$$\begin{aligned}M_{BA}&=k\left(2\theta_B+\theta_A-3R\right)-C_{BA}\\&=824\times10^6\times\left(2\times0.0003-0.0001-3\times0.0002\right)-2222\times10^3\\&=824\times10^6\times\left(-0.0011\right)-2222\times10^3\\&=-906400+2222\times10^3\\&=1315600\,[\mathrm{N\cdot m}]\\&=1315.6\,[\mathrm{kN\cdot m}]\end{aligned}$$

① 未知数の部材への対応

たわみ角法では、任意の部材 AB の A 端における材端モーメントを、

$$M_{AB} = k\left(2\theta_A + \theta_B - 3R\right) \pm C_{AB}$$

の形で計算する。これはたわみ角 θ_A および θ_B ならびに部材回転角(または d/l)を未知数に選ぶことを示しているものであって、すなわちこれらの値が分かれば、材端モーメントの値は計算によって求められる。

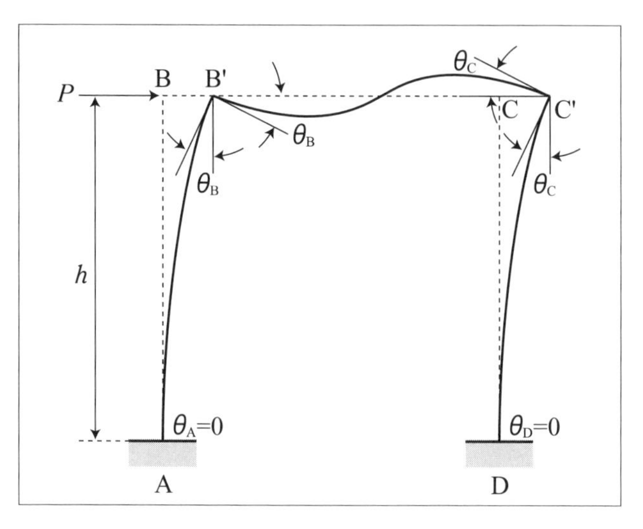

図8-18

そこで、図のような長方形ラーメン(門型ラーメン) ABCD について考えてみると、このラーメンがある荷重を受けて AB′C′D のように変形をし、B は B′ に、C は C′ に移動したものとする。この場合に、部材長さの変化およびスパン長さの伸縮を考えないから節点の移動は水平方向にだけ起こり、また、同一層の節点の水平移動量はすべて同じと考える。したがって、

$BB' = d$　とすると　$CC' = d$

となり、ラーメン全体としての未知数は、2つのたわみ角 θ_B, θ_C と、節点の水平移動量 d とで表わすことができる。

② 節点方程式

ラーメンが荷重を受けて変形しそのまま釣り合いの状態にある場合に、各節点においてそこに集まる各部材の材端モーメントを考えると、それらの材端モーメントの和は0にならなければならない。

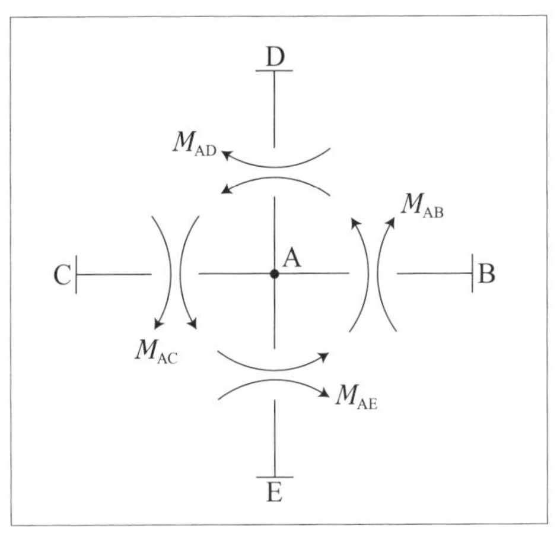

図8-19

たとえば、節点Aに、BA,CA,DAおよびEAの4つの部材が剛節されていると、この4部材の節点Aにおける材端モーメントの和は0である。

$$\therefore M_{AB}+M_{AC}+M_{AD}+M_{AE}=0 \quad \text{(i)}$$

これを一般的に表わすと、

$$\sum M_A=0 \quad \text{(ii)}$$

この式に、材端モーメントの基本式で表わすと、

$$M_{AB}=k_1\left(2\theta_A+\theta_B-3R_1\right)-C_{AB}$$
$$M_{AC}=k_2\left(2\theta_A+\theta_C-3R_2\right)-C_{AC}$$
$$M_{AD}=k_3\left(2\theta_A+\theta_D-3R_3\right)-C_{AD}$$
$$M_{AE}=k_4\left(2\theta_A+\theta_E-3R_4\right)-C_{AE}$$

を式(i)に代入すると、

$$2\theta_A(k_1+k_2+k_3+k_4)+\theta_B k_1+\theta_C k_2+\theta_D k_3+\theta_E k_4$$
$$-3R_1k_1-3R_2k_2-3R_3k_3-3R_4k_4=C_{AB}+C_{AC}+C_{AD}+C_{AE} \quad \text{(iii)}$$

この式を「節点方程式」といい、実際には部材の条件によって正負があり、全体として釣り合い条件を満たすことになる。

③ 層方程式

図のような長方形ラーメンが鉛直荷重と水平荷重とを受ける場合を見ると、ラーメンの支柱と地盤面との取り付け部に不同沈下を生じないとすると、変形後においても、G,H,J ならびに D,E,F はいずれも同一水平線上にある。

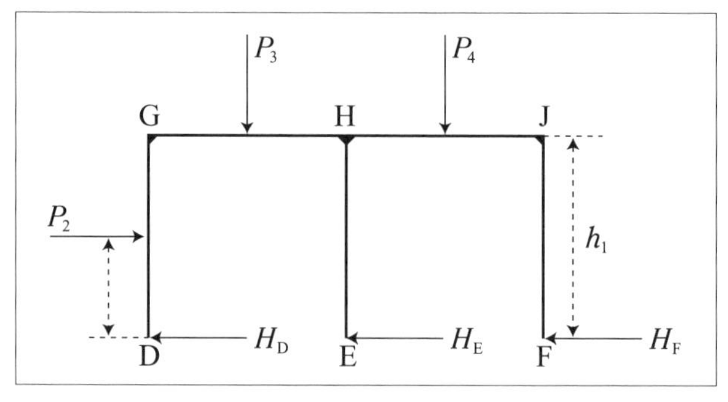

図8-20

図において、水平荷重 P_2 に対しては、釣り合いの条件より、

$$\therefore P_2+H_D+H_E+H_F=0 \quad \text{(iv)}$$

となる。

【例題8-10】

図に示すような等分布荷重がかかる場合のラーメンにおいて、各部材における材端モーメントの値を求めよ。

ただし、$I=0.0016\,[\mathrm{m}^4]$、$I_1=0.0027\,[\mathrm{m}^4]$ とし、$C_{\mathrm{BC}}=2667\,[\mathrm{N\cdot m}]$ とする。

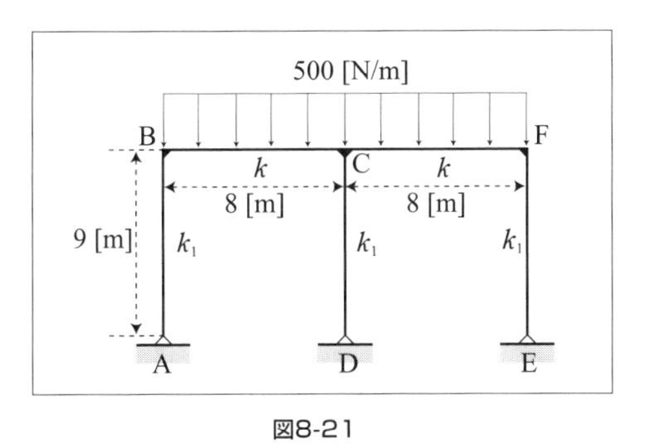

図8-21

(解答)

構造も荷重も左右対称であるから、支柱 CD には曲げモーメントを生じない。なお、

$$M_{\mathrm{BA}}=-M_{\mathrm{FE}}$$

$$-M_{\mathrm{BC}}=M_{\mathrm{FC}}$$

$$C_{\mathrm{BC}}=C_{\mathrm{CB}}=C_{\mathrm{CF}}=C_{\mathrm{FC}}=2667\,[\mathrm{N\cdot m}]$$

であり、$h=9\,[\mathrm{m}]$、$l=8\,[\mathrm{m}]$ であるから、

$$n=\frac{k_1}{k}=\frac{I}{I_1}\times\frac{h}{l}=\frac{0.0016}{0.0027}\cdot\frac{9}{8}=\frac{2}{3}$$

である。

この場合の各材端モーメントは、

$$\begin{aligned}M_{\mathrm{BA}}&=-M_{\mathrm{BC}}\\&=\frac{\left[(10n+9)+(4n+3)-(4n+3)+(2n+3)\right]C_{\mathrm{BC}}}{4(n+1)(4n+3)}\\&=\frac{(12n+12)C_{\mathrm{BC}}}{4(n+1)(4n+3)}=\frac{(12\times2/3+12)\times2667}{\left[4\times(2/3+1)(4\times2/3+3)\right]}\\&=1412\,[\mathrm{N\cdot m}]\end{aligned}$$

$$M=\frac{\left[(2n+1)(2n+3)+(4n+3)(2n+3)+4(n+1)(4n+3)+(4n+3)(2n+1)+(4n-3)\right]C_{\mathrm{BC}}}{4(n+1)(4n+3)}$$

$$=\frac{12\left(2n^2+3n+1\right)C_{\mathrm{BC}}}{4(n+1)(4n+3)}$$

$$=\frac{12\times(2\times4/9+3\times2/3+1)\times2667}{\left[4\times(2/3+1)(4\times2/3+3)\right]}=3295\,[\mathrm{N\cdot m}]$$

$$M_{CD} = -\frac{2C_{BC}}{2(n+1)} + \frac{2C_{BC}}{2(n+1)} = 0$$

$$M_{CF} = -M_{CD} = -3295\,[\mathrm{N \cdot m}]$$

$$M_{FE} = -M_{BA} = -1412\,[\mathrm{N \cdot m}]$$

$$M_{FC} = -M_{BC} = 1412\,[\mathrm{N \cdot m}]$$

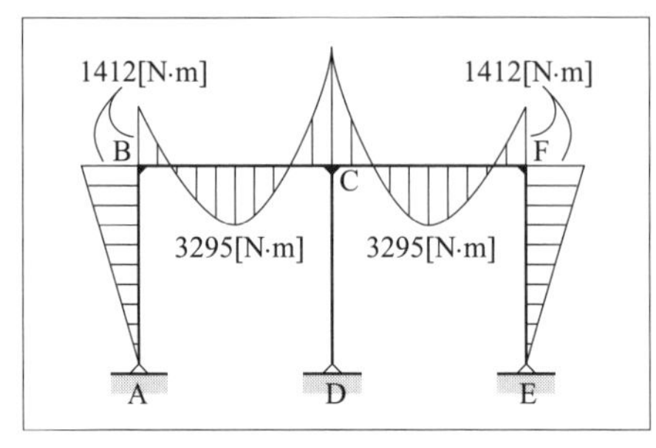

図8-22

【例題8-11】

図のラーメンについて、反力と、曲げモーメント図を求めよ。

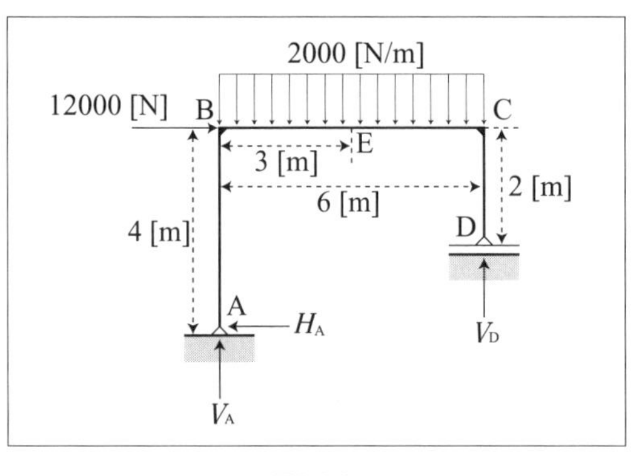

図8-23

(解答)

釣り合い条件より、

$\sum H = 0$ より

$$12000 - H_A = 0$$

$$\therefore H_A = 12000\,[\mathrm{N}]$$

すなわち、H_A は仮定した方向に作用する。

$\sum V = 0$ より

$V_A + V_D - 2000 \times 6 = 0$ ①

$\sum M = 0$ より

$12000 \times 4 + 2000 \times 6 \times 3 - V_D \times 6 = 0$ ②

②より、

$V_D = 14000\,[\mathrm{N}]$

$\therefore V_A = -2000\,[\mathrm{N}]$

よって、V_D は仮定のように上向き、V_A は仮定に反して下向きに作用する。

次に部材 AB の曲げモーメント図を求めるために、AB 上に任意の断面を取り、その位置を A から y の距離にあるものとする。

そうすると、

$M = H_A \cdot y$

この式は y の一次式であるから、曲げモーメント図は直線変化する。

$y = 0$ とすると、$M = 12000 \times 0 = 0$

$y = 4\,[\mathrm{m}]$ とすると、$M = 12000 \times 4 = 48000\,[\mathrm{N \cdot m}]$

次に、部材 BC の曲げモーメント図を求めるために、BC 上に任意の断面を取り、その位置を B から x の距離にあるものとする。

そうすると、

$M = V_A \times x - 2000x \times x/2 + H_A \times 4$

$= -2000x - 1000x^2 + 48000$

この式は x の二次式であるから、曲げモーメント図は曲線になる。

上式に、

$x = 0$ を代入すると、$M_B = -0 - 0 + 48000 = 48000\,[\mathrm{N \cdot m}]$

$x = 1\,[\mathrm{m}]$ を代入すると、$M = -2000 \times 1 - 1000 \times 1^2 + 48000 = 45000\,[\mathrm{N \cdot m}]$

$x = 2\,[\mathrm{m}]$ を代入すると、$M = -2000 \times 2 - 1000 \times 2^2 + 48000 = 40000\,[\mathrm{N \cdot m}]$

$x = 3\,[\mathrm{m}]$ を代入すると、$M_E = -2000 \times 3 - 1000 \times 3^2 + 48000 = 33000\,[\mathrm{N \cdot m}]$

$x = 4\,[\mathrm{m}]$ を代入すると、$M = -2000 \times 4 - 1000 \times 4^2 + 48000 = 24000\,[\mathrm{N \cdot m}]$

$x = 5\,[\mathrm{m}]$ を代入すると、$M = -2000 \times 5 - 1000 \times 5^2 + 48000 = 13000\,[\mathrm{N \cdot m}]$

$x = 6\,[\mathrm{m}]$ を代入すると、$M_C = -2000 \times 6 - 1000 \times 6^2 + 48000 = 0$

以上のように、x の値を細目にわたり代入すると、正確な曲線が描かれる。

また、部材 CD には曲げモーメントが生じないから、図示のような曲げモーメント図となる。

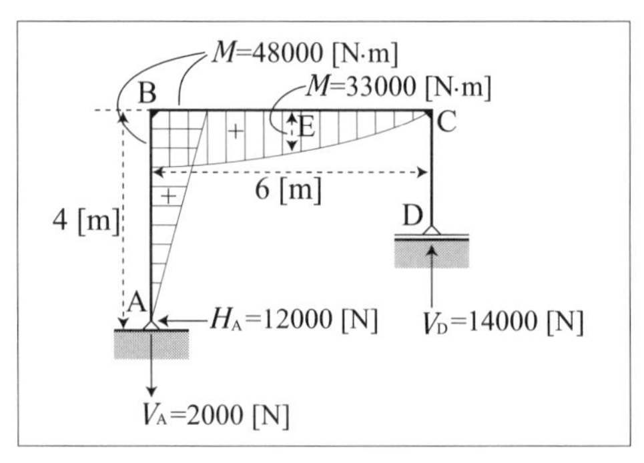

図8-24

【例題8-12】

図のように、3スパンの連続ばりがあって、これに等分布荷重が作用している。支点はいずれも同一水平線上にあり、各はりの E と I の値をいずれも同じとすると、各支点に働く材端モーメントの値はどれだけか。

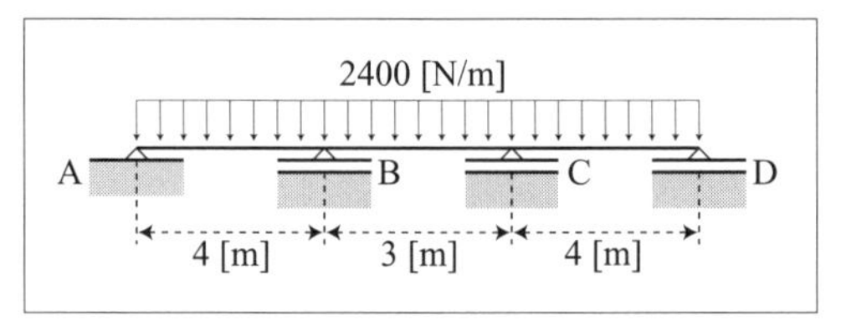

図8-25

(解答)

$l_1 = l_3 = 4\,[\mathrm{m}]$ 、 $l_2 = 3\,[\mathrm{m}]$ 、 $I_1 = I_2$ より、

$$\therefore n = \frac{k_2}{k_1} = \frac{l_1}{l_2} = \frac{4}{3}$$

AB およびBC の2スパンにおいて、 H_{BA} と H_{BC} の値は、巻末資料の荷重項の算定表から、

$$H_{\mathrm{BA}} = \frac{1}{8}wl_1^2 = \frac{1}{8}\times 2400\times 4^2 = 4800\,[\mathrm{N\cdot m}]$$

$$H_{\mathrm{BC}} = \frac{1}{8}wl_2^2 = \frac{1}{8}\times 2400\times 3^2 = 2700\,[\mathrm{N\cdot m}]$$

A 点は連続ばりの終端であるから、 $M_{\mathrm{AB}} = 0$ であり、次の式となる。

$$2(n+1)M_{\mathrm{BC}} + M_{\mathrm{CD}} = -2\left[nH_{\mathrm{BA}} + H_{\mathrm{BC}}\right]$$

$$2\times\left(\frac{4}{3}+1\right)M_{\mathrm{BC}} + M_{\mathrm{CD}} = -2\times\left[\frac{4}{3}\times 4800 + 2700\right]$$

$$\therefore 14M_{\mathrm{BC}} + 3M_{\mathrm{CD}} = -54600\,[\mathrm{N \cdot m}] \qquad ①$$

次に、BCおよびCDの2スパンにおいて、H_{CD} と H_{CB} の値は、

$$H_{\mathrm{CD}} = H_{\mathrm{BA}} = 4800\,[\mathrm{N \cdot m}]$$

$$H_{\mathrm{CB}} = H_{\mathrm{BC}} = 2700\,[\mathrm{N \cdot m}]$$

D点は連続ばりの終端であるから、$M_{\mathrm{DC}} = 0$ であり、次の式となる。

$$2(n+1)M_{\mathrm{CD}} + nM_{\mathrm{BC}} = -2\left[nH_{\mathrm{CB}} + H_{\mathrm{CD}}\right]$$

この場合の n は、

$$\therefore n = \frac{k_3}{k_2} = \frac{l_2}{l_3} = \frac{3}{4}$$

$$2\left(\frac{3}{4}+1\right)M_{\mathrm{CD}} + \frac{3}{4}M_{\mathrm{BC}} = -2\left[\frac{3}{4}\times 2700 + 4800\right]$$

$$\therefore 14M_{\mathrm{CD}} + 3M_{\mathrm{BC}} = -54600\,[\mathrm{N \cdot m}] \qquad ②$$

①と②の連立方程式から、

$$M_{BC} = M_{CD} = -3212\,[\mathrm{N \cdot m}]$$

$$M_{BA} = M_{CB} = 3212\,[\mathrm{N \cdot m}]$$

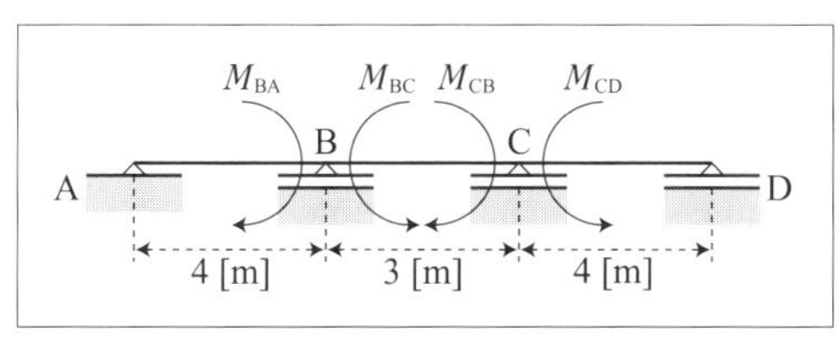

図8-26

【例題8-13】

図のようなラーメンのうち、$I = 0.0015\,[\mathrm{m}^4]$ 、$I_1 = 0.0030[\mathrm{m}^4]$ として、次のラーメンを解きなさい。

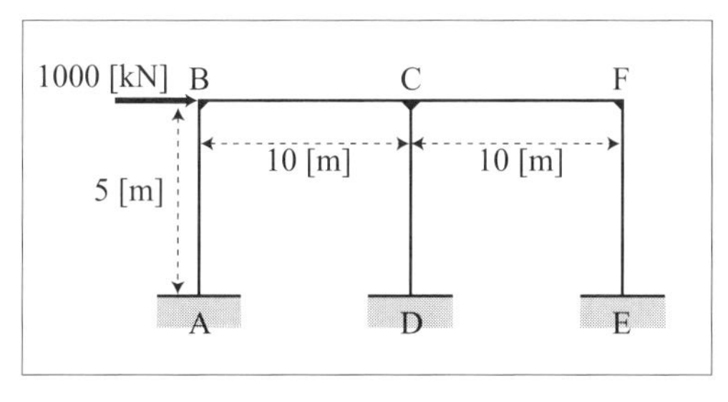

図8-27

(解答)

このラーメンにおいて、支柱 AB の中間には荷重が存在しないから、$C_{BA}=C_{AB}=0$ である。

$$n=\frac{k_1}{k}=\frac{I}{I_1}\cdot\frac{h}{l}=\frac{0.0015}{0.0030}\times\frac{5}{10}=\frac{1}{4}$$

固定端 A の曲げモーメントは、

$$M_A=1000\times5=5000\,[\mathrm{kN\cdot m}]$$

$$\therefore M_{BA}=-M_{BC}=\frac{-2n(n+1)^2M_A}{2(n+1)(6n^2+9n+1)}=\frac{-n(n+1)M_A}{6n^2+9n+1}$$

$$=\frac{-\frac{1}{4}\times\left(\frac{1}{4}+1\right)\times5000}{6\times\frac{1}{16}+9\times\frac{1}{4}+1}=\frac{\frac{1.25\times5000}{4}}{\frac{58}{16}}=-431\,[\mathrm{kN\cdot m}]$$

$$M_{CB}=-\frac{n(n+2)\left[-(n+1)M_A\right]}{2n(n+1)(6n^2+9n+1)}=\frac{n(n+2)M_A}{2(6n^2+9n+1)}$$

$$=\frac{\frac{1}{4}\times\left(\frac{1}{4}+2\right)\times5000}{2\times\frac{58}{16}}=388\,[\mathrm{kN\cdot m}]$$

$$M_{CD}=-\frac{2n(n+2)M_A}{2(6n^2+9n+1)}=-\frac{n(n+2)M_A}{6n^2+9n+1}$$

$$=-388\times2=-776\,[\mathrm{kN\cdot m}]$$

$$M_{CF}=\frac{n(n+1)(n+2)M_A}{2(n+1)(6n^2+9n+1)}=\frac{n(n+2)M_A}{2(6n^2+9n+1)}=388\,[\mathrm{kN\cdot m}]$$

$$M_{FC}=-M_{FE}=\frac{2\mathrm{n}(\mathrm{n}+1)^2M_A}{2(n+1)(6n^2+9n+1)}=\frac{n(n+1)M_A}{(6n^2+9n+1)}=431\,[\mathrm{kN\cdot m}]$$

$$M_{AB}=-\frac{(6n^2+9n+2)M_A}{6(6n^2+9n+1)}=\frac{74/16\cdot5000}{6\times58/16}=-2126\,[\mathrm{kN\cdot m}]$$

$$M_{DC}=-\frac{2(3n^2+9n+1)M_A}{6(6n^2+9n+1)}=\frac{\left(3\times\frac{1}{16}+6\times\frac{1}{4}+1\right)\times5000}{3\times\frac{58}{16}}=-1236\,[\mathrm{kN\cdot m}]$$

$$M_{EF}=-\frac{(n+1)(6n^2+9n+2)M_A}{6(n+1)(6n^2+9n+1)}=-\frac{(6n^2+9n+2)M_A}{6(6n^2+9n+1)}=-2126\,[\mathrm{kN\cdot m}]$$

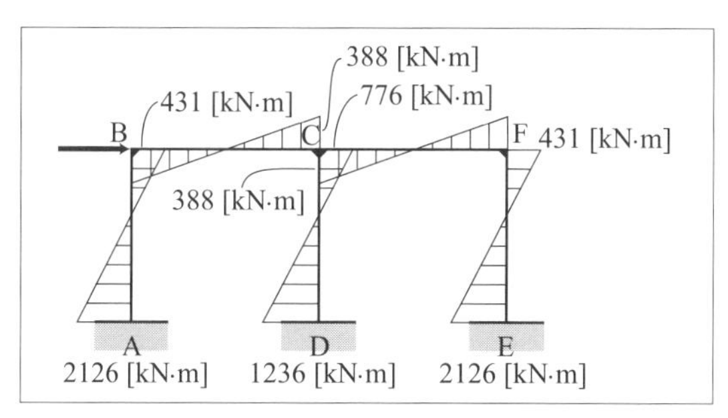

図8-28

【例題8-14】

図において、$I=0.0036\,[\mathrm{m}^4]$、$I_1=0.0030\,[\mathrm{m}^4]$ として、M_{BC} および M_{CB} の値、ならびに各部材の曲げモーメントを求めよ。

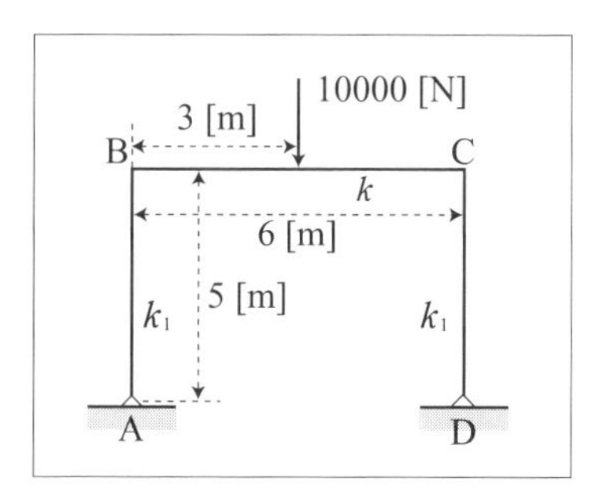

図8-29

(解答)

$$n=\frac{k}{k_1}=\frac{I}{I_1}\cdot\frac{l_1}{l}=\frac{0.0036}{0.0030}\times\frac{5}{6}=1$$

C_{BC}, C_{CB} は巻末資料の荷重項算式表から、

$$C_{BC}=C_{CB}=\frac{Pl}{8}=\frac{10000\times 6}{8}=7500\,[\mathrm{N\cdot m}]$$

$n=1$ である場合、

$$M_{BA}=-M_{BC}=\frac{3}{10}\left[C_{BC}+C_{CB}\right]=\frac{3}{10}\times 7500\times 2=4500\,[\mathrm{N\cdot m}]$$

$$M_{CD}=-M_{CB}=-4500\,[\mathrm{N\cdot m}]$$

$$H_A=\frac{M_{BA}}{h}=\frac{4500}{5}=900\,[\mathrm{N}]$$

$$H_D=\frac{M_{CD}}{h}=\frac{-4500}{5}=-900\,[\mathrm{N}]$$

H_A と H_D の作用方向は、M_{BA}, M_{CD} の回転方向から判断して、図のようになる。

$$V_A = V_D = 10000/2 = 5000\,[\text{N}]$$

荷重の作用点における曲げモーメントは、

$$M = -900 \times 5 + 5000 \times 3 = 10500\,[\text{N}\cdot\text{m}]$$

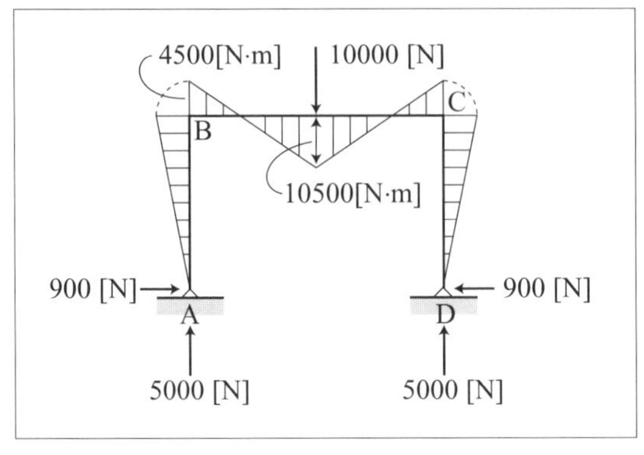

図8-30

【例題8-15】

$I = 0.0032\,[\text{m}^4]$ 、$I_1 = 0.0056\,[\text{m}^4]$ として、図示するラーメンの M および M の値、ならびに各部材の曲げモーメントを求めよ。

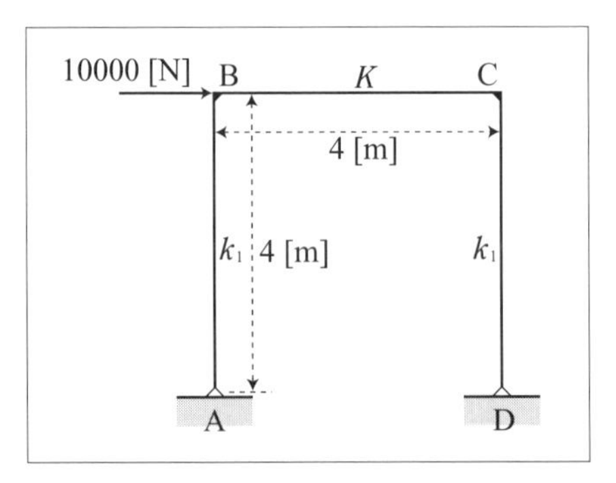

図8-31

(解答)

図のように、水平荷重は柱 AB の中間には存在しないから、

$$H_{BA} = 0$$

なお、

$$M_A = Ph$$

これらを、

$$M_{BA} = -M_{BC} = \frac{nH_{BA}}{2n+3} = \frac{M_A}{2}$$

$$M_{CD} = -M_{CB} = -\left[\frac{nH_{BA}}{2n+3} + \frac{M_A}{2}\right]$$

に代入すると、

$$M_{BA} = -M_{BC} = -\frac{Ph}{2}$$

$$M_{CD} = -M_{CB} = -\frac{Ph}{2}$$

$$\therefore M_{BC} = -M_{CD} = \frac{Ph}{2} = \frac{10000 \times 4}{2} = 20000\,[\mathrm{N \cdot m}]$$

$$H_A = \frac{M_{BA}}{h} = -\frac{20000}{4} = -5000\,[\mathrm{N}]$$

$$H_D = \frac{M_{CD}}{h} = -\frac{20000}{4} = -5000\,[\mathrm{N}]$$

$$V_D = \frac{10000 \times 4}{4} = 10000\,[\mathrm{N}], V_A = -V_D = -10000\,[\mathrm{N}]$$

曲げモーメント図は、図示の通りである。

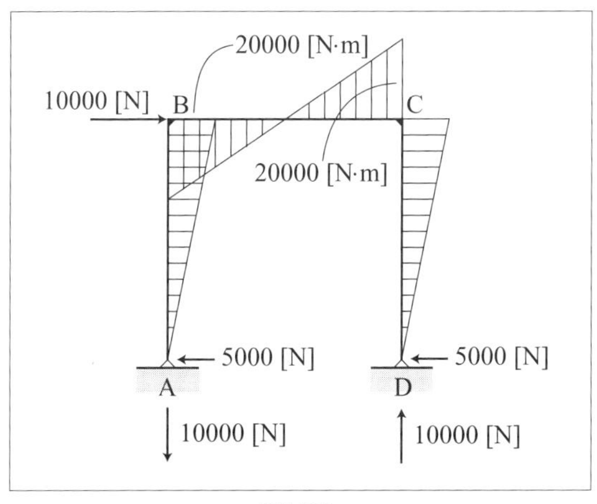

図8-32

【例題8-16】

$I=0.0020\,[\mathrm{m}^4]$ 、$I_1=0.0040\,[\mathrm{m}^4]$ として、図示するラーメンの M_{BC} および M_{CB} の値、ならびに各部材の曲げモーメントを求めよ。

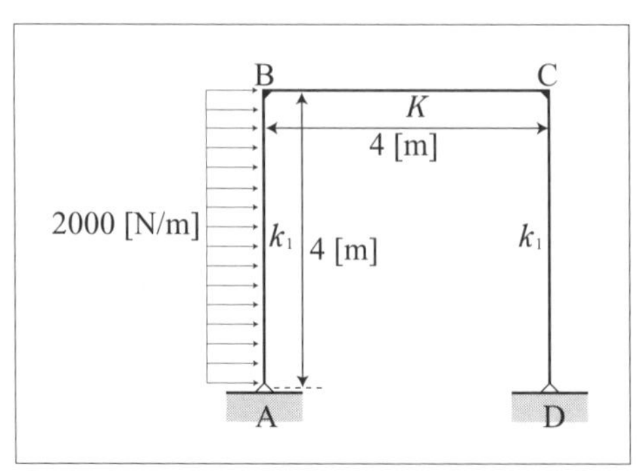

図8-33

(解答)

$$n=\frac{k}{k_1}=\frac{I}{I_1}\cdot\frac{l_1}{l}=\frac{0.0020}{0.0040}\times\frac{4}{4}=\frac{1}{2}$$

巻末の資料の荷重項の算式表より、

$$H_{BA}=\frac{wl^2}{8}=\frac{2000\times4^2}{8}=4000\,[\mathrm{N\cdot m}]$$

$$M_A=2000\times4\times\frac{4}{2}=16000\,[\mathrm{N\cdot m}]$$

$$\begin{aligned}M_{BA}=-M_{BC}&=\frac{nH_{BA}}{2n+3}-\frac{M_A}{2}\\&=\frac{1/2\times4000}{2\times1/2+3}-\frac{16000}{2}\\&=500-8000=-7500\,[\mathrm{N\cdot m}]\end{aligned}$$

$$\begin{aligned}M_{CD}=-M_{CB}&=-\left[\frac{nH_{BA}}{2n+3}+\frac{M_A}{2}\right]\\&=-(500+8000)\\&=-8500\,[\mathrm{N\cdot m}]\end{aligned}$$

となり、曲げモーメント図は、図示の通りである。

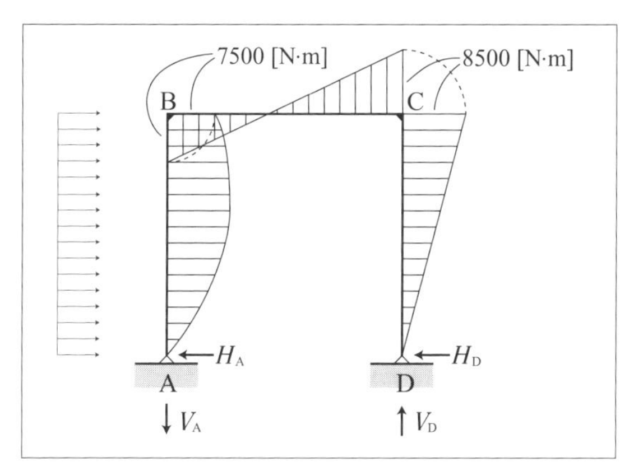

図8-34

【例題8-17】

$I=0.0012\,[\mathrm{m}^4]$ 、$I_1=0.0020\,[\mathrm{m}^4]$ として、図示するラーメンを求めよ。

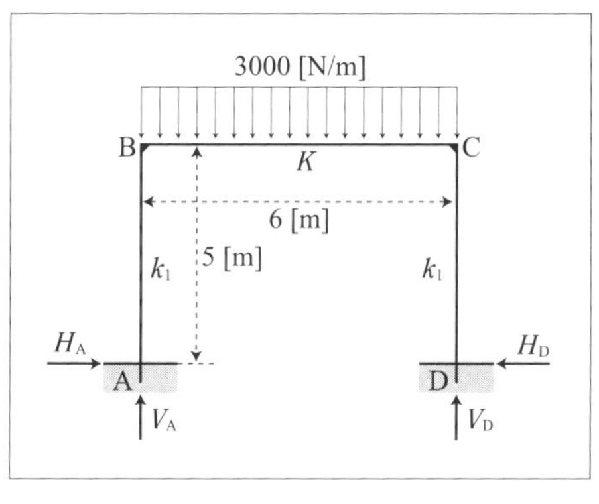

図8-35

(解答)

$$n=\frac{I}{I_1}\times\frac{h}{l}=\frac{0.0012}{0.0020}\times\frac{5}{6}=\frac{1}{2}$$

$$C_{BC}=C_{CB}=\frac{wl^2}{12}=\frac{3000\times 6^2}{12}=9000\,[\mathrm{N\cdot m}]$$

前に求めた各材端モーメントの式を簡単にして、これに n と C の値を代入すると、

$$M_{BA}=-M_{BC}=\frac{(13n+4)C_{BC}+11nC_{CB}}{2(n+2)(6n+1)}$$

$$=\frac{(24n+4)C_{BC}}{2(n+2)(6n+1)}$$

$$=\frac{2}{n+2}C_{BC}=\frac{2}{1/2+2}\times 9000=7200\,[\mathrm{N\cdot m}]$$

$$M_{CD}=-M_{CB}=-\frac{11nC_{BC}+(13n+4)C_{CB}}{2(n+2)(6n+1)}$$

$$=-\frac{2}{n+2}C_{BC}=-7200\,[\mathrm{N\cdot m}]$$

$$M_{AB}=\frac{(5n+1)C_{BC}+(7n+3)C_{CB}}{2(n+2)(6n+1)}=\frac{(12n+2)C_{BC}}{2(n+2)(6n+1)}$$

$$=\frac{C_{BC}}{n+2}=\frac{9000}{1/2+2}=3600\,[\mathrm{N\cdot m}]$$

$$M_{DC}=-\frac{C_{BC}}{n+2}=-3600\,[\mathrm{N\cdot m}]$$

支端 A, D に生ずる反力は次のようになる。

$$V_A=V_D=\frac{\sum P}{2}=\frac{3000\times 6}{2}=9000\,[\mathrm{N\cdot m}]$$

H_A および H_D の作用方向を図示するように改定すると、

$$H_A-H_D=0$$

$$\therefore H_A=H_D$$

部材 AB について考えると、

$$M_{AB}=3600\,[\mathrm{N\cdot m}]$$

$$M_{BA}=7200\,[\mathrm{N\cdot m}]$$

$$H_A=\frac{M_{AB}}{h}+\frac{M_{BA}}{h}$$

$$=\frac{3600}{5}+\frac{7200}{5}=2160\,[N]\text{(右向き)}$$

$$H_D=2160\,[\mathrm{N}]\text{(左向き)}$$

部材 BC には等分布荷重が作用しているから、その曲げモーメント図は曲線になる。ここで、中央の曲げモーメント M を求めると、

$$M=-7200+9000\times 3-3000\times 3\times\frac{3}{2}$$

$$=-7200+27000-13500=6300\,[\mathrm{N\cdot m}]$$

以上から、曲げモーメント図は図示のようになる。

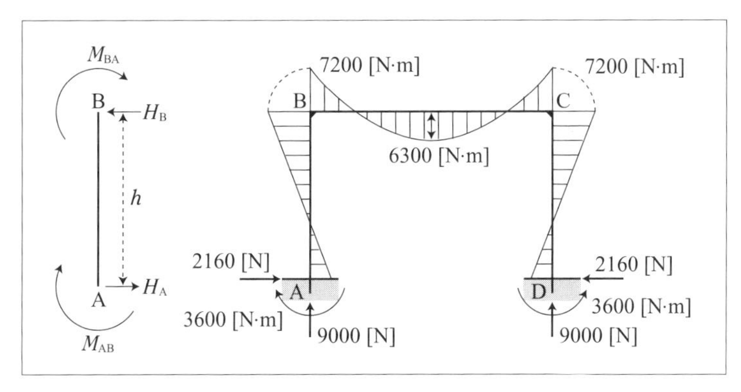

図8-36

【例題8-18】

図に示すような横ばりを一方に張り出し、a の距離に荷重 W が作用する場合のラーメンを解け。

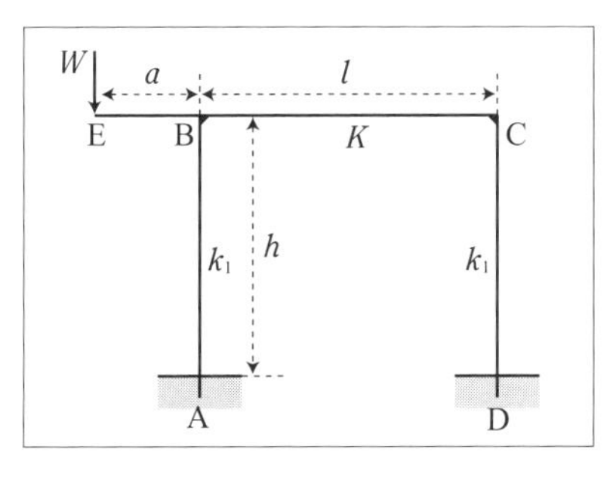

図8-37

(解答)

このラーメンの釣り合い方程式は、次のように表わされる。

(1)節点方程式

$$M_{BE}+M_{BA}+M_{BC}=0 \qquad ①$$

$$M_{CB}+M_{CD} : \qquad ②$$

(2)層方程式

$$M_{BA}+M_{AB}+M_{CD}+M_{DC}=0 \qquad ③$$

各材端モーメントの基本式から、次のように表わされる。

$$M_{BE}=Wa$$

$$M_{BA}=\frac{k}{n}(2\theta_B-3R)$$

$$M_{BC}=k(2\theta_B+\theta_C)$$

$$M_{CB}=k(2\theta_C+\theta_B)$$

$$M_{CD}=\frac{k}{n}(2\theta_C-3R)$$

$$M_{AB}=\frac{k}{n}(\theta_B-3R)$$

$$M_{DC}=\frac{k}{n}(\theta_B-3R)$$

これらの各材端モーメントの式を**式①**、**式②**、**式③**の中に代入して整理すると、

式①より、$2(n+1)\theta_B+n\,\theta_C-3R=-\frac{Wan}{k}$ ④

式②より、$n\,\theta_B+2(n+1)\theta_C-3R=0$ ⑤

式③より、$\theta_B+\theta_C-4R=0$ ⑥

この3式を連立方程式として未知数の θ_B,θ_C,R を求める。

式④ー式⑤ $(n+2)\theta_B-(n+2)\theta_C=\frac{Wan}{k}$ ⑦

式⑤×4ー式⑥×3 $(4n-3)\theta_B+(8n+5)\theta_C=0$ ⑧

式⑧×($n+2$ **)ー式⑦**×($4n+3$)

$$\left[(8n+5)(n+2)+(n+2)(4n-3)\right]\theta_C=\frac{Wan(4n+3)}{k}$$

$$\therefore\theta_C=\frac{Wan(4n-3)}{2(n+2)(6n+1)k}$$

同様に、

式⑧より、$\theta_B=\frac{Wan(8n+5)}{2(n+2)(6n+1)k}$

式⑥より、$4R=\frac{Wan(8n+5)}{2(n+2)(6n+1)k}+\frac{Wan(4n-3)}{2(n+2)(6n+1)k}$

$$=-\frac{2Wan}{(6n+1)k}$$

$$\therefore R=-\frac{Wan}{2(6n+1)k}$$

このθ_B, θ_C, Rの値を、各材端モーメントの基本式の中に代入して整理すると、次の結果を得る。

$$M_{BA} = -\frac{Wa(13n+4)}{2(n+2)(6n+1)}$$

$$M_{BC} = -\frac{Wa(12n+13)}{2(n+2)(6n+1)}$$

$$M_{CB} = \frac{11Wan}{2(n+2)(6n+1)}$$

$$M_{CD} = \frac{11Wan}{2(n+2)(6n+1)}$$

$$M_{AB} = -\frac{Wa(7n+3)}{2(n+2)(6n+1)}$$

$$M_{DC} = \frac{Wa(7n+3)}{2(n+2)(6n+1)}$$

となり、この場合の曲げモーメント図は図に示すようになる。

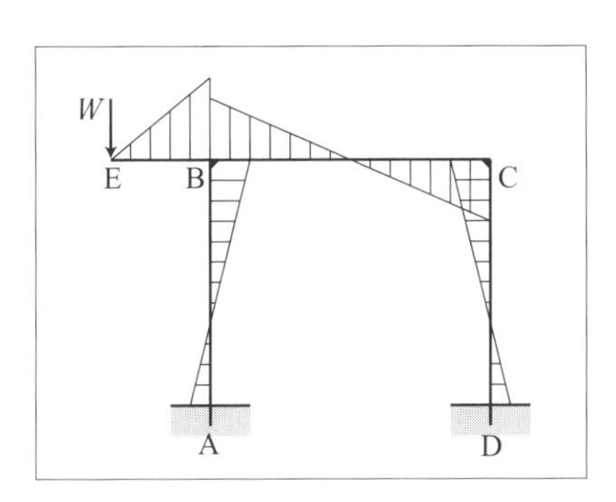

図8-38

 STEAM教育

近年、STEAM教育（STEAMとは、科学・技術・工学・芸術・数学の5つの単語の頭文字を組み合わせた造語）と呼ばれる教育手法が注目されています。

STEAM教育は、5つ（Science、Technology、Engineering、Art、Mathematics）の学問領域を土台にしつつ、理数教育に創造性を加えた教育活動を実践します。まず、「私の身近なありたい姿」から「私達のありたい姿」を見出し、「あるべき姿（社会の課題）」を描いていきます。

その後、分野横断的な知識や技能・技術を用いて、「知る（探究的な活動）」と「つくる（創造的な活動）」を往還する試行錯誤を通して、社会の課題を解決していくという教育活動を展開していきます。

ここで、特に重要とさせるのが、「つくる（創造的な活動）」です。

これまでの教育では、「知る（探究的な活動）」が中心で、「つくる（創造的な活動）」までには至っていないように感じます。

今後の学校教育においてSTEAM教育が広がり、「つくる（創造的な活動）」が実践できる科学技術系人材が育成されることを願っています。

巻末資料

ギリシャ文字

大文字	小文字	読み方	
		英語式	ギリシャ式
Α	α	アルファ	アルファ
Β	β	ビータ	ベータ
Γ	γ	ガマ	ガンマ
Δ	δ	デルタ	デルタ
Ε	ε	エプシロン	エプシロン
Ζ	ζ	ジータ	ゼータ(ツェータ)
Η	η	イータ	エータ
Θ	θ	シータ	セータ
Ι	ι	アイオタ	イオータ
Κ	κ	カッパ	カッパ
Λ	λ	ラムダ	ラムダ
Μ	μ	ミミュー	ミュー
Ν	ν	ニュー	ニュー
Ξ	ξ	グザイ	クシー
Ο	o	オミクロン	オミークロン
Π	π	パイ	ピー
Ρ	ρ	ロー	ロー
Σ	σ	シグマ	シグマ
Τ	τ	トー	タウ
Υ	υ	ユープシロン	ユープシロン
Φ	ϕ	ファイ	フィー
Χ	χ	カイ	キー
Ψ	ψ	プサイ	プシー
Ω	ω	オメガ	オーメガ

SI(国際単位系)と重力単位系の関係

SI(JIS Z 8202)			重力単位系		換算
量	単位の名称	単位記号	量	単位記号	
長さ	メートル	m	長さ	m	——
質量	キログラム	kg	力	kgf (重量キログラム)	1 kgf = 9.80665 N
時間	秒	s	重量		
熱力学温度	ケルビン	K	時間	s	——
平面角	ラジアン	rad			——
速度	メートル毎秒	m/s	SIと同じ		——
加速度	メートル毎秒毎秒	m/s^2			
角速度	ラジアン毎秒	rad/s			
角加速度	ラジアン毎秒毎秒	rad/s^2			
力 重量	ニュートン	N $(= kg{\cdot}m/s^2)$			1 N = 0.101972 kgf
	——	——	質量	$kgf{\cdot}s^2/m$	$1\ kgf{\cdot}s^2/m = 9.80665\ kg$ $1\ kg = 0.101972\ kgf{\cdot}s^2/m$
密度	キログラム 毎立方メートル	kg/m^3	$kgf{\cdot}s^2/m^4$		$1\ kg/m^3$ $= 0.101972\ kgf{\cdot}s^2/m^4$
力のモーメント、 トルク	ニュートン メートル	N·m	kgf·m		1 N·m = 0.101972 kgf·m 1 kgf·m = 9.80665 N·m
圧力	パスカル	$Pa(= N/m^2)$	kgf/m^2 $\left(\begin{array}{l}1kgf/cm^2\\ =1\end{array}\right.$ 気圧$\left.\right)$		$1\ Pa = 0.101972\ kgf/m^2$ $1\ MPa = 0.101972\ kgf/mm^2$ $1\ kgf/m^2 = 9.80665\ Pa$
仕事 エネルギー	ジュール	J(= N·m) (1 J = 1 W·s)	kgf·m		1 J = 0.101972 kgf·m 1·kgf m = 9.80665 J
熱量					$1\ J = 0.238889\ cal_t$ $1\ cal_t = 4.18505\ J$

三角関数の定理

$$\tan\theta = \frac{\sin\theta}{\cos\theta}$$

[証明]　$\tan\theta = \frac{a}{b} = \frac{\frac{a}{c}}{\frac{b}{c}} = \frac{\sin\theta}{\cos\theta}$

$\sin^2\theta + \cos^2\theta = 1$　　$((\sin\theta)^2$を$\sin^2\theta$と表わす$)$

[証明]　$\sin^2\theta + \cos^2\theta = \left(\frac{a}{c}\right)^2 + \left(\frac{b}{c}\right)^2 = \frac{a^2 + b^2}{c^2} = \frac{c^2}{c^2} = 1$

$$1 + \tan^2\theta = \frac{1}{\cos^2\theta}$$

[証明]　$1 + \tan^2\theta = 1 + \left(\frac{\sin\theta}{\cos\theta}\right)^2 = \frac{\cos^2\theta + \sin^2\theta}{\cos^2\theta} = \frac{1}{\cos^2\theta}$

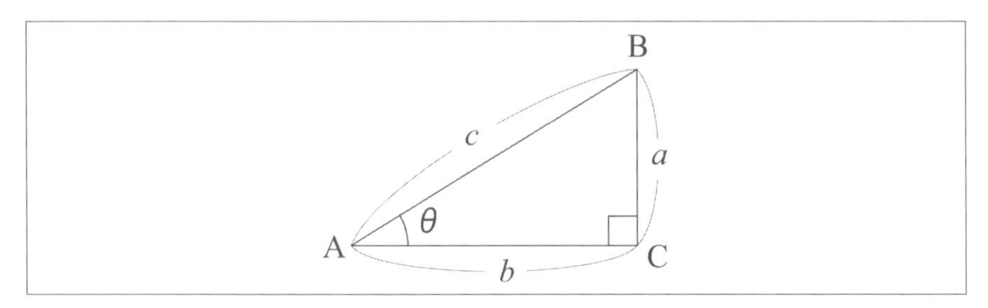

図9-1

一般角の三角関数

下図のように、座標軸XYにおいて、X軸の正の部分と角θをなす動径OP上の任意の点$P(x,y)$をとり、$OP=r$とおけば、これらの角θの三角関数は表のように決められる。

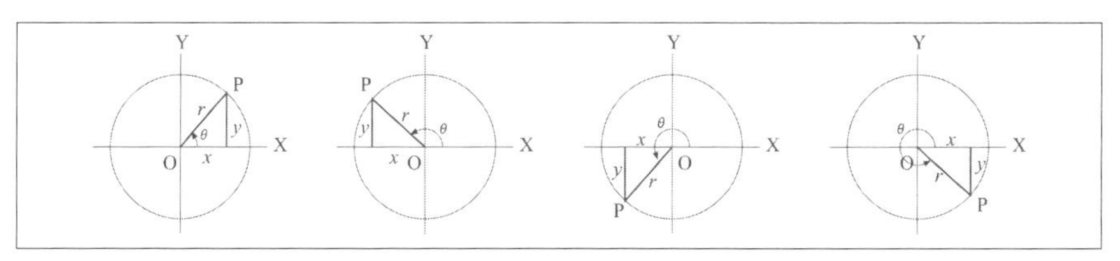

図9-2

一般角	$\sin\theta=\dfrac{y}{r}$	$\cos\theta=\dfrac{x}{r}$	$\tan\theta=\dfrac{y}{x}$
$0\sim90°$	＋	＋	＋
$90°\sim180°$	＋	−	−
$180°\sim270°$	−	−	＋
$270°\sim360°$	−	＋	−

一般の三角形で成り立つ公式

$\angle A=A, \angle B=B, \angle C=C$とする。

■ 正弦定理

$$\frac{\alpha}{\sin A}=\frac{b}{\sin B}=\frac{c}{\sin C}$$

[証明]

図(a)では$A=A'$、図(b)では$A+A'=180°$であるから、いずれのばあいでも、

$$\sin A=\sin A'=\frac{a}{2r}\text{、}\quad\frac{a}{\sin A}=2r$$

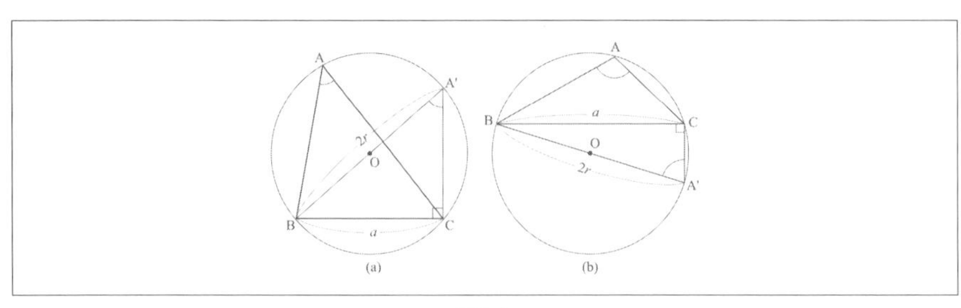

図9-3

同様にして、

$$\frac{b}{\sin B} = 2r$$

$$\frac{c}{\sin C} = 2r$$

$$\frac{a}{\sin A} = \frac{b}{\sin B} = \frac{c}{\sin C}$$

■ 余弦定理

$a^2 = b^2 + c^2 - 2bc\cos A$

$b^2 = c^2 + a^2 - 2ca\cos B$

$c^2 = a^2 + b^2 - 2ab\cos C$

[証明]

$a^2 = BH^2 + CH^2$ 、 $BH = c\sin A$ 、 $CH = b - c\cos A$ または $CH = c\cos A - b$ 。
したがって、

$$a^2 = (c\sin A)^2 + b^2 + c^2\cos^2 A - 2bc\cos A$$
$$= c^2(\sin^2 A + \cos^2 A) + b^2 - 2bc\cos A$$

ゆえに、 $a^2 = b^2 + c^2 - 2bc\cos A$
他の式も同様である。

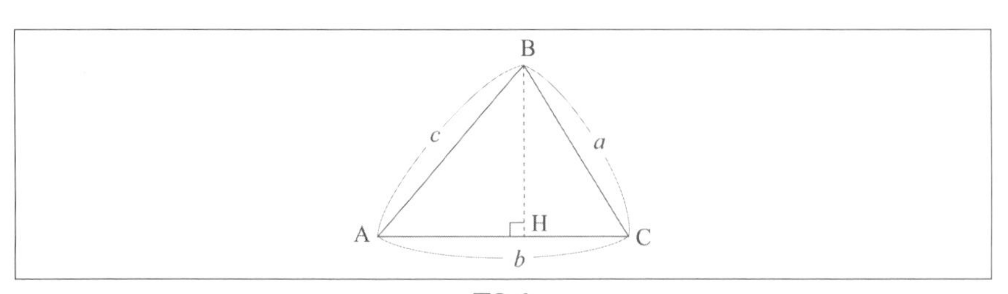

図9-4

真直はりの応力
各種断面形の断面二次モーメント I_z と断面係数

断面形	I_z	Z
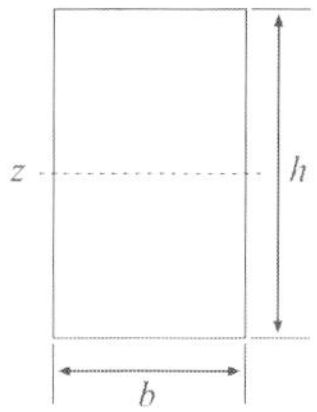 図9-5	$\dfrac{bh^3}{12}$	$\dfrac{bh^2}{6}$
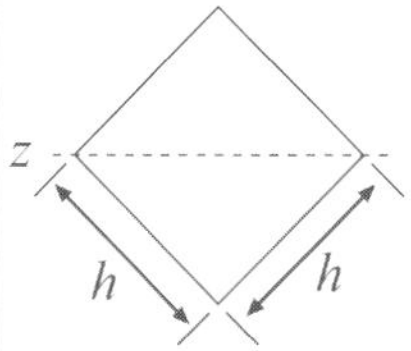 図9-6	$\dfrac{h^4}{12}$	$\dfrac{\sqrt{2}}{12}h^3$
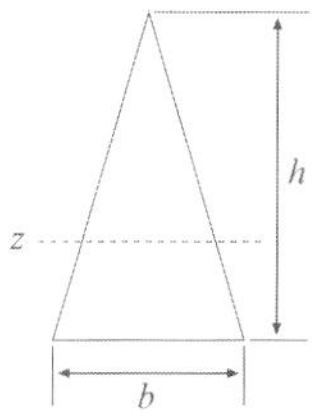 図9-7	$\dfrac{bh^3}{36}$	$Z_1=\dfrac{bh^2}{24}, Z_2=\dfrac{bh^2}{12}$
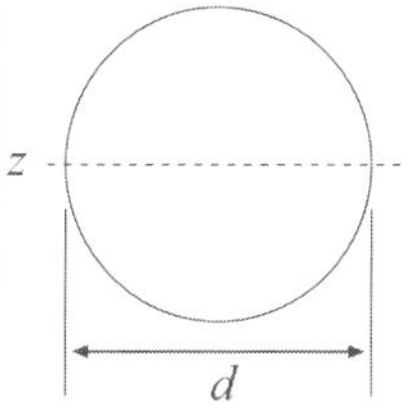 図9-8	$\dfrac{\pi}{64}d^4$	$\dfrac{\pi}{32}d^3$

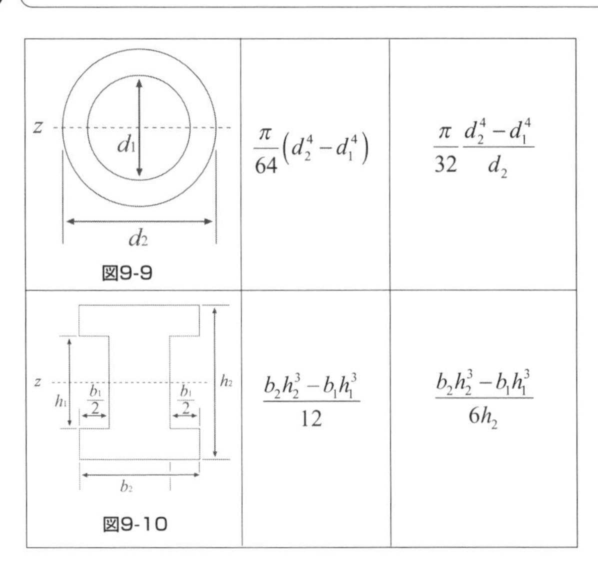

図9-9

図9-10

主な金属材料の機械的性質

性　質 材　料	降伏点(耐力) σ_r [MPa]	引っ張り強さ σ_B [MPa]	縦弾性係数 E [GPa]	横弾性係数 G [GPa]
軟鋼(S20C)	245以上	402以上	206	79.4
硬鋼(S50C)	363以上	608以上	206	79.4
鋳鉄(FC200)	—	200以上	98	37.2
ニッケルクロム鋼(SNC236)	588以上	736以上	206	—
ばね鋼(SUP3)	834以上	1079以上	206	83.3
黄鋼(C2600P-0)	—	275以上	108	41.2
アルミニウム合金(A2024P-T4)	275以上	431以上	72.5	27.4

主な機械構造用鋼の丸棒の強さおよび調質可能な直径

種類 (記号)	化学成分[%]					引っ張り強さ	調質可能な直径	用途例
	C	Mn	Ni	Cr	Mo	[MPa]	[mm]	
炭素鋼(S30C)	0.30	0.80	—	—	—	＞550	約10	小物用、ボルト軸
炭素鋼(S40C)	0.40	0.80	—	—	—	＞620	約15	コンロッド、軸類、シリンダ
炭素鋼(S50C)	0.50	0.80	—	—	—	＞750	約18	キー、ピン類、レース、外輪
Cr鋼3種(SCr3)	0.35	0.70	—	1.0	—	＞900	10〜35	アーム類、スタッド
Cr鋼4種(SCr4)	0.40	0.70	—	1.0	—	＞950	15〜45	強力ボルト、アーム、軸類
Cr-Mo鋼1種(SCM1)	0.32	0.45	—	1.25	0.2	＞900	10〜35	ボルト、スタッド、プロペラボス
Cr-Mo鋼3種(SCM3)	0.35	0.70	—	1.0	0.2	＞900	25〜50	強力ボルト、スタッド、軸類、アーム類
Ni-Cr鋼1種(SNC1)	0.36	0.70	1.25	0.7	—	＞750	12〜50	ボルト、ナット
Ni-Cr鋼3種(SNC3)	0.36	0.50	3.25	0.8	—	＞950	50〜150	軸類、歯車
Ni-Cr-Mo鋼1種(SNCM1)	0.31	0.75	1.80	0.8	0.2	＞850	15〜70	クランク軸、ビン翼、コンロッド
Ni-Cr-Mo鋼5種(SNCM5)	0.30	0.50	3.00	3.00	0.6	＞1100	25〜150	強力ボルト、歯車

一般構造用圧延鋼材規格(JIS G 3101抜粋)

<table>
<tr><th colspan="2" rowspan="3">種別</th><th rowspan="3">記号</th><th colspan="4">化学成分[%]</th><th rowspan="3">引っ張り強さ
[MPa]</th></tr>
<tr><th colspan="2">平炉または電気炉</th><th colspan="2">転　炉</th></tr>
<tr><th>P</th><th>S</th><th>P</th><th>S</th></tr>
<tr><td>鋼板</td><td>第1種</td><td>SS34</td><td rowspan="3">＜0.060</td><td rowspan="3">＜0.060</td><td rowspan="3">＜0.080</td><td rowspan="3">＜0.060</td><td>333〜401</td></tr>
<tr><td>平鋼</td><td>第2種</td><td>SS41</td><td>401〜490</td></tr>
<tr><td>形鋼</td><td>第3種</td><td>SS50</td><td>490〜588</td></tr>
<tr><td rowspan="3">棒鋼</td><td>第1種</td><td>SS34</td><td rowspan="3">＜0.060</td><td rowspan="3">＜0.060</td><td rowspan="3">＜0.080</td><td rowspan="3">＜0.060</td><td>333〜401</td></tr>
<tr><td>第2種</td><td>SS41</td><td>401〜490</td></tr>
<tr><td>第3種</td><td>SS50</td><td>490〜588</td></tr>
</table>

各種はりの計算の早見表

<table>
<tr><td></td><td>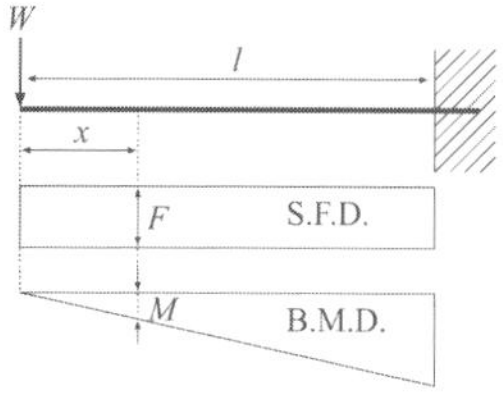
図9-11</td><td>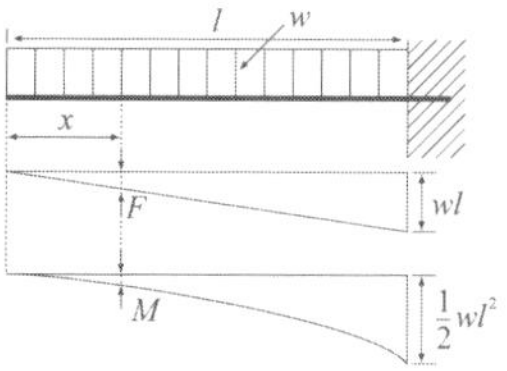
図9-12</td><td>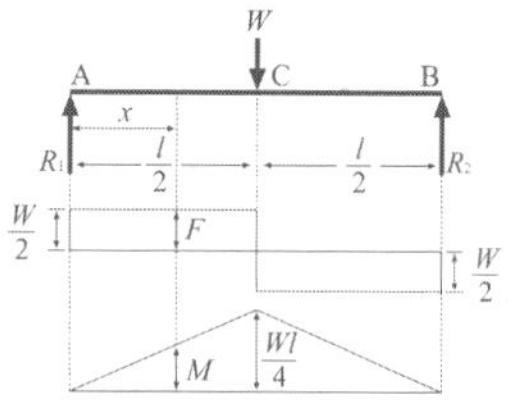
図9-13</td></tr>
<tr><td>せん断力</td><td>$F=-W$</td><td>$F=wx$</td><td>$0\leq x\leq\frac{l}{2}$
$F=\frac{W}{2}$
$\frac{l}{2}\leq x\leq l$
$F=-\frac{W}{2}$</td></tr>
<tr><td>曲げモーメント</td><td>$M=-W_x$</td><td>$M=\frac{1}{2}wx^2$</td><td>$0\leq x\leq\frac{l}{2}$
$M=\frac{W}{2}x$
$\frac{l}{2}\leq x\leq l$
$M=\frac{W}{2}(l-x)$</td></tr>
<tr><td>たわみ δ</td><td>$\delta=\frac{Wl^3}{3EI}\left(1-\frac{3x}{2l}+\frac{x^3}{2l^3}\right)$
$\delta_{\max}=\frac{Wl^3}{3EI}$</td><td>$\delta=\frac{wl^4}{8EI}\left(1-\frac{4x}{3l}+\frac{x^4}{3l^4}\right)$
$\delta_{\max}=\frac{wl^4}{8EI}$</td><td>$0\leq x\leq\frac{l}{2}$
$\delta=\frac{Wl^3}{48EI}\left(\frac{3x}{l}-\frac{4x^3}{l3}\right)$
$\delta_{\max}=\frac{Wl^3}{48EI}$</td></tr>
<tr><td>たわみ角 i</td><td>$i=\frac{Wl^2}{2EI}\left(1-\frac{x^2}{l^2}\right)$
$i_{\max}=\frac{Wl^2}{2EI}$</td><td>$i=\frac{wl^3}{6EI}\left(1-\frac{x^3}{l^3}\right)$
$i_{\max}=\frac{wl^3}{6EI}$</td><td>$0\leq x\leq\frac{l}{2}$
$i=\frac{Wl^2}{16EI}\left(1-\frac{4x^2}{l^2}\right)$
$i_{\max}=\frac{Wl^2}{16EI}$</td></tr>
</table>

	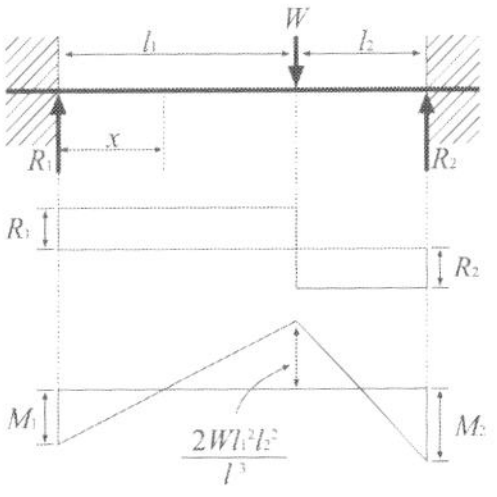 図9-14	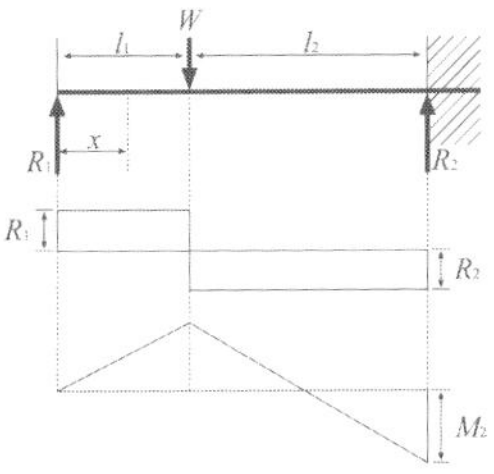 図9-15	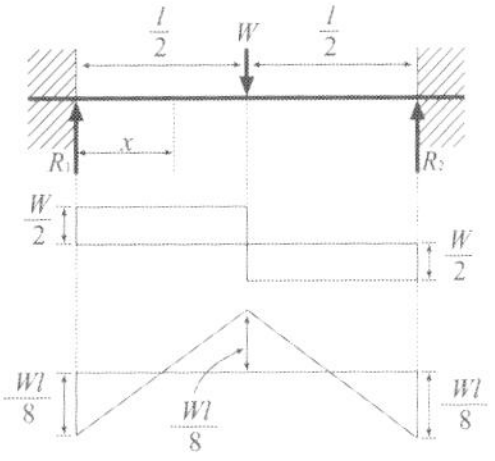 図9-16
せん断力	$R_1=\frac{Wl_2^2(3l_1+l_2)}{l^3}$ $R_2=\frac{Wl_1^2(l_1+3l_2)}{l^3}$ $0<x<l_1$ $F=\frac{Wl_2^2(3l_1+l_2)}{l^3}$ $l_1<x<l$ $F=-\frac{Wl_1^2(l_1+3l_2)}{l^3}$	$R_1=\frac{Wl_2^2}{2l^3}(3l_1+2l_2)$ $R_2=\frac{Wl_1}{2l^3}(3l_1^2+6l_1l_2+3l_2^2)$ $F_1=+R_1$ $F_2=-R_2$	$0<x<\frac{l}{2}$ $F=\frac{W}{2}$ $\frac{l}{2}<x<l$ $F=-\frac{W}{2}$
曲げモーメント	$0\leq x\leq l_1$ $M=-\frac{Wl_2^2}{l^2}\{l_1$ $-\frac{3l_1+l_2}{l}x\}$ $l_1\leq x\leq l$ $M=\frac{Wl_1^2}{l^2}\{l_1+2l_2$ $-\frac{l_1+3l_2}{l}x\}$	$0\leq x\leq l_1$ $M=\frac{Wl_2^2(3l_1+2l_2)}{2l^3}x$ $l_1\leq x\leq l$ $M=\frac{Wl_2^2(3l_1+2l_2)}{2l^3}x$ $-W(x-l_1)$	$0\leq x\leq\frac{l}{2}$ $M=-\frac{Wl}{2}\left(\frac{1}{4}-\frac{x}{l}\right)$ $\frac{l}{2}\leq x\leq l$ $M=\frac{Wl}{2}\left(\frac{3}{4}-\frac{x}{l}\right)$ $M_{max}=\pm\frac{Wl}{8}$
たわみ δ	$0\leq x\leq l_1$ $\delta=\frac{Wl_2^2x^2}{6EIl}\left\{\frac{3l_1}{l}-\frac{3l_1+l_2}{l^2}x\right\}$ $l_1\leq x\leq l$ $\delta=\frac{Wl_2^2x^2}{6EIl}\left\{\frac{3l_1}{l}-\frac{3l_1+l_2}{l^2}x\right\}$ $+\frac{W(x-l_1)^3}{6EI}$ $l_1>l_2$ のとき $\delta_{max}=\frac{2Wl_1^3l_2^2}{3EI(3l_1+l_2)^2}$	$0\leq x\leq l_1$ $\delta=\frac{Wl_2^2}{12EIl}\left\{\frac{3l_1}{l}x-\frac{3l_1+2l_2}{l^3}x^3\right\}$ $l_1\leq x\leq l$ $\delta=\frac{Wl_2^2}{12EIl}\left\{\frac{3l_1}{l}x-\frac{3l_1+2l_2}{l^3}x^3\right\}$ $+\frac{W(x-l_1)^3}{6EI}$	$0\leq x<\frac{l}{2}$ $\delta=\frac{Wl^3}{16EI}\left(\frac{x^2}{l^2}-\frac{4x^3}{3l^3}\right)$ $\delta_{max}=\frac{Wl^3}{192EI}$
たわみ角 i	$0\leq x\leq l_1$ $i=\frac{Wl_2^2x}{2EIl}\left\{\frac{2l_1}{l}-\frac{3l_1+l_2}{l^2}x\right\}$ $l_1\leq x\leq l$ $i=\frac{Wl_2^2x}{2EIl}\left\{\frac{2l_1}{l}-\frac{3l_1+l_2}{l^2}x\right\}$ $+\frac{W(x-l_1)^2}{2EI}$	$0\leq x\leq l_1$ $i=\frac{Wl_2^2}{4EI}\left\{\frac{l_1}{l}-\frac{3l_1+2l_2}{l^3}x^2\right\}$ $l_1\leq x\leq l$ $i=\frac{Wl_2^2}{4EI}\left\{\frac{l_1}{l}-\frac{3l_1+2l_2}{l^3}x^2\right\}$ $+\frac{W(x-l_1)^2}{2EI}$	$0\leq x\leq\frac{l}{2}$ $i=\frac{Wl^2}{8EI}\left(\frac{x}{l}-\frac{2x^2}{i^2}\right)$ $i_{max}=i_{x=l/4}=\frac{Wl^2}{64EI}$

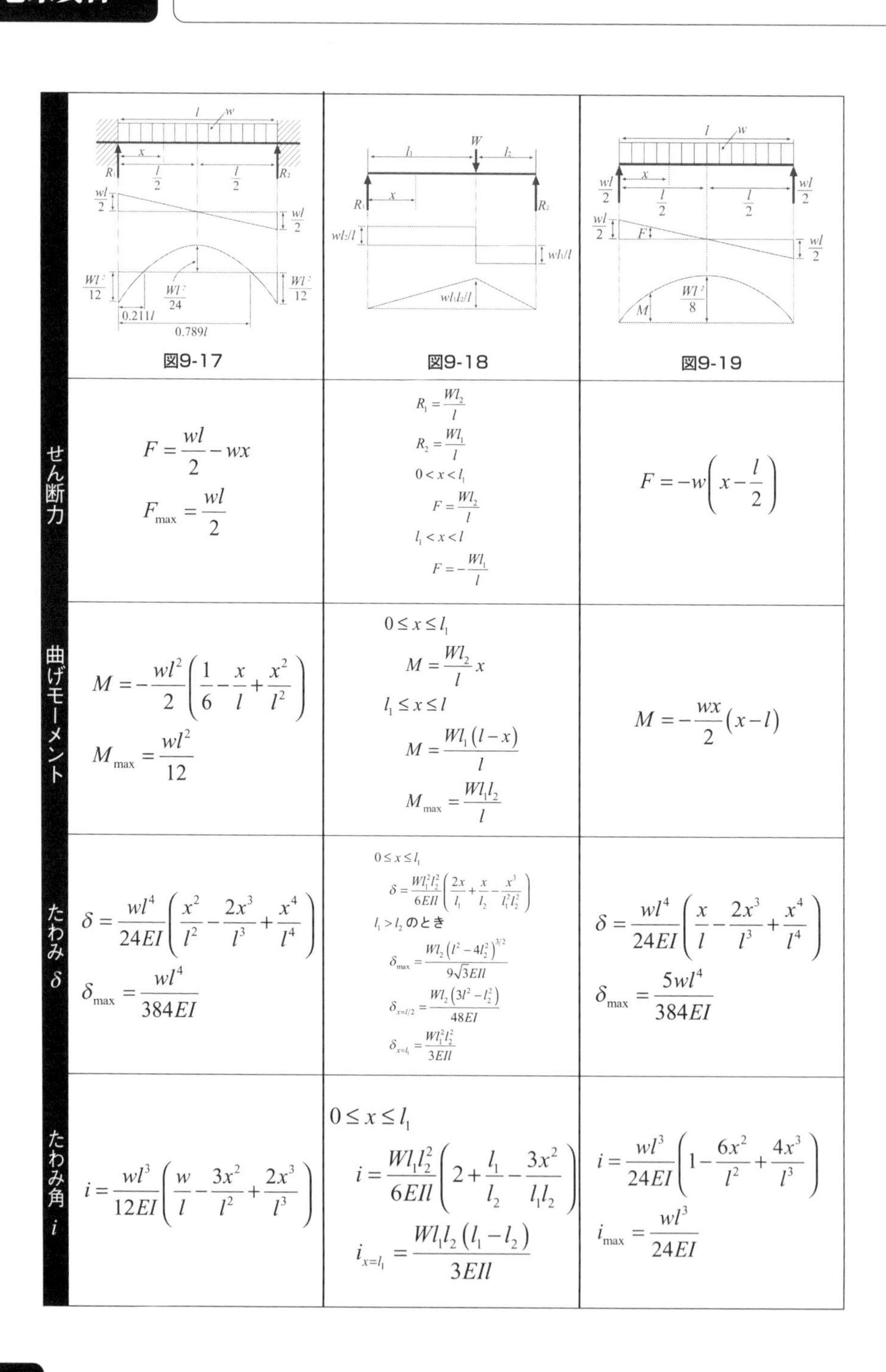

	図9-17	図9-18	図9-19
せん断力	$F=\dfrac{wl}{2}-wx$ $F_{\max}=\dfrac{wl}{2}$	$R_1=\dfrac{Wl_2}{l}$ $R_2=\dfrac{Wl_1}{l}$ $0<x<l_1$ $F=\dfrac{Wl_2}{l}$ $l_1<x<l$ $F=-\dfrac{Wl_1}{l}$	$F=-w\left(x-\dfrac{l}{2}\right)$
曲げモーメント	$M=-\dfrac{wl^2}{2}\left(\dfrac{1}{6}-\dfrac{x}{l}+\dfrac{x^2}{l^2}\right)$ $M_{\max}=\dfrac{wl^2}{12}$	$0\leq x\leq l_1$ $M=\dfrac{Wl_2}{l}x$ $l_1\leq x\leq l$ $M=\dfrac{Wl_1\left(l-x\right)}{l}$ $M_{\max}=\dfrac{Wl_1l_2}{l}$	$M=-\dfrac{wx}{2}\left(x-l\right)$
たわみδ	$\delta=\dfrac{wl^4}{24EI}\left(\dfrac{x^2}{l^2}-\dfrac{2x^3}{l^3}+\dfrac{x^4}{l^4}\right)$ $\delta_{\max}=\dfrac{wl^4}{384EI}$	$0\leq x\leq l_1$ $\delta=\dfrac{Wl_1^2l_2^2}{6EIl}\left(\dfrac{2x}{l_1}+\dfrac{x}{l_2}-\dfrac{x^3}{l_1^2l_2^2}\right)$ $l_1>l_2$のとき $\delta_{\max}=\dfrac{Wl_2\left(l^2-4l_2^2\right)^{3/2}}{9\sqrt{3}EIl}$ $\delta_{x=l/2}=\dfrac{Wl_2\left(3l^2-l_2^2\right)}{48EI}$ $\delta_{x=l_1}=\dfrac{Wl_1^2l_2^2}{3EIl}$	$\delta=\dfrac{wl^4}{24EI}\left(\dfrac{x}{l}-\dfrac{2x^3}{l^3}+\dfrac{x^4}{l^4}\right)$ $\delta_{\max}=\dfrac{5wl^4}{384EI}$
たわみ角i	$i=\dfrac{wl^3}{12EI}\left(\dfrac{w}{l}-\dfrac{3x^2}{l^2}+\dfrac{2x^3}{l^3}\right)$	$0\leq x\leq l_1$ $i=\dfrac{Wl_1l_2^2}{6EIl}\left(2+\dfrac{l_1}{l_2}-\dfrac{3x^2}{l_1l_2}\right)$ $i_{x=l_1}=\dfrac{Wl_1l_2\left(l_1-l_2\right)}{3EIl}$	$i=\dfrac{wl^3}{24EI}\left(1-\dfrac{6x^2}{l^2}+\dfrac{4x^3}{l^3}\right)$ $i_{\max}=\dfrac{wl^3}{24EI}$

	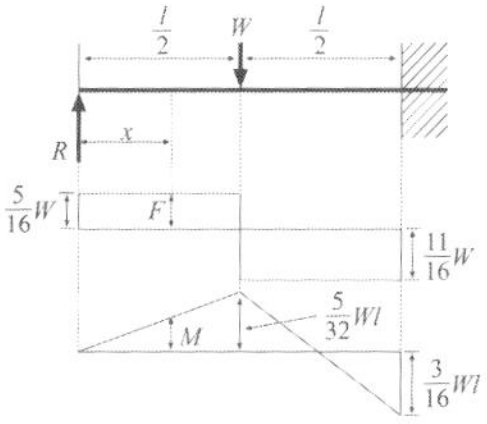 図9-20	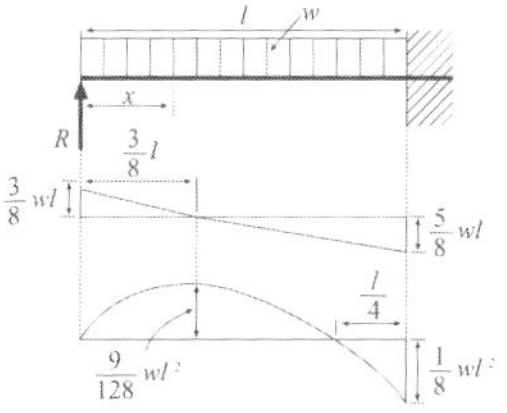 図9-21
せん断力	$0<x<\frac{l}{2}$ $F=\frac{5}{16}W$ $\frac{l}{2}<x<l$ $F=-\frac{11}{16}W$	$F=w\left(\frac{3}{8}l-x\right)$ $F_{\max}=\frac{5}{8}wl$
曲げモーメント	$0\leq x\leq\frac{l}{2}$ $M=\frac{5}{16}Wx$ $\frac{l}{2}\leq x\leq l$ $M=-Wl\left(\frac{11x}{16l}-\frac{1}{2}\right)$ $M_{\max}=\frac{3Wl}{16}$	$M=\frac{wlx}{2}\left(\frac{3}{4}-\frac{x}{l}\right)$ $M_{\max}=\frac{wl^2}{8}$
たわみ δ	$0\leq x\leq\frac{l}{2}$ $\delta=\frac{Wl^3}{32EI}\left(\frac{x}{l}-\frac{5x^3}{3l^3}\right)$ $\frac{l}{2}\leq x\leq l$ $\delta=\frac{Wl^3}{32EI}\left(-\frac{2}{3}+\frac{5}{l}x-\frac{8x^2}{l^2}+\frac{11x^3}{3l^3}\right)$ $\delta_{\max}=\delta_{x=l/\sqrt{5}}=\frac{Wl^3}{48\sqrt{5}EI}$	$\delta=\frac{wl^4}{48EI}\left(\frac{x}{l}-\frac{3x^3}{l^3}+\frac{2x^4}{l^4}\right)$ $\delta_{\max}=-\frac{wl^4}{184.6EI}$
たわみ角 i	$0\leq x\leq\frac{l}{2}$ $i=\frac{Wl^2}{32EI}\left(1-\frac{5x^2}{l^2}\right)$ $\frac{l}{2}\leq x\leq l$ $i=\frac{Wl^2}{32EI}\left(5-\frac{16}{l}x+\frac{11}{l^2}x^2\right)$	$i=\frac{wl^3}{48EI}\left(1-\frac{9x^2}{l^2}+\frac{8x^3}{l^3}\right)$ $i_{\max}=\frac{wl^3}{38EI}$

荷重項の算式表(その1)

荷重の状態	C_{AB}	C_{BA}	H_{AB}	H_{BA}
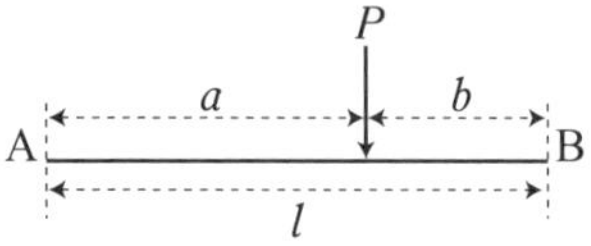 P, a, b, A, B, l	$\dfrac{Pab^2}{l^2}$	$\dfrac{Pa^2b}{l^2}$	$\dfrac{Pab}{2l^2}(l+b)$	$\dfrac{Pab}{2l^2}(l+a)$
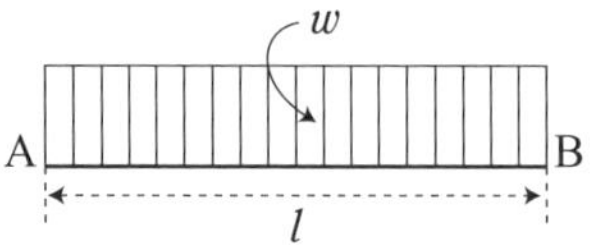 w, A, B, l	$\dfrac{wl^2}{12}$	$\dfrac{wl^2}{12}$	$\dfrac{wl^2}{8}$	$\dfrac{wl^2}{8}$
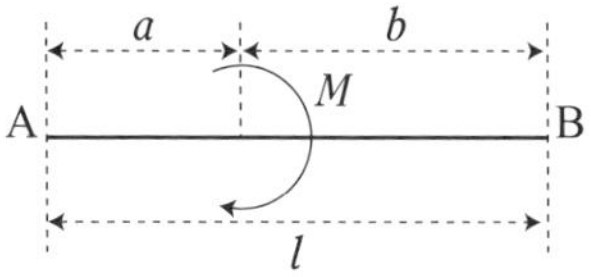 a, b, M, A, B, l	$\dfrac{M}{4}$	$\dfrac{M}{4}$	$\dfrac{3M}{8}$	$\dfrac{3M}{8}$
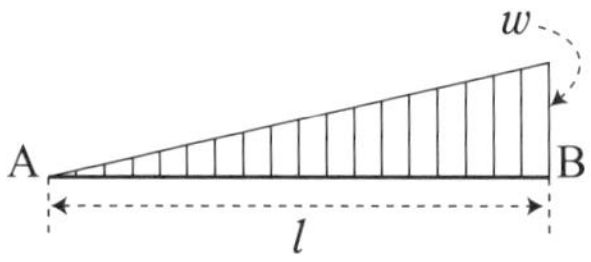 w, A, B, l	$\dfrac{wl^2}{30}$	$\dfrac{wl^2}{20}$	$\dfrac{7wl^2}{120}$	$\dfrac{8wl^2}{120}$

荷重項の算式表（その2）

荷重の状態	$C_{AB}=C_{BA}$	$H_{AB}=H_{BA}$
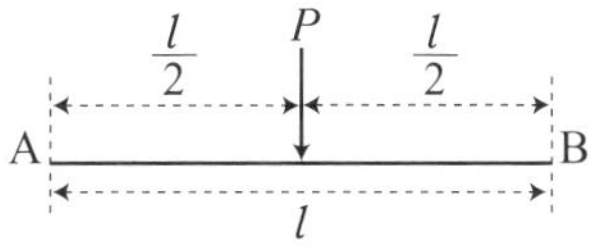 A B 中央集中荷重 P（$\frac{l}{2}$, $\frac{l}{2}$, l）	$\frac{Pl}{8}$	$\frac{3}{16}Pl$
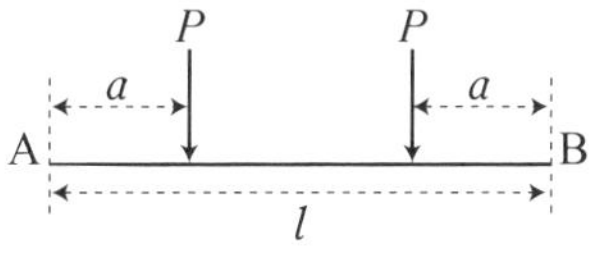 A B 2点集中荷重 P, P（a, a, l）	$\frac{Pa(l-a)}{l}$	$\frac{3Pa(l-a)}{2l}$
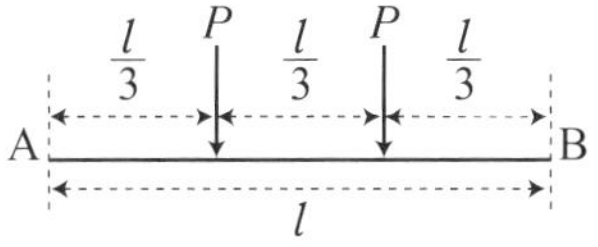 A B 3等分点集中荷重 P, P（$\frac{l}{3}$, $\frac{l}{3}$, $\frac{l}{3}$, l）	$\frac{2}{9}Pl$	$\frac{Pl}{3}$
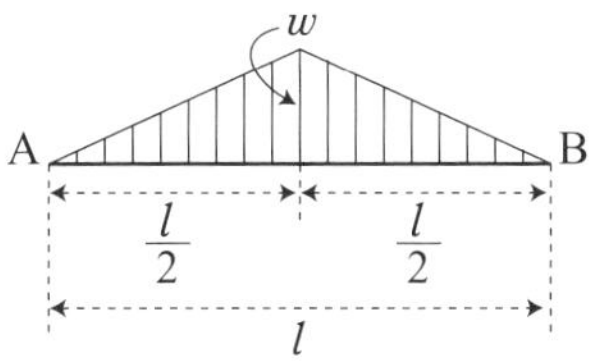 A B 三角形分布荷重 w（$\frac{l}{2}$, $\frac{l}{2}$, l）	$\frac{5}{96}wl^2$	$\frac{5}{64}wl^2$
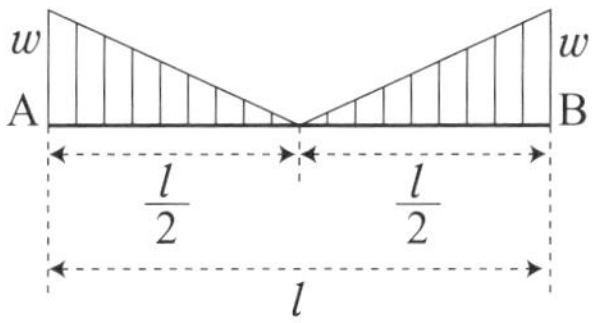 A B 逆三角形分布荷重 w, w（$\frac{l}{2}$, $\frac{l}{2}$, l）	$\frac{wl^2}{32}$	$\frac{3}{64}wl^2$
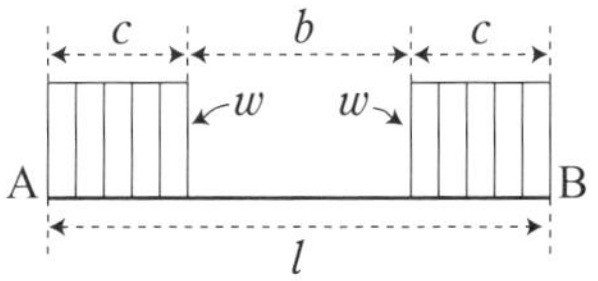 A B 両端部等分布荷重 w, w（c, b, c, l）	$\frac{wc^2}{6l}(3b+4c)$	$\frac{wc^2}{4l}(3b+4c)$

熱力学資料

飽和水および飽和水蒸気の熱力学的性質(温度基準)

温度		飽和圧力	比体積 [m²/kg]		比エンタルピー [kJ/kg]			比エントロピー [(kJ/(kg·K)]	
t [℃]	T [k]	Ps [MPa]	v'	v''	h'	h''	r = h'' − h'	s'	s''
0.00	273.15	0.000 610 8	0.001 000 2	206.3	−0.04	2 501.6	2 501.6	−0.000 2	9.157 7
0.01	273.16	0.000 611 2	0.001 000 2	206.2	0.00	2 501.6	2 501.6	0.000 0	9.157 5
2	275.15	0.000 705 5	0.001 000 1	179.9	8.39	2 505.2	2 496.8	0.030 6	9.104 7
4	277.15	0.000 812 9	0.001 000 0	157.3	16.80	2 508.9	2 492.1	0.061 1	9.052 6
6	279.15	0.000 934 5	0.001 000 0	137.8	25.21	2 512.6	2 487.4	0.091 3	9.001 5
8	281.15	0.001 072 0	0.001 000 1	121.0	33.60	2 516.2	2 482.6	0.121 3	8.951 3
10	283.15	0.001 227 0	0.001 000 3	106.4	41.99	2 519.9	2 477.9	0.151 0	8.902 0
12	285.15	0.001 401 4	0.001 000 4	93.84	50.38	2 523.6	2 473.2	0.180 5	8.853 6
14	287.15	0.001 597 3	0.001 000 7	82.90	58.75	2 527.2	2 468.5	0.209 8	8.806 0
16	289.15	0.001 816 8	0.001 001 0	73.38	67.13	2 530.9	2 463.8	0.238 8	8.759 3
18	291.15	0.002 062	0.001 001 3	65.09	75.50	2 534.5	2 459.0	0.267 7	8.713 5
20	293.15	0.002 337	0.001 001 7	57.84	83.86	2 538.2	2 454.3	0.296 3	8.668 4
22	295.15	0.002 642	0.001 002 2	51.49	92.23	2 541.8	2 449.6	0.324 7	8.624 1
24	297.15	0.002 982	0.001 002 6	45.93	100.59	2 545.5	2 444.9	0.353 0	8.580 6
26	299.15	0.003 360	0.001 003 2	41.03	108.95	2 549.1	2 440.2	0.381 0	8.537 9
28	301.15	0.003 778	0.001 003 7	36.73	117.31	2 552.7	2 435.4	0.408 8	8.495 9
30	303.15	0.004 241	0.001 004 3	32.93	125.66	2 556.4	2 430.7	0.436 5	8.454 6
32	305.15	0.004 753	0.001 004 9	29.57	134.02	2 560.0	2 425.9	0.464 0	8.414 0
34	307.15	0.005 318	0.001 005 6	26.60	142.38	2 563.6	2 421.2	0.491 3	8.374 0
36	309.15	0.005 940	0.001 006 3	23.97	150.74	2 567.2	2 416.4	0.518 4	8.334 8
38	311.15	0.006 624	0.001 007 0	21.63	159.09	2 570.8	2 411.7	0.545 3	8.296 2
40	313.15	0.007 375	0.001 007 8	19.55	167.45	2 574.4	2 406.9	0.572 1	8.258 3
42	315.15	0.008 198	0.001 008 6	17.69	175.81	2 577.9	2 402.1	0.598 7	8.220 9
44	317.15	0.009 100	0.001 009 4	16.04	184.17	2 581.5	2 397.3	0.625 2	8.184 2
46	319.15	0.010 086	0.001 010 3	14.56	192.53	2 585.1	2 392.5	0.651 4	8.148 1
48	321.15	0.011 162	0.001 011 2	13.23	200.89	2 588.6	2 387.7	0.677 6	8.112 5
50	323.15	0.012 335	0.001 012 1	12.05	209.26	2 592.2	2 382.9	0.703 5	8.077 6
55	328.15	0.015 741	0.001 014 5	9.579	230.17	2 601.0	2 370.8	0.767 7	7.992 6
60	333.15	0.019 920	0.001 017 1	7.679	251.09	2 609.7	2 358.6	0.831 0	7.910 8
65	338.15	0.025 01	0.001 019 9	6.202	272.02	2 618.4	2 346.3	0.893 3	7.832 2
70	343.15	0.031 16	0.001 022 8	5.046	292.97	2 626.9	2 334.0	0.954 8	7.756 5
75	348.15	0.038 55	0.001 025 9	4.134	313.94	2 635.4	2 321.5	1.015 4	7.683 5
80	353.15	0.047 36	0.001 029 2	3.409	334.92	2 643.8	2 308.8	1.075 3	7.613 2
85	358.15	0.057 80	0.001 032 6	2.829	355.92	2 652.0	2 296.5	1.134 3	7.545 4
90	363.15	0.070 11	0.001 036 1	2.361	376.94	2 660.1	2 283.2	1.192 5	7.479 9
95	368.15	0.084 53	0.001 039 9	1.982	397.99	2 668.1	2 270.2	1.250 1	7.416 6
100	373.15	0.101 33	0.001 043 7	1.673	419.06	2 676.0	2 256.9	1.306 9	7.355 4
110	383.15	0.143 27	0.001 051 9	1.210	461.32	2 691.3	2 230.0	1.418 5	7.238 8
120	393.15	0.198 54	0.001 060 6	0.891 5	503.72	2 706.0	2 202.2	1.527 6	7.129 3
130	403.15	0.270 13	0.001 070 0	0.668 1	546.31	2 719.9	2 173.6	1.634 4	7.026 1
140	413.15	0.361 4	0.001 080 1	0.508 5	589.10	2 733.1	2 144.0	1.739 0	6.928 4
150	423.15	0.476 0	0.001 090 8	0.392 4	632.15	2 745.4	2 113.2	1.841 6	6.835 8
160	433.15	0.618 1	0.001 102 2	0.306 8	675.47	2 756.7	2 081.3	1.942 5	6.747 5
170	443.15	0.792 0	0.001 114 5	0.242 6	719.12	2 767.1	2 047.9	2.041 6	6.663 0
180	453.15	1.002 7	0.001 127 5	0.193 8	763.12	2 776.3	2 013.1	2.139 3	6.581 9
190	463.15	1.255 1	0.001 141 5	0.156 3	807.52	2 784.3	1 976.7	2.235 6	6.503 6
200	473.15	1.554 9	0.001 156 5	0.127 2	852.37	2 790.9	1 938.6	2.330 7	6.427 8
210	483.15	1.907 7	0.001 172 6	0.104 2	897.74	2 796.2	1 898.5	2.424 7	6.353 9
220	493.15	2.319 8	0.001 190 0	0.086 04	943.67	2 799.9	1 856.2	2.517 8	6.281 7
230	503.15	2.797 6	0.001 208 7	0.071 45	990.26	2 802.0	1 811.7	2.610 2	6.210 7
240	513.15	3.347 8	0.001 229 1	0.059 65	1 037.6	2 802.2	1 764.6	2.702 0	6.140 6
250	523.15	3.977 6	0.001 251 3	0.050 04	1 085.8	2 800.4	1 714.6	2.793 5	6.070 8
260	533.15	4.694 3	0.001 275 6	0.042 13	1 134.9	2 796.4	1 661.5	2.884 8	6.001 0
270	543.15	5.505 8	0.001 302 5	0.035 59	1 185.2	2 789.9	1 604.6	2.976 3	5.930 4
280	553.15	6.420 2	0.001 332 4	0.030 13	1 236.8	2 780.4	1 543.6	3.068 3	5.858 6
290	563.15	7.446 1	0.001 365 9	0.025 54	1 290.0	2 767.6	1 477.6	3.161 1	5.784 8
300	573.15	8.592 7	0.001 404 1	0.021 65	1 345.0	2 751.0	1 406.0	3.255 2	5.708 1
310	583.15	9.870 0	0.001 448 0	0.018 33	1 402.4	2 730.0	1 327.6	3.351 2	5.627 8
320	593.15	11.289	0.001 499 5	0.015 48	1 462.6	2 703.7	1 241.1	3.450 0	5.542 3
330	603.15	12.863	0.001 561 5	0.012 99	1 526.5	2 670.2	1 143.6	3.552 8	5.449 0
340	613.15	14.605	0.001 638 7	0.010 78	1 595.5	2 626.2	1 030.7	3.661 6	5.342 7
350	623.15	16.535	0.001 741 1	0.008 799	1 671.9	2 567.7	895.7	3.780 0	5.217 7
360	633.15	18.675	0.001 895 9	0.006 940	1 764.2	2 485.4	721.3	3.921 0	5.060 0
370	643.15	21.054	0.002 213 6	0.004 973	1 890.2	2 342.8	452.6	4.110 8	4.814 4
374.15	647.30	22.120	0.00317		2 107.4		0.0	4.429	

飽和水および飽和水蒸気の熱力学的性質(圧力基準)

圧力	飽和温度		比体積 (m^3/kg)		比エンタルピー (kJ/kg)			比エントロピー (kJ/(kg·K))	
P (MPa)	t_s (°C)	T_s (K)	v'	v''	h'	h''	$r=h''-h'$	s'	s''
0.001	6.982 8	280.132 8	0.001 000 1	129.20	29.34	2 514.4	2 485.0	0.106 0	8.976 7
0.002	17.513	290.663	0.001 001 2	67.01	73.46	2 533.6	2 460.2	0.260 7	8.724 6
0.003	24.100	297.250	0.001 002 7	45.67	101.00	2 545.6	2 444.6	0.354 4	8.578 5
0.004	28.983	302.133	0.001 004 0	34.80	121.41	2 554.5	2 433.1	0.422 5	8.475 5
0.005	32.898	306.048	0.001 005 2	28.19	137.77	2 561.6	2 423.8	0.476 3	8.396 0
0.006	36.183	309.333	0.001 006 4	23.74	151.50	2 567.5	2 416.0	0.520 9	8.331 2
0.007	39.025	312.175	0.001 007 4	20.53	163.38	2 572.6	2 409.2	0.559 1	8.276 7
0.008	41.534	314.684	0.001 008 4	18.10	173.86	2 577.1	2 403.2	0.592 5	8.229 6
0.009	43.787	316.937	0.001 009 4	16.20	183.28	2 581.1	2 397.9	0.622 4	8.188 1
0.010	45.833	318.983	0.001 010 2	14.67	191.83	2 584.8	2 392.9	0.649 3	8.151 1
0.02	60.086	333.236	0.001 017 2	7.650	251.45	2 609.9	2 358.4	0.832 1	7.999 4
0.03	69.124	342.274	0.001 022 3	5.229	289.30	2 625.4	2 336.1	0.944 1	7.769 5
0.04	75.886	349.036	0.001 026 5	3.993	317.65	2 636.9	2 319.2	1.026 1	7.670 9
0.05	81.345	354.495	0.001 030 1	3.240	340.56	2 646.0	2 305.4	1.091 2	7.594 7
0.06	85.954	359.104	0.001 033 3	2.732	359.93	2 653.6	2 293.6	1.145 4	7.532 7
0.08	93.512	366.662	0.001 038 7	2.087	391.72	2 665.8	2 274.0	1.233 0	7.435 2
0.10	99.632	372.782	0.001 043 4	1.694	417.51	2 675.4	2 257.9	1.302 7	7.359 8
0.101 325	100.00	373.15	0.001 043 7	1.673	419.06	2 676.0	2 256.9	1.306 9	7.355 4
0.12	104.81	377.96	0.001 047 6	1.428	439.36	2 683.4	2 244.1	1.360 9	7.298 4
0.14	109.32	382.47	0.001 051 3	1.236	458.42	2 690.3	2 231.9	1.410 9	7.246 5
0.16	113.32	386.47	0.001 054 7	1.091	475.38	2 696.2	2 220.9	1.455 0	7.201 7
0.18	116.93	390.08	0.001 057 9	0.977 2	490.70	2 701.5	2 210.8	1.494 4	7.162 2
0.2	120.23	393.38	0.001 060 8	0.885 4	504.70	2 706.3	2 201.6	1.530 1	7.126 8
0.3	133.54	406.69	0.001 073 5	0.605 6	561.43	2 724.7	2 163.2	1.671 6	6.990 9
0.4	143.62	416.77	0.001 083 9	0.462 2	604.67	2 737.6	2 133.0	1.776 4	6.894 3
0.5	151.84	424.99	0.001 092 8	0.374 7	640.12	2 747.5	2 107.4	1.860 4	6.819 2
0.6	158.84	431.99	0.001 100 9	0.315 5	670.42	2 755.5	2 085.0	1.930 8	6.757 5
0.7	164.96	438.11	0.001 108 2	0.272 7	697.06	2 762.0	2 064.9	1.991 8	6.705 2
0.8	170.41	443.56	0.001 115 0	0.240 3	720.94	2 767.5	2 046.5	2.045 7	6.659 6
0.9	175.36	448.51	0.001 121 3	0.214 8	724:64	2 772.1	2 029.5	2.094 1	6.619 2
1.0	179.88	453.03	0.001 127 4	0.194 3	762.61	2 776.2	2 013.6	2.138 2	6.582 8
1.2	187.96	461.11	0.001 138 6	0.163 2	798.43	2 782.7	1 984.3	2.216 1	6.519 4
1.4	195.04	468.19	0.001 148 9	0.140 7	830.08	2 787.8	1 957.7	2.283 7	6.465 1
1.5	198.29	471.44	0.001 153 9	0.131 7	844.67	2 789.9	1 945.2	2.314 5	6.440 6
1.6	201.37	474.52	0.001 158 6	0.123 7	858.56	2 791.7	1 933.2	2.343 6	6.417 5
1.8	207.11	480.26	0.001 167 8	0.110 3	884.58	2 794.8	1 910.3	2.397 6	6.375 1
2.0	212.37	485.52	0.001 176 6	0.099 54	908.59	2 797.2	1 888.6	2.446 9	6.336 7
2.2	217.24	490.39	0.001 185 0	0.090 65	930.95	2 799.1	1 868.1	2.492 2	6.301 5
2.4	221.78	494.93	0.001 193 2	0.083 20	951.93	2 800.4	1 848.5	2.534 3	6.269 0
2.5	223.94	497.09	0.001 197 2	0.079 91	961.96	2 800.9	1 839.0	2.554 3	6.253 6
2.6	226.04	499.19	0.001 201 1	0.076 86	971.72	2 801.6	1 825.0	2.583 1	6.231 5
2.8	230.05	503.20	0.001 208 8	0.071 39	990.48	2 802.0	1 811.5	2.610 6	6.210 4
3.0	233.84	506.99	0.001 216 3	0.066 63	1 008.4	2 802.3	1 793.9	2.645 5	6.183 7
3.5	242.54	515.69	0.001 234 5	0.057 03	1 049.8	2 802.0	1 752.2	2.725 3	6.122 8
4.0	250.33	523.48	0.001 252 1	0.049 75	1 087.4	2 800.3	1 712.9	2.796 5	6.068 5
4.5	257.41	530.56	0.001 269 1	0.044 09	1 122.1	2 797.7	1 675.6	2.861 2	6.019 1
5.0	263.91	537.06	0.001 285 8	0.039 43	1 154.5	2 794.2	1 639.7	2.920 6	5.973 5
5.5	269.93	543.08	0.001 302 3	0.035 63	1 184.9	2 789.9	1 605.0	2.975 7	5.930 9
6.0	275.55	548.70	0.001 318 7	0.032 44	1 213.7	2 785.0	1 571.3	3.027 3	5.890 8
6.5	280.82	553.97	0.001 335 0	0.029 72	1 241.1	2 779.5	1 538.4	3.075 9	5.852 7
7.0	285.79	558.94	0.001 351 3	0.027 37	1 267.4	2 773.5	1 506.0	3.121 9	5.816 2
7.5	290.50	563.65	0.001 367 7	0.025 33	1 292.7	2 766.9	1 474.2	3.165 7	5.781 1
8.0	294.97	568.12	0.001 384 2	0.023 53	1 317.1	2 759.9	1 442.8	3.207 6	5.747 1
9	303.31	576.46	0.001 417 9	0.020 50	1 363.7	2 744.6	1 380.9	3.286 7	5.682 0
10	310.96	584.11	0.001 452 6	0.018 04	1 408.0	2 727.7	1 319.7	3.360 5	5.619 8
11	318.05	591.20	0.001 488 7	0.016 01	1 450.6	2 709.3	1 258.7	3.430 4	5.559 5
12	324.65	597.80	0.001 526 8	0.014 28	1 491.8	2 689.2	1 197.4	3.497 2	5.500 2
13	330.83	603.98	0.001 567 2	0.012 80	1 532.0	2 667.0	1 135.0	3.561 6	5.440 8
14	336.64	609.79	0.001 610 6	0.011 50	1 571.6	2 642.4	1 070.7	3.624 2	5.380 3
15	342.13	615.28	0.001 657 9	0.010 34	1 611.0	2 615.0	1 004.0	3.685 9	5.317 8
16	347.33	620.48	0.001 710 3	0.009 308	1 650.5	2 584.9	934.3	3.747 1	5.253 1
17	352.26	625.41	0.001 769 6	0.008 371	1 691.7	2 551.6	859.9	3.810 7	5.185 5
18	356.96	630.11	0.001 839 9	0.007 498	1 734.8	2 513.9	779.1	3.876 5	5.112 8
19	361.43	634.58	0.001 926 0	0.006 678	1 778.7	2 470.6	692.0	3.942 9	5.033 2
20	365.70	638.85	0.002 037 0	0.005 877	1 826.5	2 418.4	591.9	4.014 9	4.941 2
21	369.78	642.93	0.002 201 5	0.005 023	1 886.3	2 347.6	461.3	4.104 8	4.822 3
22	373.69	646.84	0.002 671 4	0.003 728	2 011.1	2 195.6	184.5	4.294 7	4.579 9
22.12	374.15	647.30	0.003 17		2 107.4		0.0	4.442 9	

水の飽和表(圧力基準)

圧力〔MPa〕(飽和温度〔°C〕)		温度 100	温度 200	温度 300	温度 350
0.01 (45.83)	v	17.195	21.825	26.445	28.754
	h	2 687.5	2 879.6	3 076.6	3 177.3
	s	8.448 6	8.904 5	9.282 0	9.450 4
0.02 (60.09)	v	8.585	10.907	13.219	14.374
	h	2 686.3	2 879.2	3 076.4	3 177.1
	s	8.126 1	8.583 9	8.961 8	9.130 3
0.05 (81.35)	v	3.418	4.356	5.284	5.747
	h	2 682.6	2 877.7	3 075.7	3 176.6
	s	7.695 3	8.158 7	8.538 0	8.706 8
0.1 (99.63)	v	1.696	2.172	2.639	2.871
	h	2 676.2	2 875.4	3 074.5	3 175.6
	s	7.361 8	7.834 9	8.216 6	8.385 8
0.2 (120.23)	v		1.080	1.316	1.433
	h		2 870.5	3 072.1	3 173.8
	s		7.507 2	7.893 7	8.063 8
0.3 (133.54)	v		0.716 4	0.875 3	0.953 5
	h		2 865.5	3 069.7	3 171.9
	s		7.311 9	7.703 4	7.874 4
0.4 (143.62)	v		0.534 3	0.654 9	0.713 9
	h		2 860.4	3 067.2	3 170.0
	s		7.170 8	7.567 5	7.739 5
0.5 (151.84)	v		0.425 0	0.522 6	0.570 1
	h		2 855.1	3 064.8	3 168.1
	s		7.059 2	7.461 4	7.634 3
0.6 (158.84)	v		0.352 0	0.434 4	0.474 2
	h		2 849.7	3 062.3	3 166.2
	s		6.966 2	7.374 0	7.547 9
0.7 (164.96)	v		0.299 9	0.371 4	0.405 7
	h		2 844.2	3 059.8	3 164.3
	s		6.885 9	7.299 7	7.474 5
0.8 (170.41)	v		0.260 8	0.324 1	0.354 3
	h		2 838.6	3 057.3	3 162.4
	s		0.814 8	7.234 8	7.410 7
0.9 (175.36)	v		0.230 3	0.287 4	0.314 4
	h		2 832.7	3 054.7	3 160.5
	s		6.750 8	7.177 1	7.354 0
1.0 (179.88)	v		0.205 9	0.258 0	0.282 4
	h		2 826.8	3 052.1	3 158.5
	s		6.692 2	7.125 1	7.303 1
1.5 (198.29)	v		0.132 4	0.169 7	0.186 5
	h		2 794.7	3 038.9	3 148.7
	s		6.450 8	6.920 7	7.104 4
2.0 (212.37)	v			0.125 5	0.138 6
	h			3 025.0	3 138.6
	s			6.769 6	6.959 6

v：比体積〔m³/kg〕 h：比エンタルピ〔kJ/kg〕 s：比エントロピ〔kJ/kg·K〕

(°C)				
400	500	600	700	800
31.062 3 279.6 9.608 3	35.679 3 489.1 9.898 4	40.295 3 705.5 10.161 6	44.910 3 928.8 10.403 6	49.526 4 158.7 10.628 4
15.529 3 279.4 9.288 2	17.838 3 489.0 9.578 4	20.146 3 705.4 9.841 6	22.455 3 928.7 10.083 6	24.762 4 158.7 10.308 5
6.209 3 279.0 8.864 9	7.133 3 488.7 9.155 2	8.057 3 705.2 9.418 5	8.981 3 928.5 9.660 6	9.904 4 158.5 9.885 5
3.102 3 278.2 8.544 2	3.565 3 488.1 8.834 8	4.028 3 704.8 9.098 2	4.490 3 928.2 9.340 5	4.952 4 158.3 9.565 4
1.549 3 276.7 8.226	1.781 3 487.0 8.513 9	2.013 3 704.0 8.777 6	2.244 3 927.6 9.020 1	2.475 4 157.8 9.245 2
1.031 3 275.2 8.033 8	1.187 3 486.0 8.325 7	1.341 3 703.2 8.589 8	1.496 3 927.0 8.832 5	1.650 4 157.3 9.057 7
0.772 5 3 273.6 7.899 4	0.889 2 3 484.9 8.191 9	1.005 3 702.3 8.456 3	1.121 3 926.4 8.699 2	1.237 4 156.9 8.924 6
0.617 2 3 272.1 7.794 8	0.710 8 3 483.8 8.087 9	0.803 9 3 701.5 8.352 6	0.896 8 3 925.8 8.595 7	0.989 6 4 156.4 8.821 3
0.513 6 3 270.6 7.709 0	0.591 8 3 482.7 8.002 7	0.669 6 3 700.7 8.267 8	0.747 1 3 925.1 8.511 1	0.824 5 4 155.9 8.736 8
0.439 6 3 269.0 7.636 2	0.506 9 3 481.6 7.930 5	0.573 7 3 699.9 8.195 9	0.640 2 3 924.5 8.439 5	0.706 6 4 155.5 8.665 3
0.384 2 3 267.5 7.572 9	0.443 2 3 480.5 7.867 8	0.501 7 3 699.1 8.133 6	0.560 0 3 923.9 8.377 3	0.618 1 4 155.0 8.603 3
0.341 0 3 265.9 7.516 9	0.393 6 3 479.4 7.812 4	0.445 8 3 698.2 8.078 5	0.497 6 3 923.3 8.322 5	0.549 3 4 154.5 8.548 6
0.306 5 3 264.4 7.466 5	0.354 0 3 478.3 7.762 7	0.401 0 3 697.4 8.029 2	0.447 7 3 922.7 8.273 4	0.494 3 4 154.1 8.499 7
0.202 9 3 256.6 7.270 9	0.235 0 3 472.8 7.570 3	0.266 7 3 693.3 7.838 5	0.298 0 3 919.6 8.083 8	0.329 2 4 151.7 8.310 8
0.151 1 3 248.7 7.129 5	0.175 6 3 467.3 7.432 3	0.199 5 3 689.2 7.702 2	0.223 2 3 916.5 7.948 5	0.246 7 4 149.4 8.176 3

過熱水蒸気表

圧力〔MPa〕	飽和温度〔°C〕	比容積〔m³/kg〕 v'	比容積〔m³/kg〕 v''
0.0010	6.983	0.001 000 07	129.209
0.0015	13.036	0.001 000 57	87.982 1
0.0020	17.513	0.001 001 24	67.006 1
0.0025	21.096	0.001 001 96	54.256 2
0.0030	24.100	0.001 002 66	45.667 3
0.005	32.90	0.001 005 23	28.194 4
0.01	45.83	0.001 010 23	14.674 6
0.02	60.09	0.001 017 19	7.649 77
0.03	69.12	0.001 022 32	5.229 30
0.04	75.89	0.001 026 51	3.993 42
0.05	81.35	0.001 030 09	3.240 22
0.07	89.96	0.001 036 12	2.364 73
0.10	99.63	0.001 043 42	1.693 73
0.101 325	100.00	0.001 043 71	1.673 00
0.15	111.37	0.001 053 03	1.159 04
0.2	120.23	0.001 060 84	0.885 441
0.3	133.54	0.001 073 50	0.605 562
0.4	143.62	0.001 083 87	0.462 224
0.5	151.84	0.001 092 84	0.374 676
0.6	158.84	0.001 100 86	0.315 474
0.8	170.41	0.001 114 98	0.240 257
1.0	179.88	0.001 127 37	0.194 293
1.2	187.96	0.001 138 58	0.163 200
1.4	195.04	0.001 148 93	0.140 721
1.6	201.37	0.001 158 64	0.123 686
1.8	207.11	0.001 167 83	0.110 317
2.0	212.37	0.001 176 61	0.099 536 1
2.5	223.94	0.001 197 18	0.079 905 3
3.0	233.84	0.001 216 34	0.066 626 1
3.5	242.54	0.001 234 54	0.057 025 5
4	250.33	0.001 252 06	0.049 749 3
5	263.91	0.001 285 82	0.039 428 5
6	275.55	0.001 318 68	0.032 437 8
7	285.79	0.001 351 32	0.027 373 3
8	294.97	0.001 384 24	0.023 525 3
9	303.31	0.001 417 86	0.020 495 3
10	310.96	0.001 452 56	0.018 041 3
12	324.65	0.001 526 76	0.014 283 0
14	336.64	0.001 610 63	0.011 495 0
16	347.33	0.001 710 31	0.009 307 5
18	356.96	0.001 839 9	0.007 497 7
20	365.70	0.002 037 0	0.005 876 5
22	373.69	0.002 670 9	0.003 726 5
22.12	374.15	0.003 170 0	0.003 170 0

比エンタルピ〔kJ/kg〕			比エントロピ〔kJ/kg·K〕		
h'	h''	$r=h''-h'$	s'	s''	$r/T=s''-s'$
29.335	2 514.4	2 485.0	0.106 04	8.976 67	8.870 62
54.715	2 525.5	2 470.7	0.195 67	8.828 83	8.633 16
73.457	2 533.6	2 460.2	0.260 65	8.724 56	8.463 90
88.446	2 540.2	2 451.7	0.311 91	8.644 03	8.332 13
101.003	2 545.6	2 444.6	0.354 36	8.578 48	8.224 12
137.772	2 561.6	2 423.8	0.476 26	8.395 96	7.919 70
191.832	2 584.8	2 392.9	0.649 25	8.151 08	7.501 83
251.453	2 609.9	2 358.4	0.832 07	7.909 43	7.077 35
289.302	2 625.4	2 336.1	0.944 11	7.769 53	6.825 42
317.650	2 636.9	2 319.2	1.026 10	7.670 89	6.644 80
340.564	2 646.0	2 305.4	1.091 21	7.594 72	6.503 52
376.768	2 660.1	2 283.3	1.192 05	7.480 40	6.288 34
417.510	2 675.4	2 257.9	1.302 71	7.359 82	6.057 11
419.064	2 676.0	2 256.9	1.306 87	7.355 38	6.048 51
467.125	2 693.4	2 226.2	1.433 61	7.223 37	5.789 76
504.700	2 706.3	2 201.6	1.530 08	7.126 83	5.596 75
561.429	2 724.7	2 163.2	1.671 64	6.990 90	5.319 26
604.670	2 737.6	2 133.0	1.776 40	6.894 33	5.117 93
640.115	2 747.5	2 107.4	1.860 36	6.819 19	4.958 83
670.422	2 755.5	2 085.0	1.930 83	6.757 54	4.826 71
720.935	2 767.5	2 046.5	2.045 72	6.659 60	4.613 88
762.605	2 776.2	2 013.6	2.138 17	6.582 81	4.444 64
798.430	2 782.7	1 984.3	2.216 06	6.519 36	4.303 31
830.073	2 787.8	1 957.7	2.283 66	6.465 09	4.181 43
858.561	2 791.7	1 933.2	2.343 61	6.417 53	4.073 91
884.573	2 794.8	1 910.3	2.397 62	6.375 07	3.977 46
908.588	2 797.2	1 888.6	2.446 86	6.336 65	3.889 79
961.961	2 800.9	1 839.0	2.554 29	6.253 61	3.699 32
1 008.35	2 802.3	1 793.9	2.645 50	6.183 72	3.538 22
1 049.76	2 802.0	1 752.2	2.725 27	6.122 85	3.397 58
1 087.40	2 800.3	1 712.9	2.796 52	6.068 51	3.271 98
1 154.47	2 794.2	1 639.7	2.920 60	5.973 49	3.052 89
1 213.69	2 785.0	1 571.3	3.027 30	5.890 79	2.863 49
1 267.41	2 773.5	1 506.0	3.121 89	5.816 16	2.694 27
1 317.10	2 759.9	1 442.8	3.207 62	5.747 10	2.539 47
1 363.73	2 744.6	1 380.9	3.286 66	5.682 01	2.395 35
1 408.04	2 727.7	1 319.7	3.360 55	5.619 80	2.259 26
1 491.77	2 689.2	1 197.4	3.497 18	5.500 22	2.003 04
1 571.64	2 642.4	1 070.7	3.624 24	5.380 26	1.756 01
1 650.54	2 584.9	934.3	3.747 10	5.253 14	1.506 04
1 734.8	2 513.9	779.1	3.876 54	5.112 20	1.236 23
1 826.5	2 418.3	591.9	4.014 87	4.941 20	0.926 34
2 011.0	2 195.4	184.4	4.294 51	4.579 57	0.285 06
2 107.4	2 107.4	0.0	4.442 86	4.442 86	0.0

内燃機関理論計算表

	ディーゼルサイクル (等圧燃焼サイクル)	ブレイトンサイクル (ガスタービンのサイクル)	サバテサイクル (複合燃焼サイクル)
給熱量 Q_h	$Mc_p\left(T_3-T_2\right)$	$Mc_p\left(T_3-T_2\right)$	$M\left[c_v\left(T_3'-T_2\right)+c_p\left(T_3-T_3'\right)\right]$
放熱量 Q_L	$Mc_v\left(T_4-T_1\right)$	$Mc_p\left(T_4-T_1\right)$	$mc_v\left(T_4-T_1\right)$
圧縮圧力 p_2	$p_1\varepsilon^{\kappa}$	$p_1\rho_p$	$p_1\varepsilon^{\kappa}$
圧縮温度 T_2	$T_1\varepsilon^{\kappa-1}$	$T_1\rho_v{}^{(\kappa-1)/\kappa}$	$T_1\varepsilon^{\kappa-1}$
最高圧力 p_3	p_2	p_2	$p_2+\dfrac{T_3'}{T_2}$
最高温度 T_3	$T_2+\dfrac{Q_v}{Mc_p}$	$T_2+\dfrac{Q_h}{Mc_p}$	$T_2+\dfrac{Q_v}{Mc_v}+\dfrac{Q_p}{Mc_p}$
膨張圧力 p_4	$p_3\left(\dfrac{\varepsilon}{\rho_i}\right)$	p_1	$p_3\left(\dfrac{\varepsilon}{\rho_i}\right)^{-\kappa}$
膨張温度 T_4	$T_3\left(\dfrac{\varepsilon}{\rho_i}\right)^{-(\kappa-1)}$	$T_3\rho_p{}^{\frac{1-\kappa}{\kappa}}$	$T_3\left(\dfrac{\delta}{\rho_i}\right)^{-(\kappa-1)}$
熱効率 η	$1-\dfrac{1}{\varepsilon^{\kappa-1}}\left[\dfrac{\rho_i{}^{\kappa}-1}{k\left(p_i-1\right)}\right]$	$1-\left(\dfrac{1}{\rho_p}\right)^{\frac{\kappa-1}{\kappa}}$	$1-\dfrac{1}{\varepsilon^{\kappa-1}}\left[\dfrac{\xi\ \rho_i{}^{\kappa}-1}{\xi-1+\kappa\left(\rho_i-1\right)}\right]$

内燃機関の性能計算一覧

用　語	量単位	単　位	式	備考
軸出力	P	W (N·m/S)	$P = 2\pi NT$	N ：回転/秒
軸トルク	T	Nm	$T = \dfrac{P}{2\pi N} = \dfrac{W_e}{2\pi i}$	----
軸平均 有効圧力 (mean effective pressure)	p_e	Pa $(\mathrm{N/m^2})$	$P_e = \dfrac{W_e}{V_h} = \dfrac{2\pi iT}{V_h}$	W_e ：1サイクル当たりの仕事 N·m i ：1サイクルに必要な回転数 四サイクル機関　$i = 2$ 二サイクル機関　$i = 1$ ロータリエンジン　$i = 1$
総行程容量	V_h	$\mathrm{m^3}$	$V_h = \dfrac{\pi d^2 sz}{4}$	d ：シリンダ内径 m s ：行程 z ：シリンダ数
1サイクル 当たりの仕事	W_e	J (N·m)	$W_e = 2\pi iT$	----
燃料消費率 (specific fuel comsumption)	f	g/W·h	$f = \dfrac{F}{P}$	F ：燃料消費量 g/h P ：軸出力 W

主要な理想気体のモル質量(分子量)、ガス定数、標準容量および比熱

気体	分子式	原子数	モル質量(分子量) M	ガス定数 R	標準密度 ρ_0(101.325kPa273.15K)	比熱および比熱定数(0Pa,273.15K) 定圧比熱 C_p	定容比熱 C_v	比熱比 κ
				J(kg・K)	kg/m³	kJ/(kg・K)		
アルゴン	Ar	1	39.948	208.13	1.783771	0.528	0.315	1.66
ヘリウム	He	1	4.00260	2077.23	0.17860	5.24	3.16	1.66
水素	H_2	2	2.0158	4124.6	0.089885	14.25	10.12	1.408
窒素	N_2	2	28.0134	296.798	1.25046	1.039	0.743	1.399
酸素	O_2	2	31.9988	259.833	1.42900	0.914	0.654	1.398
空気	--	--	28.967	287.03	1.29304	1.005	0.718	1.400
一酸化炭素	CO	2	28.0104	296.830	1.25048	1.041	0.743	1.400
塩化水素	HCl	2	36.4609	228.031	1.6392	0.799	0.571	1.40
一酸化窒素	NO	2	30.0061	277.088	1.3402	0.998	0.721	1.38
二酸化炭素	CO_2	3	44.0098	188.920	1.97700	0.819	0.630	1.30
水蒸気	H_2O	3	48.0152	461.517	--	--	--	--
亜酸化窒素	N_2O	3	44.0128	188.907	1.9804	0.892	0.703	1.27
二酸化硫黄	SO_2	3	64.0588	129.792	2.9262	0.608	0.479	1.27
アセチレン	C_2H_2	4	26.0378	319.318	1.17910	1.513	1.216	1.244
アンモニア	NH_3	4	17.0304	188.205	0.77126	2.05	1.57	1.31
メタン	CH_4	5	16.0426	518.266	0.7168	2.16	1.63	1.32
メチルクロライド	CH_3Cl	5	50.4877	164.680	2.3075	0.737	0.574	1.28
エチレン	C_2H_4	6	28.0536	296.373	1.26036	1.61	1.29	1.25
エタン	C_2H_6	8	30.0694	276.505	1.3562	1.73	1.44	1.20
エチルクロライド	C_2H_5Cl	8	64.5145	128.875	2.8804	1.31	1.16	1.16

理想気体の化学変化に対する計算式

状態変化	ポリトロープ指数 n	状態変化の式	絶対仕事 L_{12}	工業仕事 $L_{t,12}$	系に加えられた熱量 Q_{12}	内部エネルギーの増加 $\Delta U = U_2 - U_1$	エントロピーの増加 $\Delta S = S_2 - S_1$
等温変化	$n = 1$	$PV = P_1V_1$ $=$一定	$P_1V_1 \ln(V_2/V_1)$ $= P_1V_1 \ln(P_1/P_2)$ $-mRT_1 \ln(P_1/P_2)$	L_{12}	L_{12}	$\Delta U = 0$	$\frac{Q_{12}}{T_1}$
等圧変化	$n = 0$	$T/V = T_1/V_1$ $=$一定	$P_1(V_2 - V_1)$ $= mR(T_2 - T_1)$	0	$H_2 - H_1$ $= mc_p(T_2 - T_1)$	$\frac{Q_{12}}{\kappa}$	$mc_p \ln(T_2/T_1)$
等容変化	$n = \infty$	$T/P = T_1/P_1$ $=$一定	0	$V_1(P_1 - P_2)$	$U_2 - U_1$ $= mc_v(T_2 - T_1)$	Q_{12}	$mc_v \ln(T_2/T_1)$
断熱変化	$n = \kappa$	$PV^\kappa = P_1V_1^\kappa$ $=$一定 $TV^{\kappa-1} = T_1V_1^{\kappa-1}$ $=$一定 $\frac{T}{P^{(\kappa-1)/\kappa}} = \frac{T_1}{P_1^{(\kappa-1)/\kappa}}$ $=$一定	$\frac{P_1V_1 - P_2V_2}{\kappa - 1}$ $= \frac{P_1V_1}{\kappa - 1}\left(1 - \frac{T_2}{T_1}\right)$ $- \frac{P_1V_1}{\kappa - 1}\left[1 - \left(\frac{P_2}{P_1}\right)^{(\kappa-1)/\kappa}\right]$ $= \frac{P_1V_1}{\kappa - 1}\left[1 - \left(\frac{V_1}{V_2}\right)^{\kappa-1}\right]$	κL_{12}	0	$mc_v(T_2 - T_1)$ $= \frac{c_v}{R}(P_2V_2 - P_1V_1)$	0
ポリトロープ変化	$n = n$	$PV^n = P_1V_1^n$ $=$一定 $TV^{n-1} = T_1V_1^{n-1}$ $=$一定 $\frac{T}{P^{(n-1)/n}} = \frac{T_1}{P_1^{(n-1)/n}}$ $=$一定	$\frac{P_1V_1 - P_2V_2}{n - 1}$ $- \frac{P_1V_1}{n - 1}\left[1 - \left(\frac{P_2}{P_1}\right)^{(n-1)/n}\right]$ $= \frac{P_1V_1}{n - 1}\left[1 - \left(\frac{V_1}{V_2}\right)^{n-1}\right]$ $= mc_v \frac{\kappa - 1}{n - 1}(T_1 - T_2)$	nL_{12}	$mc_n(T_2 - T_1)$ ただし C_n：ポリトロープ比熱 $c_n = \frac{n - \kappa}{b - 1} c_v$	$Q_{12} - L_{12}$	$mc_n \ln(T_2/T_1)$ $= mc_n \ln\left(\frac{P_2}{P_1}\right)^{(n+1)/n}$ $= mc_v \frac{n - \kappa}{n} \ln\left(\frac{P_2}{P_1}\right)$

流体力学資料

水の飽和蒸気圧

t/[°C]	0	10	20	50	70	90	100
P ×101 kPa	0.006	0.012	0.023	0.121	0.307	0.692	1.00

音速 a/[ms^{-1}]	水	エチルアルコール	空気
0℃	1404	1240	331.7
20℃	1485	1168	343.6
50℃	1544	1067	360.8

水の粘性係数・動粘性係数(圧力 $P = 101$ kPa における値)

温度 t/[°C]	粘性係数 μ/[10^{-3} Pa•s]	動粘性係数 ν/[10^{-6} m^{2}s^{-1}]	密度 ρ/[kgm^{-3}]
0	1.792	1.792	9998
10	1.307	1.307	9997
20	1.002	1.0038	9982
30	0.797	0.801	9957
40	0.653	0.658	9923
50	0.548	0.554	9902
60	0.467	0.475	9881
70	0.404	0.413	9778
80	0.355	0.365	9718
90	0.315	0.326	9653
100	0.282	0.295	9584

空気の粘性係数・動粘性係数(圧力 $P=101\,\mathrm{kPa}$ における値)

温度 t/[°C]	粘性係数 μ/[10^{-3} Pa•s]	動粘性係数 ν/[$10^{-6}\,\mathrm{m^2s^{-1}}$]	密度 ρ/[$\mathrm{kgm^{-3}}$]
0	17.08	13.22	1.293
10	17.58	14.10	1.247
20	18.07	15.01	1.205
30	18.55	15.93	1.165
40	19.03	16.89	
50	19.49	17.86	空気の密度計算式
60	19.95	18.85	$\rho=\frac{1.293}{1+0.00367t}\cdot\frac{P}{101\,\mathrm{kPa}}$
70	20.41	19.86	t:[°C] P:[Pa]
80	20.86	20.89	
90	21.30	21.94	
100	21.73	23.0	
200	25.7		
500	35.5		

自動車工学資料

ガソリン・エンジンとディーゼル・エンジンの比較

	ガソリン・エンジン	ディーゼル・エンジン
燃　料	ガソリン	軽　油
燃料装置	気化器	噴射ポンプ
圧縮比	8～10	16～22
圧縮圧 [MPa]	0.8～1.4	2.6～3.4
最高圧力 [MPa]	3.0～5.0	5.0～9.0
熱効率 [%]	23～38	30～34
総行程容量あたりの出力 [kW/*l*]	16～56	13～25
出力あたりのエンジン質量 [kg/kW]	3.8～1.4	6.4～3.7
点火方式	電気火花の点火による燃焼。	圧縮熱での点火による燃焼。
空気過剰率	0.7～1.3	1.2～1.4
トルク特性	回転数に対して変化する。	回転数に対して、比較的トルクが安定している。
燃料消費率 [g/kW•h]	324～256	277～214
構造上の特性	電気点火装置の故障が多い。気化器の動作が微妙で、不調のとき調整が難しい。	電気点火装置がないので故障が少ない。複雑な噴射ポンプがあるが、故障が少なく信頼性に富んでいる。
危険性	燃料が原因となる火災の恐れが多い。	燃料の引火点が高いので火災の危険が少ない。
制作費	安い。	燃料噴射装置など、高級な材料と耐圧構造、高精度の加工を必要とするため高価になる。

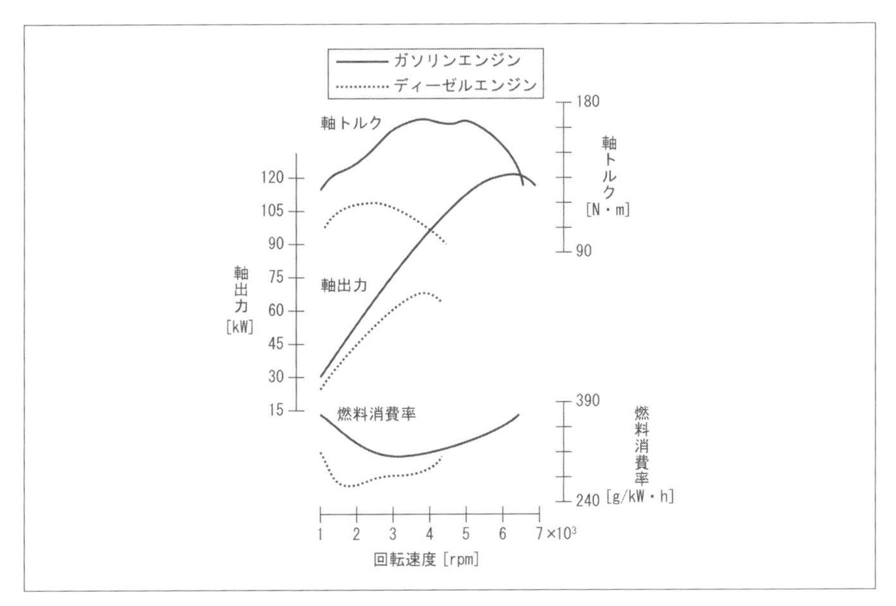

図9-22

エンジン	ガソリン	ディーゼル
総行程容量 [cm³]	2000	2000
最大出力 [kW/rpm]	103/6200	52/4700
最大トルク [N•m/rpm]	176/4200	130/2600
燃料消費率 [g/kW•h]	293	265
質量 [kg]	138	160

「創造性」を育む

「創造」はどのように生まれるのでしょうか。17世紀フランスの哲学者パスカルは著書の中で「人間は考える葦(あし)である」と遺しています。
これは、「人間は大きな宇宙から見たら1本の葦のようにか細く弱いものである。しかし、人間は“思考する”ことができる。考える事こそが人間の偉大な力である。」ということを意味した言葉です。

私たちは、さまざまな課題や問題に直面すると、その解決の手立てや方法を思考します。
そして、その中で、ある事象の解決策となるもの(なること)が、別の事象の解決策となることに気付くことがあります。その時こそが、その人にとっての創造が生まれた瞬間と言えるでしょう。

そうした創造は、人それぞれのものであり、小さな創造から、偉大なものまで、その発生のプロセスは同じではないでしょうか。

知識や経験が多いほど、思考は広がりを見せます。創造性を育むためには、より多くの知識を身につけ、経験を重ねるとともに、思考の広がりの中で多様な視点から模索することを意識的に常に心がけることで、創造性を育んでいきましょう。

技術士一次試験
過去問抜粋

船舶・海洋部門

【問1】 直径 d なる丸棒を削って長方形断面のはりを作るとき、そのはりを最も曲がりにくくするための断面の幅 b と深さ h の組み合わせとして正しいものは次のうちどれか。

① $b=\sqrt{\frac{1}{2}}d$　$h=\sqrt{\frac{1}{2}}d$　② $b=\sqrt{\frac{1}{3}}d$　$h=\sqrt{\frac{2}{3}}d$

③ $b=\sqrt{\frac{1}{4}}d$　$h=\sqrt{\frac{3}{4}}d$　④ $b=\sqrt{\frac{1}{5}}d$　$h=\sqrt{\frac{4}{5}}d$

⑤ $b=\sqrt{\frac{1}{6}}d$　$h=\sqrt{\frac{5}{6}}d$

(解答)

正解　③

【問2】 棒1(長さ：L_1、断面積：A_1、ヤング率：E_1、線膨張係数：α_1)と棒2(長さ：L_2、断面積：A_2、ヤング率：E_2、線膨張係数：α_2)を直列(すなわち一直線上)に接合し、内力が生じていない状態でその両端の変形が固定されているものを考える。この棒1と棒2の温度を ΔT だけ変化させたときに固定点に生じる反力として正しいものは次のうちどれか。ただし、反力は座屈荷重限度内とする。

① $(\alpha_1+\alpha_2)(A_1E_1+A_2E_2)\Delta T$

② $\dfrac{\alpha_1+\alpha_2}{\dfrac{1}{A_1E_1}+\dfrac{1}{A_2E_2}}\Delta T$

③ $\dfrac{(L_1+L_2)(\alpha_1+\alpha_2)}{\dfrac{L_1}{A_1E_1}+\dfrac{L_2}{A_2E_2}}\Delta T$

④ $\dfrac{L_1\alpha_1+L_2\alpha_2}{\dfrac{L_1}{A_1E_1}+\dfrac{L_2}{A_2E_2}}\Delta T$

⑤ $\dfrac{L_1\alpha_1+L_2\alpha_2}{(L_1+L_2)\left(\dfrac{1}{A_1E_1}+\dfrac{1}{A_2E_2}\right)}\Delta T$

(解答)
正解　④

【問3】　半径r、肉厚tの薄肉円筒形の容器($t \ll r$)が外圧pを受ける場合、この円筒に生じる円周方向と軸方向の圧縮応力の組み合わせとして正しいものは次のうちどれか。

①円周方向の圧縮応力 $= \dfrac{pr}{2t}$、軸方向の圧縮応力 $= \dfrac{pr}{2t}$

②円周方向の圧縮応力 $= \dfrac{pr}{t}$、軸方向の圧縮応力 $= \dfrac{pr}{2t}$

③円周方向の圧縮応力 $= \dfrac{pr}{t}$、軸方向の圧縮応力 $= \dfrac{\pi pr}{2t}$

④円周方向の圧縮応力 $= \dfrac{2pr}{t}$、軸方向の圧縮応力 $= \dfrac{pr}{2t}$

⑤円周方向の圧縮応力 $= \dfrac{2pr}{t}$、軸方向の圧縮応力 $= \dfrac{\pi pr}{2t}$

(解答)
正確　⑤

【問4】　下図のような高さH、幅B、板厚tの薄肉I型断面において、中立軸NAに関する断面係数はいくらになるか。次の中から選べ。ただし、$t \ll B$、$t \ll H$とせよ。

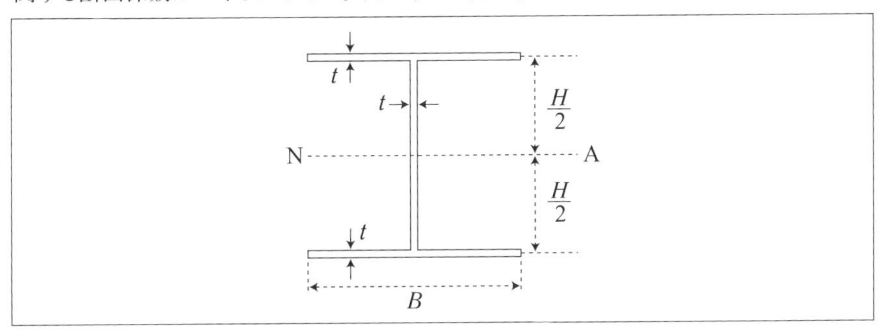

① $\dfrac{tH^3 + 3tBH^2}{6}$

② $\dfrac{tH^2 + 6tBH}{3}$

③ $\dfrac{2tH^3+3tBH^2}{12}$

④ $\dfrac{tH^2+6tBH}{6}$

⑤ $\dfrac{tH^3+6tBH^2}{12}$

(解答)

正解　③

【問5】　長さ L 、幅 B 、深さ D の箱型船が、静水中で浮いている**(図A)**。船長方向の重量分布が**図B**のように表わされているとき、次の記述の中から正しいものを選べ。ただし、水の単位体積あたりの重量を γ とせよ。

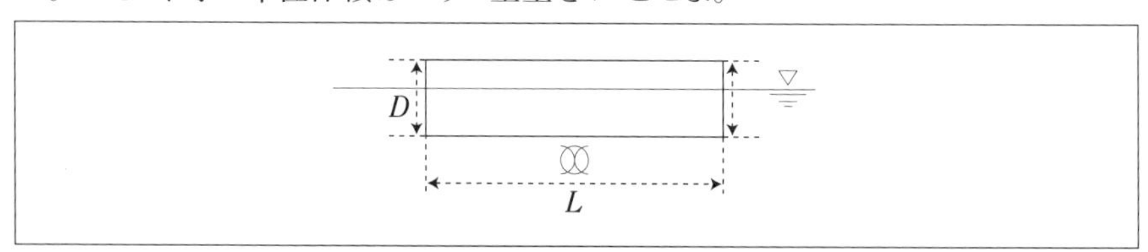

図A　静水中の箱型船

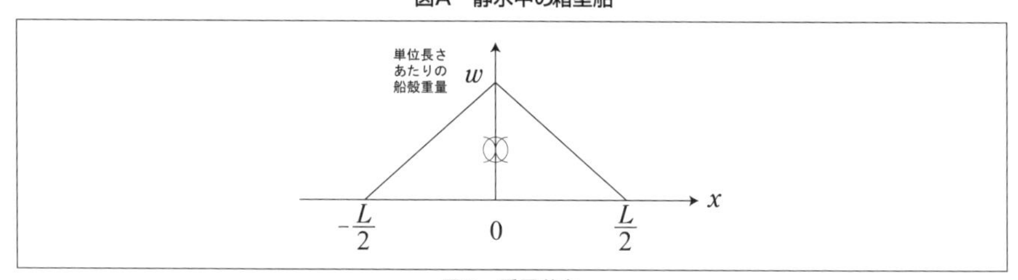

図B　重量分布

①静水中の喫水は $d=\dfrac{w}{\gamma B}$ となる。また、最大曲げモーメントは、$x=0$ で $|M_S|=\dfrac{wL^2}{48}$ となる。

②静水中の喫水は $d=\dfrac{w}{2\gamma B}$ となる。また、最大曲げモーメントは、$x=0$ で $|M_S|=\dfrac{wL^2}{48}$ となる。

③静水中の喫水は $d=\dfrac{w}{2\gamma B}$ となる。また、最大曲げモーメントは、$x=-\dfrac{L}{2}$ または $x=\dfrac{L}{2}$ で $|M_S|=\dfrac{wL^2}{48}$ くとなる。

④静水中の喫水は $d=\dfrac{w}{2\gamma B}$ となる。また、最大曲げモーメントは、$x=0$ で $|M_S|=\dfrac{wL^2}{12}$ となる。

⑤静水中の喫水は $d=\dfrac{w}{\gamma B}$ となる。また、最大曲げモーメントは、$x=-\dfrac{L}{2}$ または $x=\dfrac{L}{2}$ で $|M_S|=\dfrac{wL^2}{12}$ となる。

(解答)
正解　②

【問6】　図Aのように、周辺が単純支持された長方形平板はあり、x 軸方向に一様な圧縮応力 σ が作用することを考える。また、図B、図Cは、図Aの平板をスチフナ(図中の点線部)で補強したものである。これらの板の座屈荷重について正しいものを選べ。

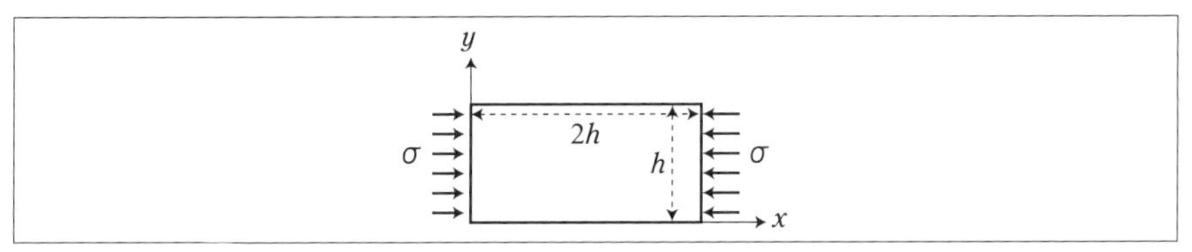

図A　圧縮応力を受ける長方形平板

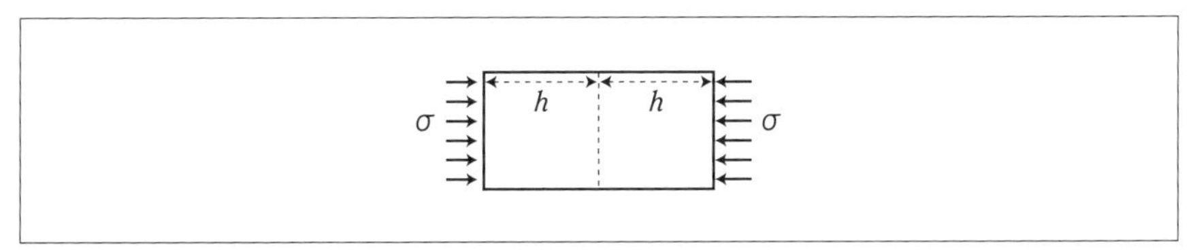

図B　スチフナで補強した長方形平板(1)

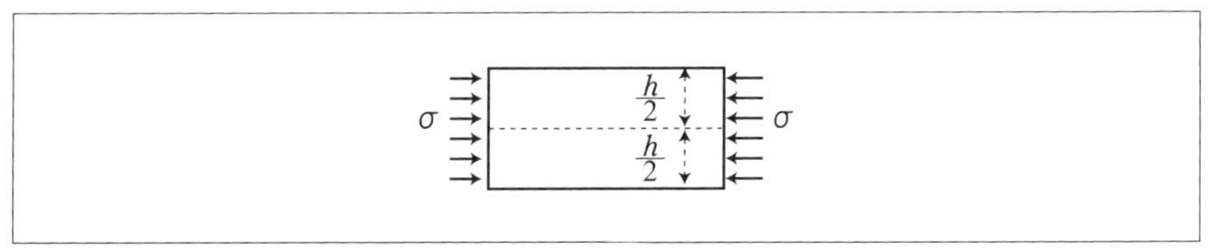

図C　スチフナで補強した長方形平板(2)

①図A、図B、図Cの座屈荷重は、ほぼ等しくなる。
②図Aの座屈荷重が最も高い。
③図Bの座屈荷重が最も高い。
④図Cの座屈荷重が最も高い。
⑤図Bと図Cの座屈荷重はほぼ等しく、図Aの座屈荷重に比べて高い。

(解答)
正解　④

【問7】 図のような2本の部材から成るトラス構造物に、荷重 P が作用する。荷重 P を0から増加していくと、部材2の座屈により構造物は崩壊した。部材2が座屈したときの荷重 P はいくらか。次の中から正しいものを選べ。ただし、2本の部材のヤング率を E 、断面2次モーメントを I とする。

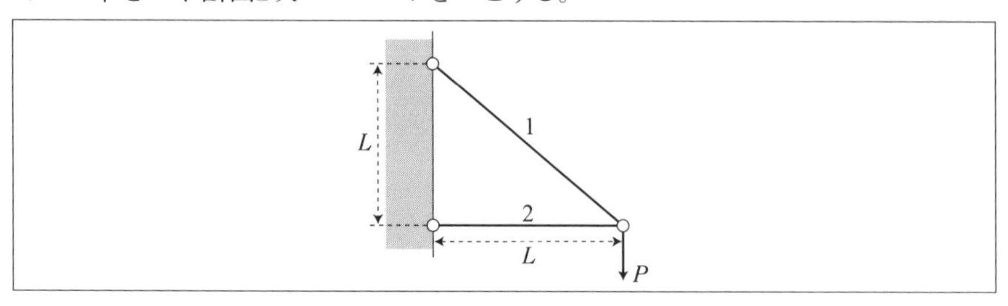

① $\dfrac{\pi^2 EI}{L^2}$　② $\dfrac{\pi^2 EI}{2L^2}$　③ $\dfrac{\pi^2 EI}{4L^2}$　④ $\dfrac{\sqrt{2}\pi^2 EI}{L^2}$　⑤ $\dfrac{2\pi^2 EI}{L^2}$

(解答)
正解　①

【問8】 波長が156[m]である深海規則波の波速はおおよそいくらか。次のうちから正しいものを選べ。

① 7.8[m/秒]　② 15.6[m/秒]　③ 39.0[m/秒]
④ 78.0[m/秒]　⑤ 156.0[m/秒]

(解答)
正解　②

【問9】 下図のようによく保温された配管内に絞りがある場合、絞り前後のエンタルピー h およびエントロピー S の変化はどのようになるか。次の記述のうち正しいものを選べ。

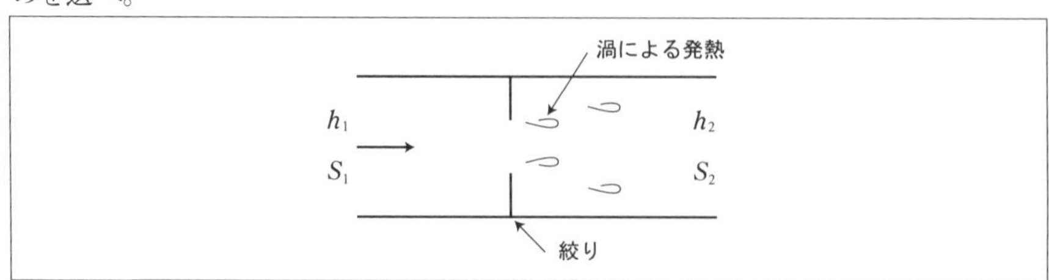

① $h_1 < h_2$ であり、$S_1 < S_2$
② $h_1 > h_2$ であり、$S_1 < S_2$
③ $h_1 < h_2$ であり、$S_1 > S_2$
④ $h_1 < h_2$ であり、$S_1 = S_2$
⑤ $h_1 = h_2$ であり、$S_1 < S_2$

(解答)
正解　⑤

【問10】　102[g]の携帯電話を1[m]の高さに、0.5 秒間で垂直に持ち上げた。このときの仕事(率)は何 W に相当するか。次の中から近いものを選べ。

① 0.5　② 1.0　③ 1.5　④ 2.0　⑤ 2.5

(解答)
正解　④

機械部門

【問1】 ある金属棒(断面積 400 [mm^2]、基準長 500 [mm])に 40 [kN] の力をかけたところ 0.25 [mm] 伸びた。この材料の縦弾性係数(ヤング率)は次のうちどれか。
① 100 [kN/mm^2]　② 200 [kN/mm^2]　③ 300 [kN/mm^2]
④ 400 [kN/mm^2]　⑤ 500 [kN/mm^2]

(解答)
正解②

【問2】 環境温度が 30 [°C] のとき、両端を固定したアルミニウム合金線(線膨張係数 20×10^{-6} [K^{-1}]、縦弾性係数 70 [kN/mm^2])がある。環境温度が −20 [°C] に低下したとき、線に生じる引張応力で適切なものを次から選べ。
① 140 [N/mm^2]　② 100 [N/mm^2]　③ 70 [N/mm^2]
④ 35 [N/mm^2]　⑤ 14 [N/mm^2]

(解答)
正解③

【問3】 固体に次の応力を発生させた負荷状態において、2番目に大きなせん断応力が発生する場合を選べ。
① 50 [MPa] の引張りと 40 [MPa] の圧縮の2軸負荷
② 100 [MPa] の1軸圧縮負荷
③ 70 [MPa] の1軸引張負荷
④ 120 [MPa] の等3軸引張負荷
⑤ 40 [MPa] の単純せん断負荷

(解答)
正解①

【問4】 一様断面の同一形状のはりに、次のような負荷(合力 W の大きさを同じとする)をかけた。このとき、はりに発生する最大曲げ応力が2番目に大きくなる場合を選べ。

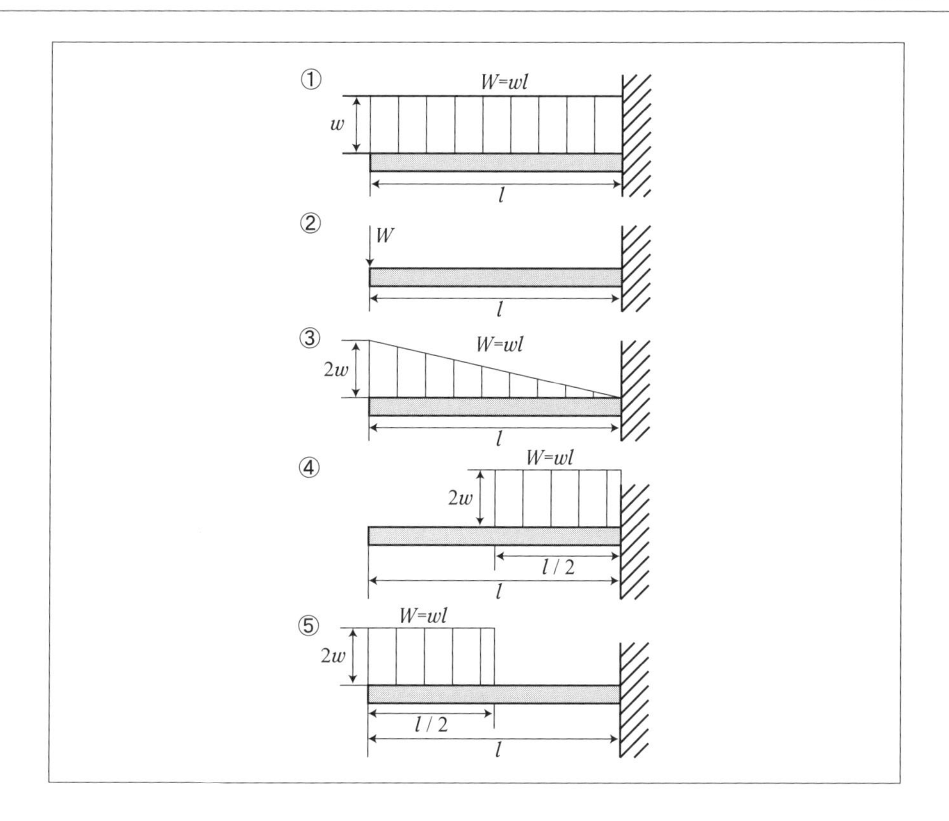

(解答)

正解⑤

【 問5】 質量 $m=10$ [kg] の錘で、下図のように摩擦のない滑車を介して、質量 M の錘を釣り下げている。釣り合い状態にあるとすると質量 M に最も適切なものは次のうちどれか。

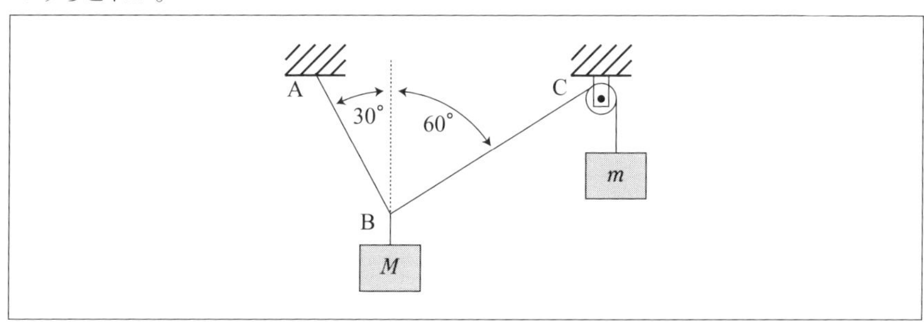

① 10 [kg]　② 15 [kg]　③ 20 [kg]　④ 25 [kg]　⑤ 30 [kg]

(解答)
正解③

【問⑥】 下図に示すように、水平な床の上に質量 m_1 の物体が置かれている。単振り子に付けた大きさの無視できる質量 m_2 の錘が高さ h の位置から初速度 0 で運動を開始し、最下点で床の上の物体に完全弾性衝突するとき、床の上の物体と錘の運動に関する次の記述のうち、内容が誤っているものを選べ。ただし、重力加速度の大きさを g とし、周囲の空気の影響は無視できるものとする。

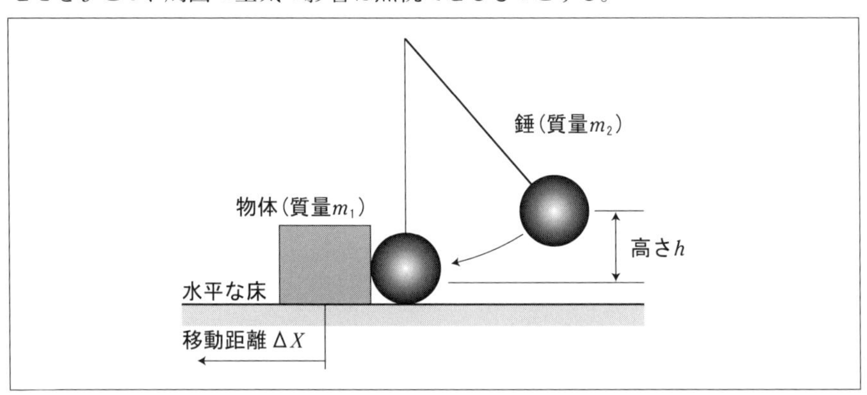

①床と物体の間の摩擦が無視できるとき、衝突後の錘の速度が 0 となる条件は、$m_1 = m_2$ であり、錘の初期高さ h には無関係である。

②床と物体の間の摩擦が無視でき、$m_1 > m_2$ であるとき、跳ね返った錘が到達する高さ h' は、$\left(\dfrac{m_2 - m_1}{m_2 + m_1}\right)^2 h$ である。

③床と物体の間の摩擦が無視できるとき、床の上の物体の衝突直後の速度 v_1' は $\dfrac{2m_2}{m_2 + m_1}\sqrt{2gh}$ である。

④床と物体の間に摩擦があると、m_1, m_2, h にかかわらず、衝突後の錘の到達高さは摩擦のない場合より必ず高くなる。

⑤床と物体の間の動摩擦係数を μ とし、静摩擦が無視できるとき、衝突後の物体の移動距離 ΔX は、$\left(\dfrac{2m_2}{m_2 + m_1}\right)^2 \dfrac{h}{\mu}$ である。

(解答)
正解④

【問7】 円盤が斜面を滑ることなく回転しながら落下する場合を考える。下図に示すような垂直高さ h の三角形の上端で静止していた円盤が下端に到着したときの中心点の速度を次の中から選べ。ただし、円盤の質量を m 、慣性モーメントを I 、半径を r 、重力加速度の大きさを g とする。

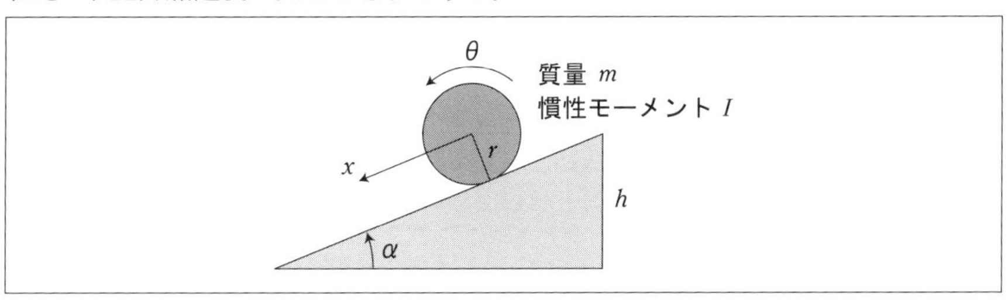

① $\dfrac{2mr^2gh}{I}$　② $\sqrt{\dfrac{2mr^2gh}{I}}$　③ $\dfrac{2mr^2gh}{I+mr^2}$

④ $2\sqrt{\dfrac{mr^2gh}{I+mr^2}}$　⑤ $\sqrt{\dfrac{2mr^2gh}{I+mr^2}}$

(解答)
正解⑤

【問8】 下図に示すような、2個のばね(ばね定数 k_1, k_2)と1個のダンパ(減衰係数 c)で支持されている質量 m からなる系について、減衰振動となる正しい条件を次の中から選べ。

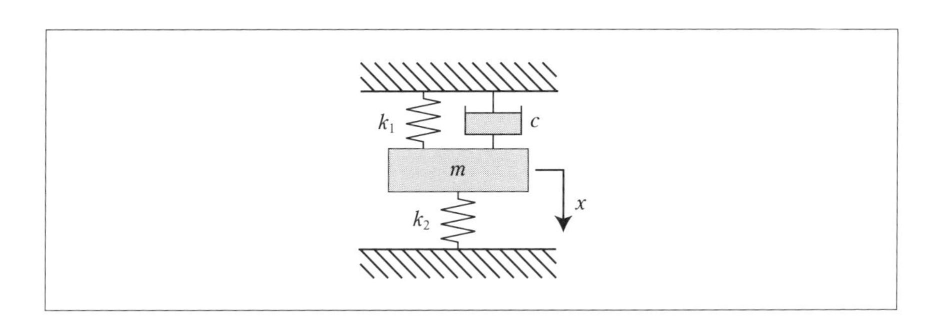

① $c > 2\sqrt{m(k_1 + k_2)}$　② $0 < c < 2\sqrt{m(k_1 + k_2)}$　③ $c > 2\sqrt{\dfrac{mk_1k_2}{(k_1 + k_2)}}$

④ $0 < c < 2\sqrt{\dfrac{mk_1k_2}{(k_1 + k_2)}}$　⑤ $0 < c < 2\sqrt{m(k_1 + k_2)}$

(解答)
正解②

【 問9】 長さ $a+b$ の剛体棒の右端に集中質量 m が付加された下図のような物体が、左端で回転自由に支持され、左端から距離 a の点でばね定数 k のばねで支持されて水平となっている。剛体棒の回転軸周りの慣性モーメントを I 、重力加速度の大きさを g 、角度 θ は小さいとして、次の記述のうち誤っているものを選べ。

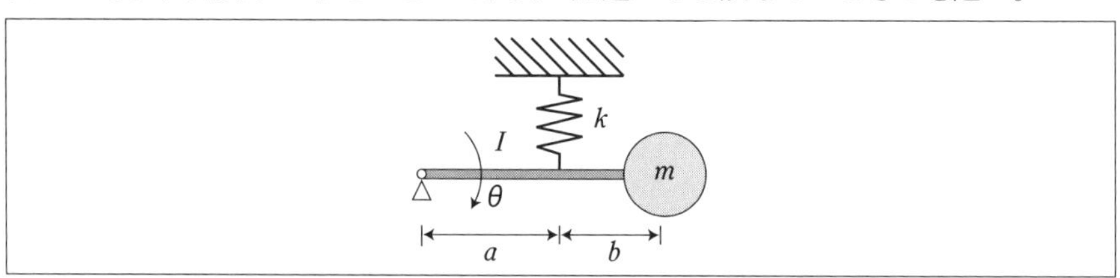

①図に示す物体の左端まわりの慣性モーメント I_a は、$I_a = I + m(a+b)^2$ である。
②棒が角度 θ だけ回転したとき、ばねによる復元モーメントは $ka^2\theta$ である。
③この系の運動方程式は、$I_a\ddot{\theta} - ka^2\theta = 0$ である。

④この系の固有円振動数(角振動数)は、$\omega = \sqrt{\dfrac{ka^2}{I + m(a+b)^2}}$ である。

⑤棒の慣性モーメントが無視できて、ばねが右端にあると仮定すると、固有円振動数は、$\omega = \sqrt{\dfrac{k}{m}}$ となる。

(解答)
正解③

【問10】 水面から深さ H の位置における流れの速度を測定するため、L型のガラス管をその先端部が流れに垂直になるようにその深さに設置した。ガラス管内の水が水面から $h=200$[mm] 上昇したとき、その位置における流速 u に最も近いものは次のうちどれか。ただし、L型ガラス管の全圧係数は1 とする。

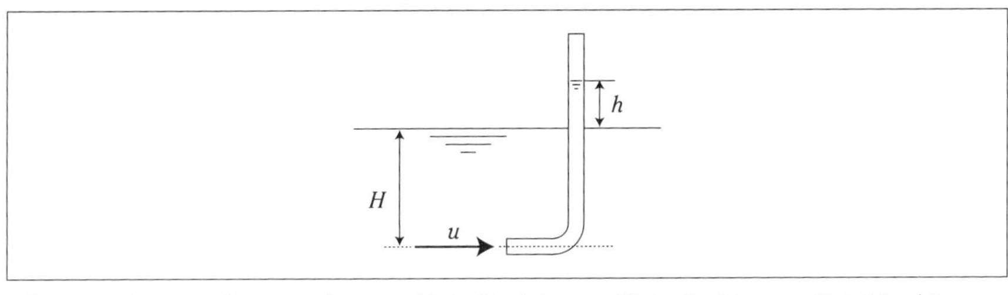

① 2.4[m/s]　② 2.0[m/s]　③ 1.6[m/s]　④ 1.2[m/s]　⑤ 0.8[m/s]

(解答)
正解②

【問11】 速度 U の水の噴流が速度 V の大きな可動平板に垂直に衝突する。板の受ける力 F が最大となるときと、板の受け取る仕事率 L が最大となるときの、それぞれの速度比 V/U について、次の組み合わせのうち正しいものを選べ。

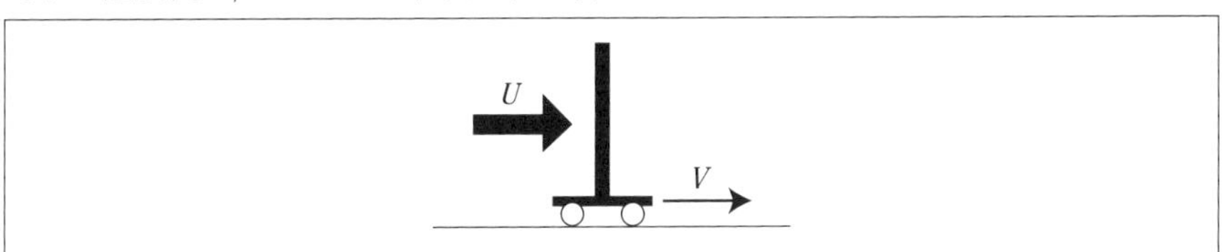

① F 最大：$V/U=1$ 、L 最大：$V/U=1$
② F 最大：$V/U=0$ 、L 最大：$V/U=1$
③ F 最大：$V/U=0$ 、L 最大：$V/U=1/2$
④ F 最大：$V/U=0$ 、L 最大：$V/U=1/3$
⑤ F 最大：$V/U=0$ 、L 最大：$V/U=0$

(解答)
正解④

【問12】 (a)隔板を介して高温流体と低温流体が熱交換を行なう熱交換器がある。高温流体側の隔板表面における熱伝導率を h_h 、低温流体側の隔板表面の熱伝導率を h_c 、隔板の厚さを δ 、隔板の熱伝導率を k とするとき、高温流体と低温流体の間の熱通過率(総括伝熱係数) K を表わす最も適切な式を次の中から選べ。

① $K = h_h + \frac{k}{\delta} + h_c$　② $K = h_h + k\delta + h_c$　③ $K = h_h \times \frac{k}{\delta} \times h_c$

④ $K = \frac{1}{h_h + \frac{k}{\delta} + h_c}$　⑤ $K = \frac{1}{\frac{1}{h_h} + \frac{\delta}{k} + \frac{1}{h_c}}$

(解答)
正解⑤

(b)電圧 0 ~ 5[V] を8ビットでデジタル化したときの分解能について、最も近いものを次の中から選べ。
① 1[mV]　② 2[mV]　③ 5[mV]　④ 10[mV]　⑤ 20[mV]

(解答)
正解⑤

【問13】 引っ張り強さ 400[N/mm^2]の角鋼棒を引っ張り荷重 45[kN] を受ける構造部材として使用したい。安全率を8とするとき、最も適切な角棒の辺長は次のうちどれか。
① 20[mm]　② 30[mm]　③ 50[mm]　④ 112.5[mm]　⑤ 9000[mm]

(解答)
正解②

【問14】 直径 40[mm] のS45C製の軸に歯車を取り付けてトルクを伝達するために、軸と歯車を沈み並行キーで結合することを考える。軸直径からJIS B1301に従ってキー寸法を決めることとして、次の設計手順で不適切な仮定が用いられているものを選べ。
①キーの材料として、軸・歯車より軟質材料のS20Cを仮定する。
②伝達トルクによる荷重を衝撃荷重と仮定して、許容圧縮応力と許容せん断応力を求める。

③伝達トルクによる荷重をキーの軸側沈み部側面(沈み深さ×長さの面積)で受けると仮定して、面圧が許容圧縮応力を超えないよう、キー長さl_1を決定する。
④伝達トルクによる荷重を、キーの幅×長さの面積で受けると仮定して、せん断応力が許容せん断応力を超えないよう、キー長さl_2を決定する。
⑤　③で決定したキー長さl_1と④で決定したキー長さl_2のうち小さいほうをキー長さと仮定し、それが軸径の1.5～3倍の範囲にあることを確認して、この範囲を外れる場合はキー材料を変更して計算を繰り返す。

(解答)
正解⑤

航空・宇宙部門

【 問1】　全質量 10×10^3 [kg] の1段式ロケットが推力 500 [kN] のエンジンを作動させて上昇している。このロケットの中に半径 1.0 [m] の球形タンクがあり、密度 1.0×10^3 [kg/m^3] の液体推進薬が満充填されており、かつ上側頂部から 100 [kPa] の圧力で加圧されているものとする。リフトオフ直後のこのタンクの底部における圧力は、次のうちどれに最も近いか。

① 150 [kPa]　② 200 [kPa]　③ 250 [kPa]　④ 300 [kPa]　⑤ 350 [kPa]

(解答)
正解　②

【問2】　下図のように、器に入れられた水が底近くの出口から流れ出している。流れ出す速度 q [m/s] の値として正しいものは次のうちどれか。ただし、水面から出口までの高度差を h 、重力の加速度を g としたとき、$h=1.25$ [m] 、$g=10$ [m/s^2] であるとする。また、容器の入口面積に比べて出口の面積は充分小さいので、水面の下がる速度は無視でき、高度差が $h=1.25$ [m] である2点間の大気圧の差も無視できることとする。

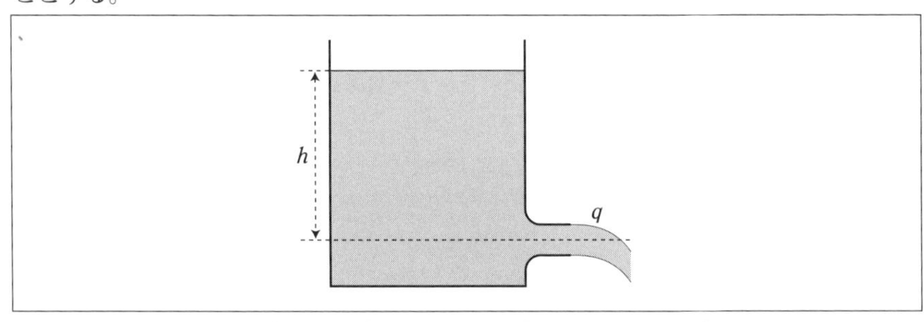

① 3 [m/s]　② 3.5 [m/s]　③ 5 [m/s]　④ 5.5 [m/s]　⑤ 7 [m/s]

(解答)
正解　③

【問3】 次に示すのは二次元の比圧縮性粘性流体基礎方程式である。この式に関する以下の記述のうちで誤っているものはどれか。ただし、x, y は空間の座標、t は時間、u, v はそれぞれ x 方向、y 方向の速度成分、p は圧力であり、すべて無次元化されている。また Re はレイノルズ数を表わす。

$$\frac{\partial u}{\partial x}+\frac{\partial v}{\partial y}=0 \qquad (1)$$

$$\frac{\partial u}{\partial t}+u\frac{\partial u}{\partial x}+v\frac{\partial u}{\partial y}=-\frac{\partial p}{\partial x}+\frac{1}{Re}\left(\frac{\partial^2 u}{\partial x^2}+\frac{\partial^2 u}{\partial y^2}\right) \qquad (2)$$

$$\frac{\partial v}{\partial t}+u\frac{\partial v}{\partial x}+v\frac{\partial v}{\partial y}=-\frac{\partial p}{\partial y}+\frac{1}{Re}\left(\frac{\partial^2 v}{\partial x^2}+\frac{\partial^2 v}{\partial y^2}\right) \qquad (3)$$

① **式(1)**は「連続の式」と呼ばれ、流体の質量が保存されることを表わす。
② **式(1)**には時間 t を含む項がないが、**式(2)**、**式(3)**と連立させて解くことによって非定常流れをも解くことができる。
③ **式(2)**、**式(3)**の左辺第2項、第3項は u, v に関して非線形であることが、この式を数値的に解く上での困難の原因の一つになっている。
④ **式(2)**、**式(3)**の右辺第2項は「粘性項」と呼ばれる。たとえば円柱まわりの剥離流れを求める場合、Re が充分に大きいときにはこの項を無視してよい。
⑤ **式(1)**、**式(2)**および**式(3)**は無次元化されているので、物体の大きさに関係なく、形状が相似であれば、境界条件も変わらないので、Re の大きさが同じである限り、同じ解をもつことになる。すなわち、流れは相似になる。

(解答)
正解　④

【問4】 一次元超音速流れの中に垂直な衝撃波があるとする。衝撃波の上流側(添字1で表わす)と下流側(添字2で表わす)における以下の物理量の大小関係のうち、誤っているものはどれか。

①速度　$u_1 > u_2$　　②静温　$T_1 < T_2$　　③密度　$\rho_1 > \rho_2$
④音速　$a_1 < a_2$　　⑤圧力　$p_1 < p_2$

(解答)
正解　③

参考文献

本書の執筆にあたり、以下の書籍を参考にしました。

本書の内容は広範に及んでいるので、もっと細目の学習を進める読者の皆様には、以下の書籍をお薦めします。

1) K. GIECK著：工学公式ポットブック(共立出版)
2) 平修二監修：現代材料力学(オーム社)
3) 矢部寛監修：工学技術の公式(技術評論社)
4) 馬場秋次郎他：機械工学必携(三省堂)
5) 原田了：自動車のメカニズム(日本実業出版)
6) 草ヶ谷圭司：機械製図(理工学社)
7) 草ヶ谷圭司：機構学(理工学社)
8) 日本規格協会編：JISハンドブック(日本規格協会)
9) 省エネルギーセンター編：エネルギー管理技術(省エネルギーセンター)
10) 高橋眞太郎他：機械設計学(オーム社)
11) 村瀬勝彦他：要点がわかる材料力学(コロナ社)
12) 水木新平：自動車のしくみ(ナツメ社)
13) S. P. チモシェンコ：材料力学(東京図書)
14) 斎藤渥他：材料力学演習(共立出版)
15) 藤井昭一：エンジン・システム(共立出版)
16) 藤田秀臣他：熱エネルギーシステム(共立出版)
17) 山田勝美他：計測工学(共立出版)
18) 有光隆：はじめての材料力学(技術評論社)
19) 土屋喜一他：ハンディブック機械(オーム社)
20) 中山秀太郎：演習・材料力学入門(大河出版)
21) 岡野修一他：機械用語事典(実教出版)
22) 畑村洋太郎編著：実際の設計(日刊工業新聞社)
23) 日置進他：現代機械設計学(内田老鶴圃)
24) 大亀衛：流体の力学(内田老鶴圃)
25) 大屋正明：熱計算入門 I (省エネルギーセンター)
26) 竹内正雄：熱計算入門 II (省エネルギーセンター)
27) 坂田光雄他：流体の力学(コロナ社)
28) 岩城純：熱力学入門(理工学社)
29) 機械用語大辞典(日刊工業新聞社)
30) 西川兼康他：機械工学用語辞典(理工学社)
31) 足立勝重他：機械要素設計演習(槇書店)

32) 安永暢男他：精密機械加工の原理(工業調査会)
33) 坂本卓：機械加工入門(日刊工業新聞社)
34) 大西清編著：機械工学一般(理工学社)
35) 高橋徹：流体のエネルギーと流体機械(理工学社)
36) 斎藤孟：自動車用語中辞典(山海堂)
37) 丸茂栄佑他：工業熱力学(コロナ社)
38) 三田純義他：機械設計法(コロナ社)
39) 木本恭司編著：機械工学概論(コロナ社)
40) 小野浩司他：理論切削工学(現代工学社)
41) 上田耕作他：建築構造力学(オーム社)
42) 松本真也：よくわかる構造力学の基本(秀和システム)
43) 高木任之：図解でわかる構造力学(日本実業出版)
44) 松尾哲夫他：わかりやすい機械力学(森北出版)
45) 大西清：機械設計入門(理工学社)
46) 堀野正俊：機械力学(理工学社)
47) 大隅和男：冷凍の理論(オーム社)
48) 稲田重男他：機構学演習(学献社)
49) 材料力学編集会議編：材料力学(裳華房)
50) 中山秀太郎：材料力学(オーム社)

索引

数字

五十音順

≪あ行≫

≪か行≫

≪さ行≫

≪た行≫

《著者略歴》

中嶋　登（なかじま・のぼる）

1939年　神奈川県生まれ。
元大阪府立佐野工業高等学校　機械科教諭
元川崎市立川崎総合科学高等学校定時制　機械科教諭
中嶋行政法律事務所経営

石原　英之（いしはら・ひでゆき）

1972年　神奈川県生まれ
1996年　成蹊大学大学院工学研究科機械工学専攻修了
2005年　神奈川県立神奈川総合産業高等学校　機械科教諭
2023年　神奈川県立大井高等学校

本書の内容に関するご質問は、
①返信用の切手を同封した手紙
②往復はがき
③FAX (03) 5269-6031
（返信先のFAX番号を明記してください）
④E-mail　editors@kohgakusha.co.jp
のいずれかで、工学社編集部あてにお願いします。
なお、電話によるお問い合わせはご遠慮ください。

サポートページは下記にあります。

[工学社サイト]
http://www.kohgakusha.co.jp/

I/O BOOKS

[新編] 機械系公式集 [改訂版]

2023年 5 月30日　初版発行　©2023

著　者　中嶋　登／石原　英之
発行人　星　正明
発行所　株式会社工学社
〒160-0004 東京都新宿区四谷4-28-20 2F
電話　(03) 5269-2041（代）[営業]
　　　(03) 5269-6041（代）[編集]
振替口座　00150-6-22510

※定価はカバーに表示してあります。

印刷：シナノ印刷（株）

ISBN978-4-7775-2255-2